成渝地区双城经济圈
科技发展年鉴

2023

重 庆 生 产 力 促 进 中 心
四川省科学技术发展战略研究院　编
成都市科学技术信息研究所

科学技术文献出版社
SCIENTIFIC AND TECHNICAL DOCUMENTATION PRESS
·北京·

图书在版编目（CIP）数据

成渝地区双城经济圈科技发展年鉴. 2023 / 重庆生产力促进中心，四川省科学技术发展战略研究院，成都市科学技术信息研究所编. —北京：科学技术文献出版社，2024. 3
ISBN 978-7-5235-1228-9

Ⅰ. ①成… Ⅱ. ①重… ②四… ③成… Ⅲ. ①科学研究事业—研究报告—成都—2023 ②科学研究事业—研究报告—重庆—2023 Ⅳ. ① G322.771.1 ② G322.771.9

中国国家版本馆 CIP 数据核字（2024）第 059727 号

成渝地区双城经济圈科技发展年鉴2023

策划编辑：张　闫　　责任编辑：韩　晶　　责任校对：王瑞瑞　　责任出版：张志平

出 版 者　科学技术文献出版社
地　　址　北京市复兴路15号　邮编 100038
编 务 部　（010）58882938，58882087（传真）
发 行 部　（010）58882868，58882870（传真）
邮 购 部　（010）58882873
官方网址　www.stdp.com.cn
发 行 者　科学技术文献出版社发行　全国各地新华书店经销
印 刷 者　北京厚诚则铭印刷科技有限公司
版　　次　2024 年 3 月第 1 版　2024 年 3 月第 1 次印刷
开　　本　889 × 1194　1/16
字　　数　427千
印　　张　18.25　彩插16面
书　　号　ISBN 978-7-5235-1228-9
审 图 号　GS京（2024）0513号
定　　价　128.00元

《成渝地区双城经济圈科技发展年鉴 2023》

编纂委员会

《成渝地区双城经济圈科技发展年鉴 2023》

编辑部

（按姓氏笔画排序）

前　言

成渝地区双城经济圈建设是2020年1月3日习近平总书记在中央财经委员会第六次会议上作出的重大决策部署。习近平总书记在中央全面深化改革委员会第二十一次会议上强调，要重点监测评价国家重大发展战略实施情况。为了贯彻落实中共中央、国务院印发的《成渝地区双城经济圈建设规划纲要》，中共重庆市委、中共四川省委、重庆市人民政府、四川省人民政府联合印发了《重庆四川两省市贯彻落实〈成渝地区双城经济圈建设规划纲要〉联合实施方案》，加强成渝地区科技创新监测统计，对于深入实施创新驱动发展战略、服务支撑科技创新管理决策具有重要意义。

《成渝地区双城经济圈科技发展年鉴2023》全面反映了成渝地区科技协同发展的重要会议、重要举措、创新活动、重大工程、重点项目和研发投入等情况，强化统计资源共享。该年鉴基于政府统计调查，客观反映成渝地区创新活动和特征数据，为政府部门、研究机构和社会公众打造来源可靠、使用便捷的数据平台，为区域创新政策制定、创新工作开展等提供数据支撑。

衷心感谢来自各方的领导和专家对《成渝地区双城经济圈科技发展年鉴2023》的成功出版给予的大力支持。

编辑部

2023年12月

编辑说明

一、《成渝地区双城经济圈科技发展年鉴 2023》（简称“双圈年鉴”）以习近平新时代中国特色社会主义思想为指导，全面贯彻落实党的二十大精神和中共中央、国务院印发的《成渝地区双城经济圈建设规划纲要》，以及中共重庆市委、中共四川省委、重庆市人民政府、四川省人民政府联合印发的《重庆四川两省市贯彻落实〈成渝地区双城经济圈建设规划纲要〉联合实施方案》，以共建具有全国影响力的科技创新中心为主线构建年鉴框架结构，切实发挥好年鉴记录历史、时事、文献和统计资料的作用，为唱好“双城记”、夺取“双胜利”贡献力量。

二、“双圈年鉴”由重庆生产力促进中心、四川省科学技术发展战略研究院、成都市科学技术信息研究所共同编纂，每年出版一卷，在全国范围内公开发行。

三、“双圈年鉴”采用分类编辑法编纂，主体内文按类目、分目、条目 3 个层次编排，以不同字体、字号区别不同层次。为方便读者查阅，书中配有目录和页眉双重检索系统。

四、“双圈年鉴”设特载、发展篇、数据篇、大事记、附录 5 个类目，共 19 个分目、将近 100 张数据表、18 幅随文照片及图表。

五、“双圈年鉴”特载分 2 个分目，即重要会议、重要举措；发展篇分 4 个分目，即科技创新中心共建、成渝科技创新、科技创新中心重大项目、西部科学城；数据篇分 7 个分目，即地区综合、科技综合、企业、高等院校、科研机构、国家级高新区、高技术产业（制造业）；大事记分 3 个分目，即 2020 年、2021 年、2022 年；附录分 3 个分目，即政策规划、科技创新平台和载体、主要统计指标解释。鉴于本年“双圈年鉴”首次发布，特载、大事记两个类目和政策规划分目收录内容为自 2020 年以来的重要会议、时事和相关政策；数据篇主要汇集 2021—2022 年主要科技统计数据，其余部分均为 2022 年当年情况。“双圈年鉴”较为全面、系统地反映了成渝地区双城经济圈科技创新各个方面，着重呈现了成渝地区自主创新能力的研究与试验发展（R&D）指标构成情况，是反映成渝地区双城经济圈科技协同创新发展的重要工具书。

六、“双圈年鉴”统计范围说明：根据 2021 年 10 月中共中央、国务院印发的《成渝地区双城经济圈建设规划纲要》，以及《重庆都市圈发展规划》《成都都市圈发展规划》等文件内容，对“双圈年鉴”数据篇的统计范围做如下说明。

成渝地区双城经济圈：包括重庆市的中心城区、万州、涪陵等 27 个区（县）及开州、云阳地区，以及四川省的成都、自贡、泸州等 15 个市。

重庆都市圈：包括重庆市渝中区、大渡口区、江北区、沙坪坝区、九龙坡区、南岸区、北碚区、渝北区、巴南区、涪陵区、长寿区、江津区、合川区、永川区、南川区、綦江区、潼南区、铜梁区、大足区、荣昌区、璧山区和四川省广安市。

成都都市圈：包括四川省成都市、德阳市、眉山市、资阳市。

川东北渝东北：包括重庆市万州区、梁平区、丰都县、垫江县、忠县、开州区、云阳县和四川省南充市、达州市。

川南渝西地区：包括重庆市江津区、永川区、綦江区、大足区、铜梁区、荣昌区和四川省自贡市、泸州市、内江市、宜宾市。

七、“双圈年鉴”中涉及的历史数据，均以最新年鉴数据为准。部分数据因四舍五入存在总计与分项合计不相等的情况，属正常现象。

八、“双圈年鉴”中所列资料的统计口径、计算方法均以现行统计制度规定为准。其中，企业经济指标仅供参考。

九、“双圈年鉴”表中的符号使用说明：“空格”表示该项统计指标数据不足本表最小单位数、数据不详或无该项数据。

统计口径说明

一、地区综合

地区综合部分包括成渝地区两中心城市和四川省 2020 年、2021 年、2022 年的辖区面积、空气质量优良天数率、地区生产总值、人口与就业、财政收入支出、人民生活、规模以上工业企业、对外贸易、教育和科学技术、公共设施等类别中的部分统计指标。

资料主要来源于各地区统计年鉴、科技统计年鉴，以及科技部门整理的资料。

二、科技综合

科技综合部分包括重庆市、四川省及成都市 2020 年、2021 年、2022 年科技创新主要指标，以及成渝地区全社会 R&D 人员、R&D 经费支出、地方财政科技支出、专利状况和技术市场等反映全社会科技活动的统计指标及综合统计资料。

资料主要来源于各地区科技统计年鉴、国家综合和专项科技统计资料，以及科技部门整理的资料。

三、 企业

企业部分统计口径为工业企业。工业企业的统计口径为规模以上工业企业，指年主营业务收入在 2000 万元及以上的采矿业、制造业、电力、热力、燃气及水生产和供应业企业。其主要内容包括工业企业基本情况、R&D 人员、R&D 经费内部支出、R&D 经费外部支出、R&D 项目、工业企业办研发机构、新产品、自主知识产权及相关情况、相关政策落实、技术获取和技术改造等科技统计指标。

资料主要来源于企业（单位）研发活动统计年报、各地区统计年鉴和科技统计年鉴，以及科技部门整理的资料。

四、高等院校

高等院校部分统计口径为全部高校。其主要内容包括科技活动情况、R&D 人员、R&D 人员折合全时当量、R&D 经费内部支出、R&D 经费外部支出、R&D 项目（课题）、R&D 活动产出等科技统计指标。

资料主要来源于各地区科技统计年鉴和科技部门整理的资料。

五、科研机构

科研机构部分统计口径为科学研究和技术服务业非企业单位，具体指有法人地位的政府部门属科学研究与技术开发机构、科学研究和技术服务业有法人地位有研究与试验发展（R&D）活动的其他事业单位和民办非企业单位。其主要内容包括 R&D 人员、R&D 人员折合全时当量、R&D 经费支出、课题、科技产出情况等科技统计指标。

资料主要来源于各地区科技统计年鉴和科技部门整理的资料。

六、国家级高新区

国家级高新区部分包括成渝地区所有国家级高新区内企业的工商注册企业数及入统企业数、年末从业人员、工业总产值、净利润、上缴税费、出口总额、营业收入等统计指标，以及研究开发人员合计、R&D 人员折合全时当量、研究开发经费内部支出等科技统计指标。

资料主要来源于中国火炬统计年鉴。

七、高技术产业（制造业）

高技术产业（制造业）部分统计口径为规模以上工业企业中的高技术产业（制造业）企业，具体指国民经济行业中 R&D 投入强度相对高的制造业行业，包括医药制造，航空、航天器及设备制造，电子及通信设备制造，计算机及办公设备制造，医药仪器设备及仪器仪表制造，信息化学品制造六大类。其主要内容包括生产经营情况、R&D 人员、R&D 经费支出、新产品、专利、技术获取和技术改造、企业办研发机构等统计指标。

资料主要来源于各地区科技统计年鉴和科技部门整理的资料。

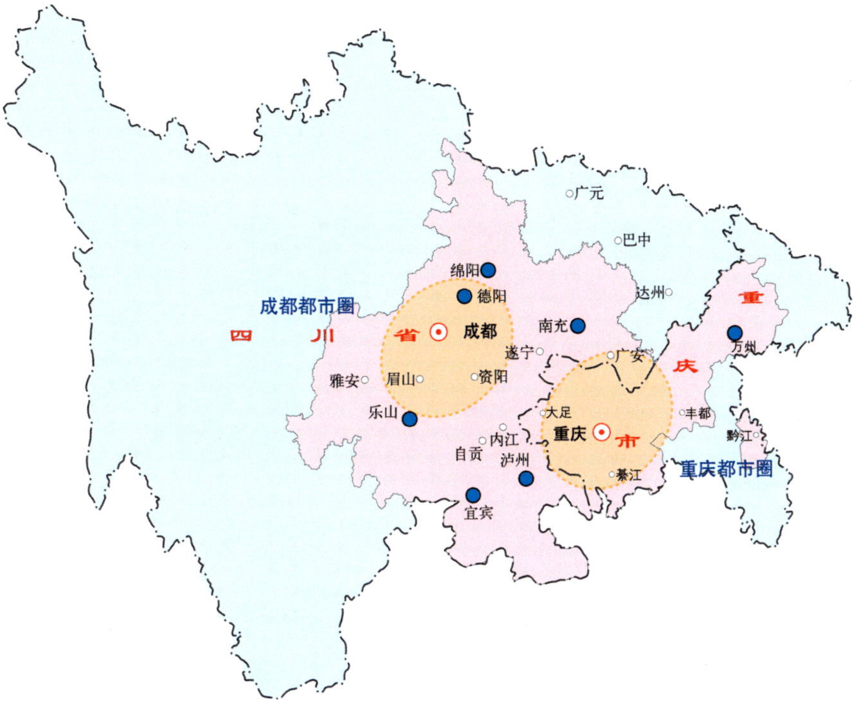

成渝地区双城经济圈发展结构示意

川渝科技资源共享服务平台

2022 年 4 月 28 日，推动成渝地区双城经济圈建设双核联动专项工作组召开第一次会议

2022 年 6 月 22 日，推动成渝地区双城经济圈建设科技协同创新专项工作组第四次会议在绵阳召开

2020 年 5 月 25 日，川渝专家资源共享协议签约仪式举行

2020 年 9 月 10 日，成渝双城经济圈智能制造协同创新联盟揭牌仪式举行

目　录

特　载

重要会议

党中央作出推动成渝地区双城经济圈建设重大决策部署

中共中央总书记、国家主席、中央军委主席、中央财经委员会主任习近平2020年1月3日下午主持召开中央财经委员会第六次会议，研究黄河流域生态保护和高质量发展问题、推动成渝地区双城经济圈建设问题。习近平在会上发表重要讲话强调，黄河流域必须下大气力进行大保护、大治理，走生态保护和高质量发展的路子；要推动成渝地区双城经济圈建设，在西部形成高质量发展的重要增长极。中共中央政治局常委、国务院总理、中央财经委员会副主任李克强，中共中央政治局常委、中央书记处书记、中央财经委员会委员王沪宁，中共中央政治局常委、国务院副总理、中央财经委员会委员韩正出席会议。会议听取了国家发展改革委、自然资源部、生态环境部、水利部、文化和旅游部关于黄河流域生态保护和高质量发展问题的汇报，听取了国家发展改革委、重庆市、四川省关于推动成渝地区双城经济圈建设问题的汇报。会议指出，要把握好黄河流域生态保护和高质量发展的原则，编好规划、加强落实。要坚持生态优先、绿色发展，从过度干预、过度利用向自然修复、休养生息转变，坚定走绿色、可持续的高质量发展之路。坚持量水而行、节水为重，坚决抑制不合理用水需求，推动用水方式由粗放低效向节约集约转变。坚持因地制宜、分类施策，发挥各地比较优势，宜粮则粮、宜农则农、宜工则工、宜商则商。坚持统筹谋划、协同推进，立足于全流域和生态系统的整体性，共同抓好大保护、协同推进大治理。会议强调，黄河流域生态保护和高质量发展要高度重视解决突出重大问题。要实施水源涵养提升、水土流失治理、黄河三角洲湿地生态系统修复等工程，推进黄河流域生态保护修复。要实施水污染综合治理、大气污染综合治理、土壤污染治理等工程，加大黄河流域污染治理。要坚持节水优先，还水于河，先上游后下游，先支流后干流，实施河道和滩区综合提升治理工程，全面实施深度节水控水行动等，推进水资源节约集约利用。要推进兰州—西宁城市群发展，推进黄河“几”字弯都市圈协同发展，强化西安、郑州国家中心城市的带动作用，发挥山东半岛城市群龙头作用，推动沿黄地区中心城市及城市群高质量发展。要坚持以水定地、以水定产，倒逼产业结构调整，建设现代产业体系。要实施黄河文化遗产系统保护工程，打造具有国际影响力的黄河文化旅游带，开展黄河文化宣传，大力弘扬黄河文化。会议指出，推动成渝地区双城经济圈建设，有利于在西部形成高质量发展的重要增长极，打造内陆开放战略高地，对于推动高质量发展具有重要意义。要尊重客观规律，发挥比较优势，推进成渝地区统筹发展，促进产业、人口及各类生产要素合理流动和高效集聚，强化重庆和成都的中心城市带动作用，使成渝地区成为具有全国影响力的重要经济中心、科技创新中心、改革开放新高地、高品质生活宜居地，助推高质量发展。会议强调，成渝地区双城经济圈建设是一项系统工程，要加强顶层设计和统筹协调，突出中心城市带动作用，强化要素市场化配置，牢固树立一体化发展理念，做到统一谋划、一体部署、相互协作、共同实施，唱好“双城记”。要加强交通基础设施建设，加快现代产业体系建设，增强协同创新发展能力，优化国土空间布局，加强生态环境保护，推进体制创新，强化公共服务共建共享。中央财经委员会委员出席会议，中央和国家机关有关部门负责同志列席会议。

（来源：新华网）

中共中央政治局召开会议审议《成渝地区双城经济圈建设规划纲要》

中共中央政治局2020年10月16日召开会议，审议《成渝地区双城经济圈建设规划纲要》。中共中央总书记习近平主持会议。

会议指出，当前我国发展的国内国际环境继续发生深刻复杂变化，推动成渝地区双城经济圈建设，有利于形成优势互补、高质量发展的区域经济布局，有利于拓展市场空间、优化和稳定产业链供应链，是构建以国内大循环为主体、国内国际双循环相互促进的新发展格局的一项重大举措。会议强调，要全面落实党中央决策部署，突出重庆、成都两个中心城市的协同带动，注重体现区域优势和特色，使成渝地区成为具有全国影响力的重要经济中心、科技创新中心、改革开放新高地、高品质生活宜居地，打造带动全国高质量发展的重要增长极和新的动力源。会议要求，成渝地区牢固树立一盘棋思想和一体化发展理念，健全合作机制，打造区域协作的高水平样板。唱好“双城记”，联手打造内陆改革开放高地，共同建设高标准市场体系，营造一流营商环境，以共建“一带一路”为引领，建设好西部陆海新通道，积极参与国内国际经济双循环。坚持不懈抓好生态环境保护，走出一条生态优先、绿色发展的新路子，推进人与自然和谐共生。处理好中心和区域的关系，着力提升重庆主城和成都的发展能级和综合竞争力，推动城市发展由外延扩张向内涵提升转变，以点带面、均衡发展，同周边市县形成一体化发展的都市圈。会议还研究了其他事项。

（来源：新华网）

川渝协同创新专项工作组召开第二次会议

为贯彻落实推动成渝地区双城经济圈建设四川重庆党政联席会议第一次会议精神，2020年5月28日，四川省科学技术厅与重庆市科学技术局在重庆召开川渝协同创新专项工作组第二次会议，商定《川渝两地科技部门共同争取国家支持的重大事项清单（第一批）》和《2020年川渝两地科技部门协同创新工作清单》，共同研究具有全国影响力科技创新中心建设相关举措。四川省科学技术厅党组书记、厅长刘东，重庆市科学技术局党委书记、局长许洪斌出席会议并讲话。

会议认为，成渝地区建设具有全国影响力的科技创新中心，应突出区域协同特色，发挥成渝比较优势，在增强协同创新发展能力上下功夫。要谋划科技创新中心顶层设计，明确总体要求、建设目标和相关指标。要加快建设区域协同创新体系，做好空间布局、领域布局和资源布局，打造科技创新策源地。要合作共建西部科学城，协同推进重庆科学城、成都科学城、绵阳科技城、两江新区等核心载体建设。要促进科技成果转化与产业化，提升优势产业，激发创新活力。要深化国际科技创新合作，打造成渝创新一体化名片。

会议指出，当前要做好顶层设计。紧密对接《成渝地区双城经济圈建设规划纲要》，加强沟通衔接。要积极争取科技部等国家部委编制成渝科技创新中心建设专项规划，共同争取将科技创新中心建设的重大政策、重大项目等诉求纳入规划。要科学规划建设西部科学城，按照“一城多园”模式明确布局区域，采取非常规机制推进建设。

会议要求，两厅局按照“清单制 + 责任制”的工作方式，落实工作责任、明确时间进度，进一步加强相关处室、相关领域的对接，确保一批对上争取事项尽快落地，共同打造川渝协同创新品牌，推动科技创新中心建设有动作、有效果、有影响。

四川省科学技术厅副厅长田云辉、重庆市科学技术局副局长陈军分别就“两张清单”作了说明。重庆两江新区管委会副主任李顺、重庆高新区管委会主任商奎分别介绍了两江新区协同创新示范区、西部（重庆）科学城建设发展情况。

（来源：四川省科学技术厅）

川渝协同创新专项工作组召开第三次会议

2021 年 4 月 23 日，重庆市科学技术局与四川省科学技术厅在渝召开川渝协同创新专项工作组第三次会议。双方商定了《2021 年成渝地区协同创新工作要点》，并签署《川渝大型科研仪器设备数据开放共享合作协议》，成立成渝地区高新区联盟、技术转移联盟，共同研究加快推进全国影响力科技创新中心建设相关举措。

成渝地区双城经济圈建设已进入全面实施、加速推进的新阶段，加强协同创新要更加系统、精准和高效，在重大科技创新平台布局、重大科技基础设施建设、基础研究能力提升、关键核心技术攻关、科技成果转化、创新人才集聚等方面协同发力、相向发展，着力打造全国重要的科技创新和协同创新示范区，共建具有全国影响力的科技创新中心。

双方在 2021 年共有 9 个方面、22 项合作事项，包括共同推进编制重大规划，加强两地科技创新“十四五”规划衔接；共同建设重大科技创新平台，加快中国科学院成都科学中心、中国科学院重庆科学中心建设；共同推进川渝合作重大项目，探索围绕地球科学、生命科学、医学科学两地高校、科研院所共建川渝共建重点实验室；共同推进关键核心技术攻关，启动2021年度“川渝联合实施重点研发项目”，双方各出资2000万元聚焦人工智能、大健康、生态环保和现代农业等领域开展联合攻关；共同推进创新联盟建设，成立成渝地区国家高新区联盟、川渝技术转移联盟、成渝地区大学科技园协同创新发展联盟和国际科技合作基地联盟；共同扩大科技创新开放合作，谋划“一带一路”科技交流大会；共同推进科技资源共建共享，建立川渝科技创新资源互联互通共享平台系统；共同推进川渝毗邻地区合作，推进川渝毗邻地区科技特派员互派互认。

今年是“十四五”规划实施的开局之年，也是中央提出推动成渝地区双城经济圈建设的起势之年，四川省科学技术厅将认真贯彻落实《成渝地区双城经济圈建设规划纲要》，按照两地党政联席会议重要部署，加强创新政策的协同，重大规划的协同，对上争取的协同，技术创新的协同，核心载体的协同，开放创新的协同，努力打造全国重要的科技创新和协同创新示范区。

重庆市科学技术局将全面贯彻落实《规划纲要》和实施方案，锚定战略目标，抓实抓好各项工作。聚焦重点领域，加快构建川渝协同创新体系。激发创新活力，充分发挥成渝高新区联盟引领作用。建立健全工作机制，强化产业协同创新，引导创新资源集聚，深化创新开放合作，努力推动川渝协同创新取得更大成效，加快建设具有全国影响力的科技创新中心。

（来源：上游新闻）

川渝协同创新专项工作组召开第四次会议

2022年6月22日，四川省科学技术厅和重庆市科学技术局在绵阳召开成渝地区双城经济圈科技协同创新专项工作组第四次会议。双方总结了去年以来川渝协同创新工作开展情况，审议了《川渝毗邻地区首届科技协同创新发展大会建议方案》《川渝高竹新区外国人才来华工作许可互认试点实施方案》，进行了绵碚科技协同创新示范基地授牌，成立了成渝地区双城经济圈科研院所联盟和大学科技园协同创新战略联盟，并研究部署了下一阶段重点工作。

会议认为，2020年以来，川渝两地科技部门深入贯彻落实习近平总书记关于推动成渝地区双城经济圈建设的重要指示精神，按照两省（市）党委政府安排部署，积极沟通对接，围绕建设具有全国影响力的科技创新中心目标，扎实推进各项工作，取得了积极进展：西部（重庆）科学城、西部（成都）科学城党工委和管委会获批建设；国家新一代人工智能创新发展试验区、国家生猪技术创新中心、国家应用数学中心获批建设；重庆金凤实验室、天府兴隆湖实验室、天府永兴实验室挂牌运行；联合建设川渝共建重点实验室5个；联合实施川渝科技创新合作计划，累计出资6000万元；川渝科技资源共享服务平台建成上线，整合两地创新资源总价值约122亿元；“天府英才卡”“重庆英才服务卡”等8项服务内容对等互认。

会议强调，2022年是成渝地区双城经济圈建设从夯基垒台迈向整体成势的关键一年，要深入贯彻落实习近平总书记来川考察重要讲话精神和对四川工作系列重要指示批示精神，提高政治站位，担负起推进国家首个区域科技创新中心建设的重大使命；要坚持重点突破，奋力推进川渝协同创新工作全面提速、整体成势；要加强统筹协调，着力形成高效协同推进落实机制。下一步，将突出抓好“十个共同”。

一是共同建设重点实验室。联动共建重点实验室，提速建设一批重大科技基础设施，高质量推进天府实验室、金凤实验室等创新载体建设布局，联合争取一批大平台、大团队、大项目等“国字号”创新资源落户川渝，以重点突破带动川渝区域协同创新体系建设。

二是共同开展关键核心技术攻关。实施川渝科技创新合作计划，支持两地创新主体围绕重点产业领域开展关键核心技术联合攻关，同时，积极争取国家重点研发项目支持。

三是共同建设西部科学城。推动《西部科学城建设方案》尽快印发实施，加快推进西部（成都）科学城、西部（重庆）科学城、中国（绵阳）科技城、两江协同创新区等核心平台的建设，以“一城多园”模式与重庆共建西部科学城，牵引带动川渝协同创新布局。

四是共同加速科技成果转化和产业化。在川渝两省（市）深入推进职务科技成果权属混合所有制改革试点工作。推进川渝技术转移联盟建设，建立成渝地区科技成果交易信息联合发布机制，建好一体化技术交易市场。联动建设川渝国家科技成果转移转化示范区，联合打造川渝特色成果对接活动品牌，共同推进科技金融创新服务模式探索。

五是共同建设“一带一路”科技创新合作区。推进川渝国际科技合作基地联盟建设，加快“一带一路”科技创新合作区和国际技术转移中心建设，持续增进与“一带一路”沿线国家的科技创新合作。共同筹备首届“一带一路”科技交流大会，打造成渝科技创新对外开放合作名片。

六是共同建设川渝毗邻地区融合创新发展带。联合办好川渝毗邻地区首届科技协同创新发展大会，积极推动万达开、合广长、泸永江等毗邻地区合作功能平台建设，协同打造川渝毗邻地区融合创新发展带。同时，积极推动以成渝中线高铁为主轴，构建成渝中线科创大走廊，助推成渝地区中部崛起。

七是共同推进高新区高质量发展。发挥川渝高新区战略联盟、大学科技园联盟功能，合作推动川渝高新区集聚高端创新资源，协同打造区域创新发展特色园、专业园，积极培育高精尖特企业，推动形成科技创新体集群。

八是共同推进军民协同创新。协同推动军工科技资源开放共享，分类推进军工重大试验设施等向社会开放。发挥国家科技创新汇智平台、军民两用技术交易中心功能，协同开展创新军工类科研成果转化模式，推进军民技术双向转移转化。联合争取国家军民两用产业、平台、重大项目布局成渝地区。

九是共同推进创新资源共享。做大做强川渝科技资源共享服务平台，持续完善成渝地区科技基础资源、大型科研仪器共享共用机制。加快建设成渝地区双城经济圈科研院所联盟。扩大科技创新券使用范围，推进科技专家库、科普资源等共享共用。

十是共同推进高端人才招引。在川渝高竹新区探索开展外国专业人才（B类）工作许可互认试点。推动川渝两地外国人才资源和引智成果共享。协同开展海内外高层次人才招引，加大引进一批战略科技人才、科技领军人才、青年科技人才、基础研究人才和高水平创新创业团队。

（来源：四川省科学技术厅）

川渝协同创新专项工作组召开第五次会议

为深入学习贯彻党的二十大精神，认真落实重庆四川党委政府决策部署，2022 年 12 月 29 日，四川省科学技术厅和重庆市科学技术局通过视频方式召开推动成渝地区双城经济圈建设联合办公室科技协同创新专项工作组第五次会议。四川省科学技术厅党组书记、厅长吴群刚，重庆市科学技术局党委书记、局长明炬出席会议并讲话。

会议共同审议了《万达开技术创新中心建设方案》，听取了万达开协同创新示范区建设思路汇报，举行了万达开协同创新示范区建设协议、川渝地区生态环保领域科技协同创新合作协议签约仪式。

会议总结了 2022 年川渝科技协同创新工作。会议指出，2022 年川渝两省市科技部门把推动双城经济圈建设具有全国影响力的科技创新中心作为共同政治责任，紧密协同，相向而行，成绩可圈可点。一是区域协同创新体系建设取得积极进展。推动印发《成渝地区建设具有全国影响力的科技创新中心总体方案》。建成川渝科技资源共享服务平台，整合两地大型仪器设备 1.21 万台 / 套、价值约 127 亿元。二是西部科学城共建取得积极进展。协同推进西部科学城建设方案编制。天府实验室整体进入实体化运行阶段，重庆金凤实验室、华大时空组学中心完成挂牌。联合推动实验动物生产和使用许可证纳入“川渝通办”事项第三批清单。三是科技成果转化和产业化取得积极进展。在川渝全面推进职务科技成果权属改革。成立成渝地区技术转移联盟、大学科技园协同创新联盟。川渝技术合同成交额预计将突破 2200 亿元，是 2019 年的 1.6 倍。四是国际科技合作取得积极进展。共同编制《成渝共建“一带一路”科技创新合作区实施方案》。在高竹新区开展外国专业人才来华工作许可互认试点。

会议对明年工作进行了研究部署。会议指出，要认真贯彻落实重庆市委六届二次全会、四川省委十二届二次全会决策部署，坚定扛起科技创新中心建设的重大使命，坚持融入主流、走深走实，扎实谋划好明年工作，研究提出一揽子新思路、新举措。会议强调，要共同抓好布局建设成渝中线科创大走廊，支撑引领成渝地区中部崛起；加快推进万达开技术创新中心建设，打造川渝毗邻地区协同创新平台；务实推动西部科学城建设，联合争取国家重大平台、重大工作落地川渝；深化“一带一路”科技创新合作区建设，尽快将科技创新合作区从蓝图变为现实；高水平举办川渝毗邻地区科技协同创新发展大会，协同打造川渝毗邻地区融合创新发展带。会议要求，要齐心协力做好共建重点实验室、技术协同攻关、科技成果共享和争取国家科技资源等工作，分步骤、分领域、分板块推进科技协同创新，争取每月有进展、月月有亮点。

会议对万达开技术创新中心和万达开协同创新示范区建设进行了专门部署。会议要求，万州区、开州区、达州市要发挥主体责任，在三地协同、扩大开放、服务产业发展和绿色发展、聚集人才等四方面上下功夫，争取早见成效。

重庆市万州区、开州区、云阳县和四川省达州市政府分管领导，两省市科技部门有关领导参加会议。

（来源：四川省科学技术厅）

推动成渝地区双城经济圈建设四川重庆党政联席会议第一次会议召开

2020年3月17日，推动成渝地区双城经济圈建设四川重庆党政联席会议第一次会议以视频会议形式召开，深入学习贯彻习近平总书记在中央财经委员会第六次会议上的重要讲话精神和关于统筹推进新冠肺炎疫情防控和经济社会发展工作的重要指示要求，紧紧围绕党中央确定的战略目标和重点工作研究贯彻落实措施，务实推动成渝地区双城经济圈建设开好局、起好步。重庆市委书记陈敏尔主持会议并讲话，四川省委书记彭清华出席会议并讲话。重庆市委副书记、市长唐良智，四川省委副书记、省长尹力分别通报有关情况。四川省委副书记邓小刚出席。

陈敏尔在讲话中指出，今年1月3日，习近平总书记主持召开中央财经委员会第六次会议并发表重要讲话，专题部署推动成渝地区双城经济圈建设，使之上升为国家战略。推动成渝地区双城经济圈建设，有利于在西部形成高质量发展的重要增长极，优化国家区域经济布局；有利于打造内陆开放战略高地，优化国家对外开放格局。我们深刻认识到，建设成渝地区双城经济圈，是川渝两地发展的重大利好，也是需要担当的重大责任和重要使命。我们必须提高政治站位、战略站位，唱好“双城记”、建好“经济圈”，为全国发展大局作出新贡献。今年以来，全市上下把推动成渝地区双城经济圈建设作为增强“四个意识”、坚定“四个自信”、践行“两个维护”的实际行动，更加注重从全局谋划一域、以一域服务全局，不断深化对战略意义、战略内涵、战略目标、战略部署的认识，进一步统一了思想、形成了共识。当前，重庆正处在疫情防控巩固关键期、经济社会发展恢复提振期、成渝地区双城经济圈建设重大战略机遇期。我们将坚持两手抓、两手硬，统筹推进疫情防控和经济社会发展，抓住用好成渝地区双城经济圈建设的战略机遇，坚决夺取疫情防控斗争的全面胜利，尽最大努力把疫情影响降到最低，奋力开创重庆高质量发展新局面。

陈敏尔强调，重大战略蕴含重大机遇。我们将坚持问题导向、目标导向、结果导向，强化“一盘棋”思想、贯彻“一体化”理念，深化与四川对接合作，尽快把战略要求转化为战略行动，加快推动成渝地区双城经济圈建设。要把战略要求化为工作机制，联合推动建立与国家层面的协调推进机制，健全川渝合作机制，完善市内外协同落实机制，确保各项工作协调高效运转。要把战略要求化为发展规划，积极配合国家做好成渝地区双城经济圈建设规划纲要编制，加强川渝两地发展思路、重大项目布局、重大政策制定和专项规划对接，实现两地规划同图、计划同步。要把战略要求化为支持政策，主动向上争取支持，扎实推动政策协同，认真借鉴京津冀协同发展、粤港澳大湾区建设、长三角一体化发展中的好经验好做法，努力发挥政策最大效应。要把战略要求化为合作项目，加紧谋划实施一批引领性、带动性和标志性的重大基础设施、重大产业、重大开放合作和重大公共服务项目，探索双方合作、多方参与等方式，发挥政府和市场两方面作用，为成渝地区双城经济圈建设夯实基础。要把战略要求化为具体事项，开展专题调研，加强动员部署，编制行动方案，加大宣传力度，营造良好氛围，推动成渝地区双城经济圈建设开好局、起好步。

彭清华在讲话中指出，推动成渝地区双城经济圈建设，是习近平总书记亲自谋划、亲自部署、亲自推动的一项重大区域发展战略，深刻把握了我国经济发展空间结构变化大势，科学顺应了高质量发展宏观趋势要求，积极回应了成渝地区广大干部群众热切期盼，充分体现了以习近平同志为核心的党中央把握大势、统揽全局的深谋远虑和战略决断。推动成渝地区双城经济圈建设，在西部形成高质量发展的重要增长极，对于维护国家战略安全、经济安全、生态安全，推进“一带一路”建设、长江经济带发展和新时代西部大开发形成新格局具有重大意义，必将深刻改变两地战略位势、区域能级和发展格局，为更好融入全国乃至全球经济大循环集聚了竞争优势，也为进一步缩小与发达地区差距创造了重大机遇。

彭清华指出，当前川渝合作进入了战略引领、高位推动、全面深化的新阶段。我们将牢固树立“巴蜀一家亲”理念，切实强化“川渝一盘棋”思维，把成渝地区双城经济圈建设作为新时代四川改革开放的牵引性抓手，以重大战略协同为统揽，以成渝相向共兴为引领，以毗邻地区合作为突破，与重庆市齐心协力、相向而行，举全省之力务实推进、有效实施。希望双方协同推动规划编制，形成“1+N”规划政策体系，共同争取把事关成渝地区双城经济圈建设和川渝两地长远发展的重大项目、重大政策、重大改革纳入国家规划。协同实施重大项目，在联席会议框架下建立省市领导牵头的重点项目联系机制，加快推动出渝出川重大通道建设，补齐基础设施领域短板。协同建设重大平台，围绕建设自贸试验区、建设“一带一路”进出口商品集散中心、举办国际大型展会、推进科学城建设、共建国家数字经济创新发展试验区、共建合作产业示范园区等，打造更多跨区域承载国家战略的实施载体。协同深化重大改革，力争在经济区和行政区适度分离、土地管理制度改革、新一轮全面创新改革试验等方面加快取得突破，将民生领域改革作为协同改革的优先内容，切实增强群众获得感。协同完善推进机制，构建决策层、协调层、执行层上下贯通的三级运作机制，做实日常办事机构职能职责，把成渝地区双城经济圈建设协同机制抓实抓细、抓出成效。

会上，唐良智介绍重庆市推动成渝地区双城经济圈建设工作情况，通报《深化四川重庆合作推动成渝地区双城经济圈建设工作方案》《推动成渝地区双城经济圈建设工作机制》。尹力介绍四川省推动成渝地区双城经济圈建设工作情况，通报《四川重庆两省市共同争取国家支持的重大事项》《深化四川重庆合作推动成渝地区双城经济圈建设 2020 年重点任务》。

重庆市领导吴存荣、张鸣、王赋、莫恭明、段成刚、陆克华、屈谦、李明清、李波，四川省领导范锐平、王宁、甘霖、王正谱、杨兴平、杨洪波、尧斯丹、王一宏、李云泽、王凤朝，成都市领导罗强，两省市有关部门、部分中央驻渝驻川机构和部分两省市国有企业负责同志等分别在重庆市、四川省会场参加会议。

（来源：四川新闻网）

重庆市召开推动成渝地区双城经济圈建设领导小组会议

2020年4月13日，重庆市委书记、市推动成渝地区双城经济圈建设领导小组组长陈敏尔主持召开推动成渝地区双城经济圈建设领导小组会议。重庆市委副书记、市长、领导小组副组长唐良智，领导小组成员出席，市政府相关负责同志列席。会议听取了科学城国土空间规划（2020—2035年）、科学城建设发展情况汇报，研究部署有关工作。

陈敏尔强调，要深入学习贯彻习近平总书记在中央财经委员会第六次会议上的重要讲话精神，坚持统筹谋划，突显科学主题，举全市之力、集全市之智，高起点高标准规划建设中国西部（重庆）科学城，不断增强协同创新发展能力，加快打造具有全国影响力的科技创新中心。

陈敏尔指出，规划建设中国西部（重庆）科学城，是顺应全球科技革命和城市化浪潮的战略选择，是推动成渝地区双城经济圈建设的重要任务，有助于提升城市发展能级和水平。要把习近平总书记重要讲话精神作为科学城规划建设的根本遵循，深刻领会把握关于加快区域协同创新体系建设的重要要求，深刻领会把握关于促进科技成果转化和产业化的重要要求，深刻领会把握关于合作共建西部科学城的重要要求，深刻领会把握关于加强共建“一带一路”科技创新合作交流的重要要求，贯彻新发展理念，以国际化视野、市场化方式，举全市之力高起点高标准推进科学城建设。

陈敏尔强调，推进科学城规划建设，要把握好科学城与双城经济圈的关系，坚持从全局谋划一域、以一域服务全局，在国家总体战略布局中找定位、明方位。要把握好科学城与科技创新中心的关系，以“一城多园”模式加强与四川合作共建，努力提高协同创新发展能力。要把握好科学城与大学城的关系，加强产学研互动，推动高校、科研机构和企业紧密合作，切实把大学城智力优势转化为科学城高质量发展优势。要把握好科学城与产业发展的关系，加快壮大战略性新兴产业和高技术产业，不断催生新需求、创造新业态、培育新经济。要把握好科学城与城市发展的关系，优化生产生活生态空间布局，打造国际化、绿色化、智能化、人文化现代城市样板。

陈敏尔指出，规划建设科学城要突显科学主题，让创新成为高质量发展的强大动能。要开展科学教学，普及科学知识，弘扬科学精神，传播科学思想，营造浓厚科学氛围。要加强科学研究，充分发挥高等院校、科研院所、企业等的重要作用，推动基础科学和应用科学发展。要深化科学实验，建设一批科技企业孵化器和创新载体平台，完善科技成果转化链条，打通转化通道，加快成果变现。要完善科学设施，推进大科学装置、国家（重点）实验室等重大科技基础设施落地，加快新基建工作进度，提升科学城支撑服务实力。要集聚科学机构，采取壮大现有、合作创办、引进培育等方式，形成一批高端研发平台和高水平科研机构。要培育科技人才，坚持事业平台吸引人、政策环境留住人，让科学城成为各类人才向往之地、集聚之地。要壮大科技企业，大力培育龙头科技企业，加快发展创新型中小企业，做大做强创新主体。要发展科技金融，优化金融要素配置，创新金融服务功能，让金融更好地为科技赋能。要推动科技交易，把科技创新与市场需求联结起来，促进科技成果产业化、创新产品市场化。要促进科技交流，拓宽交流渠道，搭建合作平台，提升科技创新开放度和活跃度。

陈敏尔强调，要坚持统筹谋划，加强顶层设计，抓紧抓实科学城建设各项任务落地见效。要加强规划衔接，注重科学城规划与双城经济圈建设规划纲要、“十四五”规划和新一轮城市规划等的衔接，促进“多规合一”，实现联动发展。要立足现有基础，充分运用重庆大学城人文优势，发挥西永微电园产业优势，整合周边资源要素，更好地做好自己、服务他人。要强化功能配套，保护好利用好生态人文本底，促进产城景深度融合，增加优质公共服务供给，营造宜居宜业宜游良好环境。要健全推进机制，坚持统分结合，加强领导指导，及时协调解决科学城建设中的重大问题。

（来源：重庆市科学技术局）

四川省召开推动成渝地区双城经济圈建设暨推进区域协同发展领导小组第一次会议

2020 年 7 月 13 日，四川省推动成渝地区双城经济圈建设暨推进区域协同发展领导小组第一次会议召开，深入学习贯彻习近平总书记在中央财经委第六次会议上的重要讲话精神，研究落实省委十一届七次全会部署的各项措施，省委书记、领导小组组长彭清华主持会议并讲话。他强调，要深入学习贯彻习近平总书记重要讲话精神，找准切入点和突破口，切实抓好省委全会精神落地落实，加快把国家战略势能转化为发展实效。

四川省委副书记、省长、领导小组第一副组长尹力出席会议并讲话，省政协主席、领导小组副组长柯尊平，省委副书记、领导小组副组长邓小刚出席。

会议听取了有关工作情况汇报，审议了《关于贯彻落实推动成渝地区双城经济圈建设重大决策部署工作实施方案》《川渝两省市 2020 年共同实施的重大项目清单》和领导小组《工作规则》及其办公室《工作规则》。

彭清华在讲话中肯定了今年以来全省推动成渝地区双城经济圈建设取得的成效，就贯彻落实省委七次全会精神、抓好当前重点任务提出要求。他指出，要认真做好省委全会各项工作部署的细化分解，紧扣“一极两中心两地”目标定位，对接顶层设计，加强川渝协同，做实省内工作，围绕落实重大任务提出有针对性的政策措施、工作方案、项目清单，聚焦战略实施的重中之重再梳理一批牵引性、全局性重大事项，切实把省委《决定》提出的一系列重大思路、重大部署、重大举措转化为具体“施工图”，一步一个脚印推动国家战略落地实施。

彭清华指出，要坚定以“一干多支”发展战略支撑国家战略，推动重点区域协同发展加快成势。成都平原经济区要充分用好成都极核辐射带动作用，以绵阳、德阳、乐山等为重点提升环成都经济圈各城市能级，带动成渝地区中部崛起。川南经济区要坚定不移做大做强宜宾、泸州区域中心城市，加快推进内江、自贡同城化发展，促进川南渝西融合发展，带动成渝地区南翼跨越。川东北经济区要着力推动万达开川渝统筹发展示范区建设，进一步提升南充、达州等区域中心城市综合实力，支持广安等毗邻区域深度融入重庆都市圈，加快与渝东北一体化发展，带动成渝地区北翼振兴。攀西经济区要围绕推进转型发展，切实做好战略资源综合利用和安宁河谷地区综合开发两篇文章。川西北生态示范区要围绕建设生态屏障、服务国家生态安全大局，在错位协同发展中更好助力战略实施。成德眉资同城化发展是推动成渝地区双城经济圈建设的支撑性工程、实施“一干多支”发展战略的牵引性工程，要按照规划统一、机制高效、政策协同、项目落地的要求，整体提升发展能级，做大做强双城经济圈的“极核”和“一干多支”的主干。

彭清华指出，要充分发挥重大平台载体作用，协同重庆加快建设川渝毗邻合作平台，坚持因时应势、统筹规划、合理布局、有序推进建设省级新区，扎实抓好共建西部金融中心和西部科学城、“一带一路”进出口商品集散中心、联合创建国家数字经济创新发展试验区等涉及战略全局和长远发展的重要平台，更好集聚和用好各类要素资源推动战略实施。要紧紧抓住重大项目建设这个牛鼻子，坚持高效率推进、高水平谋划、高质量招引，建立川渝两省市领导联系共同实施重大项目工作机制，有序组织开展两省市共同实施重大项目年度计划和三年滚动计划编制，吸引更多重点项目、优势企业和研发机构落户四川，形成实实在在的形象进度和强劲推进态势。要聚焦省委《决定》提出的补短板、打基础、增动力、利长远的重点工作，抓住最重要最紧迫的事情集中攻坚，力争年内在更多领域取得新的突破。

彭清华强调，推动成渝地区双城经济圈建设，是全省各级党组织和广大党员干部必须肩负的政治责任和时代使命。领导小组及办公室要强化对有关工作的统筹协调，加强对议定事项落实情况的督促检查。五大片区联席会议要及时协调解决区域协同发展中的重大问题，联合办公室及专项工作组要扎实抓好各自领域川渝合作事项。各市（州）要立足本地实际谋划推动工作、大胆探索创新，更加积极主动融入国家战略。

尹力在会上指出，全省各地各部门要深入学习、深刻领会习近平总书记重要讲话精神，全面贯彻落实省委七次全会部署要求，以强烈的政治责任感和现实紧迫感，加快推动成渝地区双城经济圈建设。要认清形势抓住机遇，把“一干多支”发展战略融入国家战略统筹推进，成都要唱好“双城记”、当好“排头兵”，五大片区要主动融入双城经济圈建设，抓好重大政策、重大平台、重大改革举措以及重大民生、环保等项目的联动实施。要牢固树立“一盘棋”思想，围绕“一极两中心两地”战略目标定位，深化与重庆对接合作，聚力推动重点领域协同发展取得突破。要坚持深化改革开放，坚决破除制约协同发展的行政壁垒和体制机制障碍，促进区域资源和市场要素优化配置。

（来源：四川在线）

重要举措

川渝科学技术厅（局）共谋科技创新中心建设

为认真贯彻落实中央财经委第六次会议精神，2020年3月11日四川省科学技术厅与重庆市科学技术局在成都召开工作对接会，共同研究加快区域协同创新体系建设、推进成渝地区打造具有全国影响力科技创新中心的工作举措。四川省科学技术厅党组书记、厅长刘东，重庆市科学技术局党委书记、局长许洪斌出席会议并讲话。

大家一致认为，推进成渝地区双城经济圈建设，是党中央作出的重大战略部署，是川渝两地多年以来梦寐以求的国家战略，是四川和重庆改革发展进程中面临的重大历史机遇，对于充分发挥川渝科技创新资源优势、深入实施创新驱动发展战略、培育高质量发展新动力，具有重要的里程碑意义。

许洪斌指出，川渝两地建设科技创新中心的重点在协同、特点在协同。许洪斌建议，川渝要增强区域板块概念，摸清发展家底，共同服务国家区域发展战略布局；要提高站位和视野，主动作为，用一个声音争取国家重大政策、重大项目、重大工程等方面在川渝布局；要加强合作，在科技创新信息、人才、基地、服务、平台等方面共享，在科技创新规划、政策、项目、改革等方面协同，推动科技成果转化、西部科学城建设、人才流动等方面进行深入合作，共同打造成渝地区面向全国的科技创新品牌。

刘东指出，川渝两地要把握和用好成渝地区双城经济圈建设这一重大战略机遇，高质量谋划和推动科技创新中心建设。刘东建议，川渝两地要加快推进区域协同创新，既要协同向上争取，又要协同存量共享；要合作共建西部科学城，按照“一城多园”模式，共建重大创新平台、科技创新基地；要共同推进科技体制改革，深化赋予科研人员职务科技成果所有权或长期使用权改革，促进科技成果转化和产业化；要协同推进国际科技合作，共建国际联合实验室和联合研究中心，共建“一带一路”科技创新合作区和国际技术转移中心，共同举办“一带一路”科技交流大会。

双方商定，建立川渝科技创新联席会议制度，由川渝科技部门主要领导担任召集人，组建工作专班，定期开展对接交流，协同推进重大工作；完善协同对上争取机制，共同争取成渝地区重大项目、重大政策、重大平台纳入国家“十四五”规划，共同争取科技部牵头制定科技创新中心建设总体发展规划；建立重点工作协同推进机制，按照共建共享、先易后难的原则，每年推进3～5项重点工作。当前，要确定近期工作重点，按照“清单制＋责任制”方式推进，确保科技创新中心建设有动作、有效果。

（来源：四川省科学技术厅）

川渝将从7个方面合作打造具有全国影响力的科技创新中心

为推动成渝地区双城经济圈建设，共建具有全国影响力的科技创新中心。2020年4月14日，重庆市科学技术局与四川省科学技术厅签署《进一步深化川渝科技创新合作 增强协同创新发展能力 共建具有全国影响力的科技创新中心框架协议》（简称《协议》）。

《协议》明确了7方面合作内容，包括联合争取国家支持、共同推进成渝地区区域协同创新共同体建设、开展关键核心技术联合攻关、大力推动成渝地区科技成果转化和产业化、深化成渝地区国际科技合作交流、共同推进毗邻地区创新发展、持续优化成渝地区科技创新环境等。

值得关注的是，双方将共同推进成渝地区区域协同创新共同体建设，以“一城多园”模式合作共建西部科学城。依托西部科学城共同推进综合性国家科学中心建设，构建成渝协同创新共同体。同时还将推动两地科技成果库、专家库等信息资源开放共享等。

围绕联合争取国家支持，双方将联合争取国家部委牵头编制具有全国影响力的科技创新中心规划；联合争取国家科技创新政策在成渝地区先行先试；争取中国科学院、中国工程院等国家级研究院所在成渝地区落户或建立分支机构。双方还将聚焦基础前沿领域和成渝地区重点产业领域，联合争取布局建设一批国家重点实验室、国家技术创新中心、国家临床医学研究中心和国家野外站。

围绕共同推进成渝地区区域协同创新共同体建设，双方将以“一城多园”模式合作共建西部科学城，依托西部科学城共同推进综合性国家科学中心建设，构建成渝协同创新共同体。建立川渝地区高新区联盟、大学科技园联盟、科技创新基地联盟、国际科技合作基地联盟和双创示范基地联盟；联合搭建大型科学仪器设备共享服务平台；推动两地科技成果库、专家库等信息资源开放共享。推动川渝科普资源开放共享。

围绕开展关键核心技术联合攻关，将设立实施成渝科技创新合作发展计划项目，建立关键核心技术攻关协作机制，围绕新一代信息技术、人工智能、航空航天、先进制造、汽车摩托车等领域，超前规划布局基础研究、应用基础研究及前沿技术研究并取得突破。还将整合川渝科教资源优势及国内外科技创新力量，力争突破产业转型升级和新兴产业培育中的技术瓶颈。联合推进长江经济带上游地区生态环境保护联防联控技术研发和集成示范。共同研发烈性传染病防治技术和公共卫生防控技术。

围绕科技成果转化和产业化，将开展职务科技成果所有权或长期使用权等改革试点，促进科技成果转化和产业化。打造一体化的技术交易市场，共建技术转移服务平台联盟。定期召开成渝地区技术成果转化对接（或产业投资需求对接）活动，联合开展技术转移专业化人才培养。两地还将共同探索科技金融创新服务模式，打造西部高新技术产业融资中心。

围绕深化成渝地区国际科技合作交流，将共建“一带一路”科技创新合作区和国际技术转移中心；积极推进中国－匈牙利国际技术转移中心（重庆）、中国－欧洲中心、西部国际技术转移中心等技术转移中心建设；共同举办“一带一路”科技交流大会。

围绕共同推进毗邻地区创新发展，将推动渝东北与川东北地区、成渝中部地区、渝西川南地区一体化创新发展，推进联合构建一批创新平台载体、实施一批科技合作项目，为推动构建一批毗邻合作示范区、重大改革试验区、协同区提供科技支撑。

围绕持续优化科技创新环境，将探索建立科技政策异地共享机制，消除两地政策差；推动川渝出台协同科技人才招引政策，加强面向高层次人才的引进和培育，探索户口不迁、关系不转、身份互认、能出能进的科技人才柔性流动机制；推动出台创新人才跨区域流动的政策措施。推动川渝两地外国人才资源和引智成果共享。探索科技创新券通用通兑。

（来源：重庆市科学技术局）

2020 年川渝两省市共同实施的两批重大项目清单发布

推动成渝地区双城经济圈建设联合办公室印发两批项目清单，紧扣基础设施互联互通、产业体系协同、共建科技创新中心、共筑长江上游生态屏障、公共服务共建共享等领域，实施重大项目 31 个，总投资约 5563 亿元。其中高铁项目 5 个、公路项目 11 个、内河航道项目 3 个、新基建项目 2 个、产业项目 5 个、港口场站及物流项目 5 个。

“内联”构建“1 小时”交通网、“外畅”打通多向出川大通道的交通基础设施项目 19 个，总投资约 4516 亿元，主要包括成达万、成渝中线、渝西、渝昆、成渝客专提质改造等 5 个高铁项目；提升川渝毗邻地区互联互通水平的高速公路、快速通道项目 11 个，分别是南充至潼南、内江至大足、资中至铜梁、江津至泸州北线、泸州至永川、开江至梁平等高速公路项目和渝邻快速通道、遂潼快捷通道、明月山环山旅游健康道路；推进长江干线和主要支流航道扩能提升的航电项目 3 个，分别为嘉陵江利泽航运枢纽工程、涪江干流梯级渠化双江航电枢纽、渠江重庆段航道整治工程；完善物流网络和内外枢纽联通的港口、场站、物流项目 5 个，分别是渝西川南综合物流园、成渝双城物流配送中心、遂宁港大沙坝作业区一期工程、华蓥高兴站货场工程、渝威国际农批冷链项目；重庆西部电子电路产业园、巴蜀非遗文化产业园、大巴山国际旅游度假区等产业项目 5 个；5G 网络覆盖、人工智能融合应用平台等新基建项目 2 个。

下一步，联合办公室将会同有关方面加强共同实施项目的定期协调调度和会商会审，深化联动协同推进机制，落实项目开工建设条件，切实做好土地、资金等要素保障，及时协调解决项目推进中存在的困难和问题，全力推动项目加快实施。同时，继续加强重大项目储备和战略谋划，滚动充实项目库。

（来源：四川日报）

2022年川渝两省市共同实施的重大项目清单发布

推动成渝地区双城经济圈建设联合办公室印发《关于做好共建成渝地区双城经济圈2022年重大项目实施有关工作的通知》，估算投资总额超过两万亿元的160个共建重大项目清单出炉。

四川省发展改革委成渝地区双城经济圈建设项目推进处处长王勇介绍，自2020年中央财经委员会第六次会议作出推动成渝地区双城经济圈建设的战略部署以来，今年是川渝双方发布共建重大项目清单最早的一次，也是估算投资金额最大的一年。2020年，川渝先后在6月和9月推出两批共同实施的重大项目31个，概算总投资5563亿元。2021年4月，川渝两省市明确共建重大项目67个，估算总投资15 673亿元、当年计划投资1015亿元。今年两省市发布重大项目160个，估算总投资约20 367亿元，年度计划投资1835亿元。

从投资力度看，超两万亿元中，九成以上投向三个领域：基础设施、现代产业体系、科创中心。投资规模最大的是基础设施，涉及40个项目，估算总投资1.35万亿元；现代产业体系建设项目最多，达72个，估算的5402亿元投资中，4197亿元投向制造业，重点包括宜宾锂电产业、中铝高端制造、电动汽车等。科创中心是今年另一个建设重点，建设抓手是共建西部科学城，30个项目计划投资750亿元，主要包括超瞬态实验装置、转化医学国家重大科技基础设施（四川）、国家川藏铁路技术创新中心、生命健康金凤实验室等项目。

（来源：四川日报）

川渝科技资源共享服务平台正式开通

2021年4月23日，重庆市科学技术局和四川省科学技术厅举行川渝科技资源共享服务平台启动仪式，标志着川渝科技资源共享服务平台（下称“平台”）正式开通并上线试运行。

目前，平台已整合开放川渝两地大型仪器设备14 090台/套，其中，四川省50万元以上仪器3132台/套，重庆市20万元以上10 958台/套，总价值112亿元。平台实现了两地用户统一身份认证、一键登录、仪器设备共享等功能，双方将以平台建设为载体，联合推进大型科研仪器设备等科技资源的开放共享服务，为两地进一步深化区域科技协同创新、推动成渝地区双城经济圈建设具有全国影响力的科技创新中心提供支撑。

在科技资源共享方面，双方将共同推进以大型科研仪器设备为核心的科技资源数据开放共享，实现大型科研仪器设备数据标准化、智能化和互联互通，将其打造成为推动川渝两地协同创新的重要科技资源，并探索形成大型科研仪器设备跨区域开放共享的服务机制。

在科技资源服务方面，双方将充分利用大型科研仪器设备资源，集聚围绕大型科研仪器开展的检验检测、研究开发、技术咨询等服务，打通川渝两地用户需求与服务对接通道，为两地交流合作、科技创新等提供重要支持。

在数据安全方面，双方将严格遵守国家有关法律法规规定，在川渝科技资源共享服务平台建设和服务过程中，采取有效措施确保资源数据安全，强化个人信息、服务交易、知识产权、科技成果等信息数据的保密管理，严防丢失泄密。

启动仪式上，重庆生产力促进中心和四川省分析测试服务中心作为平台承建单位，还签署了《川渝大型科研仪器设备数据开放共享合作协议》。双方将通过平台建设，形成重庆基地和成都基地为主的“一平台，两基地”格局，进一步提升两地科技资源开放共享水平，服务区域经济社会高质量发展。

（来源：重庆市科学技术局）

成渝地区双城经济圈高新区协同创新战略联盟成立

2021 年 4 月 23 日，成渝地区双城经济圈高新技术产业开发区协同创新战略联盟（下称联盟）正式成立。联盟由重庆市科学技术局和四川省科学技术厅联合推动，两地的 12 家国家级高新区、26 家省（市）级高新区共同发起。当天，重庆高新区、成都高新区分别代表两地高新区签署了《成渝地区双城经济圈高新技术产业开发区共建协同创新战略联盟框架协议》。

联盟以协同、创新、绿色、发展为宗旨，将推动两地高新区在更大范围、更高层次上开展经济、科技合作，为成渝地区双城经济圈建设提供坚实支撑。重点任务包括促进产业发展协同、资源要素协同、政策措施协同、对外开放协同，以及绿色发展协同等五个方面。

在此之前，成渝地区高新区已经开展了诸多合作。根据重庆市科学技术局与四川省科学技术厅商定的《2021 年成渝地区协同创新工作要点》，今年，双方将在 9 个方面开展 22 项合作，包括共同推进编制重大规划、建设重大科技创新平台，共同推进川渝合作重大项目、关键核心技术攻关、创新联盟建设，共同扩大科技创新开放合作，共同推进科技资源共建共享、川渝毗邻地区合作等。

（来源：重庆市科学技术局）

重庆市科学技术局与重庆海关签署合作备忘录

2021 年 2 月，重庆市科学技术局与重庆海关签署合作备忘录，共同搭建科技创新与开放发展相互促进的重要支点。合作备忘录旨在深入贯彻党的十九届五中全会、中央经济工作会议精神，全面贯彻落实习近平总书记对重庆提出的重要指示要求，更加突出“四个面向”的主攻方向，更加聚焦建设具有全国影响力的科技创新中心目标，全面融入共建“一带一路”和长江经济带发展，加快推进成渝地区双城经济圈建设，加快打造西部（重庆）科学城，努力在推进西部大开发形成新格局中展现新作为、实现新突破。

根据合作备忘录，重庆海关的科研资源将进一步融入重庆市科研体系。目前，重庆海关具有各类仪器设备2559台，价值超过2亿元，各类科研检测人员约200人，研究员及高级工程师约30人，拥有46个国家和行业标准，具有成建制、系统性、高水平的科技研发实力。备忘录的签署，将进一步促进重庆海关与重庆市科研院所的技术对接和联合攻关，促进科研资源集聚和流动，实现科技创新优势互补，形成合力。

合作备忘录的签署，是重庆市持续优化营商环境促进科技创新的具体举措。一方面，重庆海关将持续动态整合国家最新的关于进口科学研究、科技开发和教学用品方面的税收优惠政策，形成“政策包”，提升对重庆市各类科研主体的指导服务力度；另一方面，重庆市科学技术局同步梳理行政审批链条，通过“渝快办”，推出网上办理服务，实现对“政策包”跨部门一次性办理。合作备忘录的签署，整合了既有的政策资源，能更好地提高行政效能，加快科学研究设备在进口环节的配置效率，更加靠前地服务重庆各类科技创新主体。

根据合作备忘录，双方将打造综合保税区研发设计中心，促进重庆市科研新模式的发展。重庆拥有4个综合保税区（保税港区），同时是国家第三批自贸试验区。综合保税区研发设计中心，作为服务贸易的一种形式，是推进科研领域国际合作、聚合高端人才的新路径。重庆海关和市科学技术局在“十四五”期间，将深入开展合作，聚焦材料进口环节和设备进口环节，通过保税政策和具体实施路径，进一步减轻科技型企业在初创阶段压力，进一步激发企业创新活力。

签约仪式上，双方还就科普基地建设、人才队伍建设、科研项目攻关等方面进行了深入交流。在“十四五”开局之年，重庆市科学技术局和重庆海关将持续保持密切联系，根据国家最新规划和相关政策，动态更新合作备忘录相关内容，不断优化营商环境，促进科技创新和开放发展。

（来源：重庆市科学技术局）

四川省委深改委审议通过深化职务科技成果权属改革实施意见

2020年3月2日，中共四川省委全面深化改革委员会第七次会议审议通过了《关于深化赋予科研人员职务科技成果所有权或长期使用权改革的实施意见》。这是四川省贯彻落实中央财经委第六次会议、中央深改委第十二次会议精神，推动建设具有全国影响力科技创新中心的重大改革举措，也是全国首个省级层面全面推进职务科技成果权属改革的先行先试，旨在通过进一步放权、授权，破解职务科技成果转化过程中的突出矛盾和问题，促进科技成果转化和产业化，推动经济高质量发展。

《实施意见》以调动科研人员积极性为核心，聚焦“产权驱动创新”，从明确赋权形式、健全决策机制和内部管理制度、规范操作流程、完善成果评价机制、健全收益分配和激励机制等5个方面提出了10条改革举措，强化组织领导、评估评价、宣传引导、担当作为，着力营造良好条件和宽松环境。《实施意见》明确在成渝地区双城经济圈四川部分、四川省全面创新改革试验区域内高校、科研院所全面推广职务科技成果权属混合所有制改革经验，中央在川单位以及省内具有科研活动能力的企业、医疗卫生机构、农技推广服务机构等可以参照执行。

职务科技成果权属混合所有制改革是四川在全国率先探索的改革经验。截至2019年底，45家试点单位已完成职务科技成果分割确权551项，作价入股创办企业60余家，带动企业投资近30亿元。

（来源：四川省科学技术厅）

成都市发布加强科技创新能力建设“18条”和人才新政“2.0版”

为深入贯彻落实创新驱动发展战略和成渝地区双城经济圈建设重要部署，加快建设具有全国影响力的科技创新中心，2020年6月3日下午，成都市科技创新大会在西部国际博览城成功召开，四川省委常委、市委书记范锐平，副省长王凤朝出席会议并致辞，省政协副主席、中科院成都分院院长张雨东出席，市委副书记、市长罗强主持。市人大常委会主任唐川平，市政协主席李仲彬，四川大学校长李言荣，电子科技大学校长曾勇，省科学技术厅党组书记、厅长刘东，市委副书记朱志宏出席。

范锐平在致辞中强调，成都召开科技创新大会，推出中国西部（成都）科学城战略规划，发布加强科技创新能力建设“18条”和人才新政“2.0版”，就是要以实际行动贯彻落实习近平总书记重要指示精神，打造面向未来的创新载体、营造最具活力的创新生态，加快建设具有全国影响力的科技创新中心。成都将支持高校院所建设最前沿的科研平台、为创新企业配置最优质的资源要素、为创新人才提供最优越的发展环境、为创新成果构建最高效的转化体系、为创新产业营造最友好的金融生态，通过构建互利共生、高效协同、开放包容、宜居宜业的创新生态系统，与每一位勇攀高峰的科学家、创新创造的企业家、善为善成的投资人、追梦圆梦的创业者结为城市合伙人、构筑创新共同体，与时代同发展、与城市共奋进。

王凤朝在致辞中说，习近平总书记亲自谋划、亲自部署、亲自推动成渝地区双城经济圈建设工作，明确成都作为成渝地区双城经济圈重要极核的新定位、新使命，提出了共同建设具有全国影响力的科技创新中心的新要求，为成都实现跨越发展提供了时代机遇。省委省政府将加大指导力度，助力成都全面构建科技创新体系，高质量建设具有全国影响力的科技创新中心。希望成都始终坚持把创新作为城市发展的核心动力，增强科技创新的紧迫感和使命感，在全省“一干多支”战略中做强“主干”，积极发挥辐射、引领、带动作用，为建成国家创新驱动发展先行省夯实基础，为持续推动全省经济社会高质量发展作出新的更大贡献。

会上，就《中国西部（成都）科学城战略规划（征求意见稿）》作了说明，在建设成渝地区双城经济圈的背景下，成都与重庆将采用“一城多园”模式联合建设西部科学城；发布了《关于全面加强科技创新能力建设的若干政策措施》，从载体建设、主体培育、人才激励、环境营造、投入保障5个方面推出了18条创新举措；发布了《关于支持中国西部（成都）科学城建设的人才行动计划》，从服务城市战略、赋能创新群体、激发市场主体3个方面推出了人才新政“2.0版”。

省直有关部门负责同志，德阳、眉山、资阳市政府有关领导和科技型企业代表，成都各区（市）县党委和政府主要负责同志，市级部门（单位）主要负责同志，在蓉高校、科研院所，成都“5+5+1”重点产业领域企业、创新创业载体和双创服务机构代表等400余人在主会场参加了大会；成都天府新区、成都东部新城、成都高新区和各区（市）县5000余人在分会场以视频会议形式参加了大会。

（来源：成都市科学技术局）

“创新金三角·智汇科技城”首场活动在绵阳市举行

为加快建设中国科技城，全力打造成渝副中心，积极推进成渝绵“创新金三角”建设，2022年6月23日，绵阳市科学技术局承办的“创新金三角·智汇科技城”首场活动举行。活动采取线上线下同步举办的方式，线下主会场设在绵阳市，另设北京、深圳、厦门3个分会场同步直播。四川省委常委、绵阳市委书记曹立军，中国工程物理研究院副院长王洋出席启动仪式并致辞。中国空气动力研究与发展中心副主任莫俊，中国工程院院士、中国工程物理研究院专家委员会委员范国滨，西南科技大学党委书记、校长董发勤，中国科学技术大学党委副书记傅尧，华中科技大学党委常委、副校长解孝林，西南交通大学党委常委、副校长刘长军，四川大学副校长褚良银出席。

在与会领导嘉宾的见证下，绵阳市政府与中国科学技术大学、华中科技大学、哈尔滨工业大学、中南大学、电子科技大学等9所高校签约，共建“云上大学城”；有关方面分别就区域合作及“招院引所”项目、创新平台、“核技术应用创新联合体”组建等签约。

随后，范国滨作《核技术医疗产业发展方兴未艾》主题报告；科技部战略研究院副院长孙福全在北京分会场作《加快建设中国（绵阳）科技城国家科技创新先行示范区》主题报告；西南财经大学西财智库CEO、首席研究科学家、西南财经大学教授、博导汤继强作《成渝双城经济圈建设发展报告》。三位大咖谈产业、话优势、指前路，为绵阳创新发展出谋划策。

“创新金三角·智汇科技城”圆桌论坛围绕“使命担当·自立自强”主题，邀请中国科学技术大学党委副书记、党委宣传部部长傅尧，国防科技大学计算机学院院长卢凯，四川大学副校长褚良银，西南交通大学党委常委、副校长刘长军，西南科技大学党委书记、校长董发勤等专家教授，聚焦高校科技创新、成果转化、人才培养等展开交流对话，就各自领域分享前瞻性观点，为绵阳未来发展建言献策。

下午，创新成果发布暨技术需求对接会举行，通过线上渠道面向全国进行科技成果、技术需求发布与推介，同时还举行了创新资源市（州）行绵阳专场活动。

（来源：四川省科学技术厅）

发展篇

科技创新中心共建

【概况】 2020 年 1 月 3 日，中央财经委员会第六次会议作出推动成渝地区双城经济圈建设、打造高质量发展重要增长极的重大决策部署。2021 年 10 月，中共中央、国务院印发《成渝地区双城经济圈建设规划纲要》，提出把成渝地区建设成为具有全国影响力的科技创新中心。把握“双核引领、区域联动”的主要原则，提升重庆、成都中心城市综合能级和国际竞争力，强化协同辐射带动作用。同年 12 月，中共重庆市委、中共四川省委、重庆市人民政府、四川省人民政府联合印发《重庆四川两省市贯彻落实〈成渝地区双城经济圈建设规划纲要〉联合实施方案》，提出建设成渝综合性科学中心、共建西部科学城、实施成渝科技创新合作计划、构建充满活力的创新生态。2022 年成渝地区双城经济圈常住人口约 9700 万人，地区生产总值 77 587.99 亿元，分别占全国的 6.9%、6.4%。

【成渝综合性科学中心】 《成渝地区双城经济圈建设规划纲要》明确提出建立成渝综合性科学中心。聚焦核能、航空航天、智能制造和电子信息等领域的战略性产品开发，在四川天府新区布局建设电磁驱动聚变大科学装置等重大科技基础设施，以及川藏铁路技术创新中心、西南天然药物与临床转化综合研究平台、成都超算中心、先进微处理器技术国家工程实验室等高能级创新平台。在重庆加快建设超瞬态实验装置等重大科技基础设施，以及分布式天体雷达、卫星互联网等国家重点实验室。引进国际国内高水平大学、科研机构和创新型企业，携手成立成渝地区双城经济圈大学科技园协同创新战略联盟和科研院所联盟，建成成都软件与信息服务业集群、成渝地区电子信息先进制造集群。启动建设成渝国家算力枢纽节点，强化开放共享，促进科技成果转化。截至 2022 年底，成渝地区已布局重大科技基础设施 19 个；引进建设新型研发机构 99 个；签约校地院地合作项目 34 个，投入使用 14 个。

【重点实验室联合共建】 2022 年，川渝联合印发《关于推动川渝共建重点实验室建设的实施意见》，共同编制《川渝共建重点实验室建设与运行管理办法》，围绕智能科技、生命科技、低碳科技等主攻方向，在人工智能、先进制造、大健康、节能环保和现代农业等重点领域，整合优势创新力量，选取两地研究方向相近、联动创新链各环节或产业链上下游的省市重点实验室，联合共建重点实验室。高标准打造特色生物资源研究与利用、传染性疾病中西医结合诊治等川渝共建重点实验室 6 个。实现提升基础研究创新能力、促进科技成果应用转化、培养高水平人才队伍、探索创新平台运行机制、实施开放创新共建共享 5 项重点任务。

【西部科学城合作共建】 《成渝地区双城经济圈建设规划纲要》明确以“一城多园”模式合作共建西部科学城。统筹天府国际生物城、未来科技城和成都高新区等资源，建设西部（成都）科学城。

瞄准新兴产业设立开放式、国际化高端研发机构，建设重庆两江协同创新区。依托重庆大学城、重庆高新区等，夯实智能产业、生物医学发展基础，建设西部（重庆）科学城。高水平建设中国（绵阳）科技城，鼓励大院大所发展孵化器、产业园。2021 年 12 月，《西部（重庆）科学城管理委员会　西部（成都）科学城管理委员会共同助推西部科学城建设战略合作协议》正式签订，明确在共建共享重大科技基础设施、协同开展核心技术联合攻关、协同推进高校院所交流互动、协同实施科技人才招引培养、开放共享科技成果转化平台、协作开展全面创新改革试验、全力打通跨区域投融资通道、共同打造特色优势产业集群、联合搭建信息交流互动平台、共同推进国际科技交流合作等“十个方面”和建立联席会议机制、建立对上争取机制、建立工作推进机制等“三个机制”上深入合作，共建西部科学城。2022 年 5 月，按照国家发展改革委工作部署要求，双方接续合作，共同推动《成渝综合性科学中心建设方案》编制工作。同年 7 月，西部（重庆）科学城、西部（成都）科学城第一次联席会议在四川天府新区召开。

【川渝科技协同创新】　川渝两省市科技部门成立川渝协同创新工作组，2022 年召开专项工作组会议 2 次，累计 5 次，签订“1+6”科技创新合作协议。围绕新一代信息技术、人工智能、航空航天、资源环境、量子科技、生物医药、轨道交通、现代农业等领域，联合开展关键核心技术攻关。培育发展一批新型研发机构，鼓励两地高校、科研院所、企业共同参与国际大科学计划和大科学工程，建设新型研究基地。推动重大科研基础设施和大型科研仪器设备共建共享。融入国际国内科技创新网络，共建“一带一路”科技创新合作区和国际技术转移中心，出台《成渝地区共建“一带一路”科技创新合作区实施方案》，构建以西部（成都）科学城和西部（重庆）科学城为核心，国家自创区、高新区、经开区和特色产业园区为承载，高等学校、科研院所、国际科技合作基地等为支撑的“一区、两核、多园、众点”的国际科技合作空间布局，举办“一带一路”科技交流大会，全方位加强对外科技创新合作，加强知识产权保护国际合作交流。强化创新链产业链协同，加快建设产业创新中心、技术创新中心、制造业创新中心、工程研究中心等创新平台和综合性检验检测平台，共建“高校 + 产业 + 园区 + 基地”创新联盟 40 余个。

【科技创新生态共建】　2020 年，四川省财政厅、重庆市财政局签署《推动成渝地区双城经济圈建设两省市财政部门合作备忘录》，在基础设施建设、产业发展、生态环境保护等方面共同向国家争取支持。2022 年，成渝地区双城经济圈发展基金在中国证券投资基金业协会备案成功，基金总规模 100 亿元，重点投资川渝两地集成电路、智能制造、新型显示、新材料、新能源、生物医药等战略新兴制造业和航旅、大健康等战略新兴服务业以及智慧城市。深入推进全面创新改革试验，深化职务科技成果所有权或长期使用权改革试点，探索推动科研资金跨省市使用和重大科研项目揭榜制。深入实施“天府英才”工程、“重庆英才计划”，重庆和四川签署人才协同发展战略，召开成渝地区双城经济圈人才协同发展联席会议，合作实施高校、科研院所人才培养工程，开展产业人才攻坚专项行动。重庆两江新区、四川天府新区落实《关于川渝职称互认工作有关事项的通知》文件精神，落实干部互派挂职机制，协同开展人才引育。两地高校和科技企业面向产业需求联合设立学科（专业）、创办实训（实习）基地、开展科技人才培养，鼓励两地高校院所科研人才交流。高水平建设国家和省级“双创”示范基地，推进建设一批“双创”支撑平台项目。重庆获批建设国家科技成果转移转化示范区，四川省跨高校院所新型中试研发平台建成揭牌。

【成渝中线科创走廊共建】 依托成渝中线高铁、成遂渝铁路、成渝高铁 3 条铁路，以及成渝、成安渝、成资渝、成遂渝 4 条高速公路和若干条国道线路形成的立体交通网络布局，构建区域贯通、要素畅通、功能融通的成渝中线科创走廊，发挥重庆和成都“双核”带动作用，以西部科学城为引领，以渝西川东区市县为支撑，促进各类创新资源向成渝中部汇聚，整体提升区域创新能级，推动成渝中部地区产业转型升级和跨越式发展。

（来源：四川省科学技术厅、重庆市科学技术局）

成渝科技创新

重庆市

【创新概况】 重庆市委、市政府先后召开市委五届十次全会、市第六次党代会、市委六届二次全会谋划安排科技创新工作。出台《中共重庆市委关于深入推动科技创新支撑引领高质量发展的决定》《重庆市人民政府关于支持西部（重庆）科学城高质量发展的意见》《支持科技创新若干财政金融政策》等文件，强化科技创新系统谋划、制度设计和政策支撑。2022 年，全市万人发明专利拥有量达 16.14 件，同比增长 22.2%；技术合同成交额达 630.49 亿元，同比增长 1 倍，连续两年翻番。高技术制造业、战略性新兴产业增加值占比分别达 19.0%、31.1%。科技进步贡献率提高到 60.3%；综合科技创新水平指数保持全国第 7 位（《中国区域科技创新评价报告 2022》）；全球创新指数创新集群百强榜排名升至第 49 位（《2022 年全球创新指数报告》）。重庆都市圈研发人员达 19.35 万人，研发经费投入 653.26 亿元，分别占成渝地区双城经济圈比重达 35.6%、35.0%。

【创新投入】 重庆布局建设西部（重庆）科学城、两江协同创新区、广阳湾智创生态城三大科创核心承载区，加快发展高新技术产业开发区，打造区县特色科技创新平台，推动形成一城引领、多园支撑、点面结合、全域推进的创新格局。2022 年，重庆市 R&D 经费内部支出 686.65 亿元，R&D 经费投入强度为 2.36%。企业研发经费支出占全市研发经费的比例达 80.0%，对全市研发经费增长的贡献率达 84.7%。全市规上工业企业研发投入强度为 1.76%。

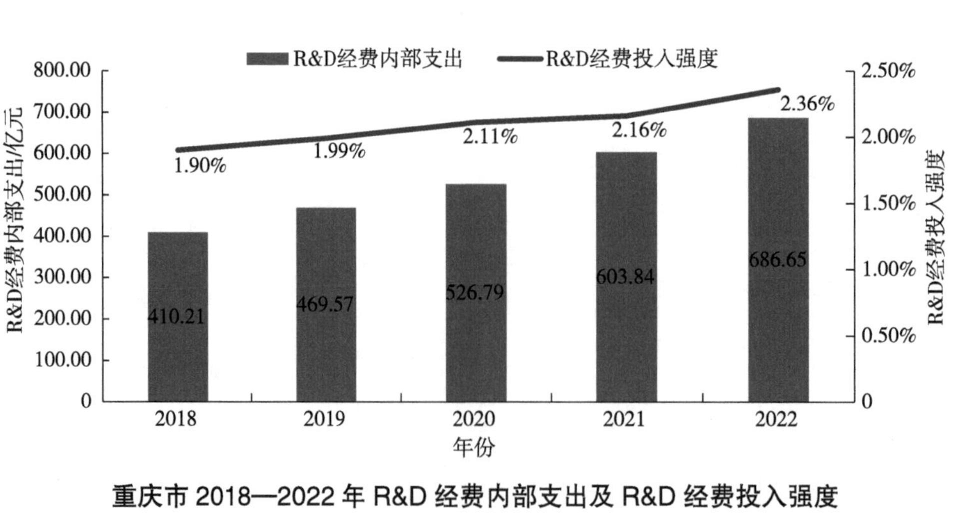

重庆市 2018—2022 年 R&D 经费内部支出及 R&D 经费投入强度

【创新主体】 2022 年，重庆市科技型中小企业备案入库 2839 家，有效高新技术企业 6401 家，科创板上市企业 1 家。推动重庆大学、西南大学“双一流”建设，重点建设世界一流学科 5 个，ESI 学科排名前 1‰的学科 53 个。

【创新平台】 2022 年，重庆市 8 个国家重点实验室重组成功。以合作共建方式新增全国重点实验室 2 个，新增省部共建重点实验室 2 个，累计建设市级重点实验室 210 个。联合微电子中心获批成为国家制造业创新中心，市畜科院获批建设全国农业领域首个国家生猪技术创新中心。国家应用数学中心、国家临床医学研究中心实现突破，国家野外科学观测研究站 2 个，国家科技创新平台 105 个。新增新型研发机构 99 家，累计 179 家。引进建设高水平研发机构 65 家。国家科技创新基地累计 32 个，市级以上科技创新基地和平台 999 家。金凤实验室投入使用，超瞬态实验装置等重大科技基础设施建设加快。

【创新人才】 重庆市共有“两院”院士 18 人。科技领域国家级人才计划人选 83 名，“国家杰青”项目获得者、“国家优青”项目获得者 156 人，国家创新研究群体 9 个。引进外国人才 11 402 人（次）、外国高端人才（A 类）1486 人（次）。2022 年，全市研究与试验发展（R&D）人员总量 20.35 万人，近 5 年年均增长 9.3%。

【技术攻关】 聚焦数智科技、生命健康、新材料、绿色低碳四大科创高地，编制《重庆市技术图谱》《重庆市科技进步路线图》。通过部市、部门和市区联合，组织实施汽车核心软件、人工智能、高端器件与芯片、先进制造、生物医药等重大科技专项，以及新能源、新材料、食品健康、节能减排等重点科技专项，一体推进原始创新、技术创新和产业创新，取得纳米时栅位移测量技术、车规级芯片设计、5G 通信射频芯片设计、汽车双离合自动变速器等重大技术成果。

【成果转化】 加快建设国家科技成果转移转化示范区，构建“点、线、网、面”成果转移转化体系，出台《重庆市进一步促进科技成果转化的实施细则》《重庆市高质量孵化载体建设实施方案（2021—2025 年）》，深化科研人员职务科技成果所有权或长期使用权改革试点，建成国家级科技企业孵化器 26 家、国家备案众创空间 68 家、国家大学科技园 3 家，连续 8 年成功举办中国创新创业大赛（重庆赛区），重庆大学等 4 所高校入选全国高校科技成果转化百强。

【西部（重庆）科学城】 2020 年以来，西部（重庆）科学城累计开工项目 746 个、总投资 6332 亿元，超瞬态实验装置、种质创制大科学中心、国家应用数学中心开工建设，中国自然人群生物资源库重庆中心、北京大学重庆大数据研究院建成投用。联合微电子中心获批组建国家制造业创新中心，科学谷、科学大道等标志性项目顺利推进。两江协同创新区引进建设北京理工大学重庆创新中心等开放式国际化研发机构 50 家。

【高新区】 重庆市形成 1 个国家自主创新示范区带动、4 个国家级高新区引领、12 个市级高新区支撑的“1+4+12”发展格局，成为重庆高质量发展的核心载体。2022 年全市高新技术产业开发区规上工业总产值为 1.2 万亿元，同比增长 7.0%；企业营业收入为 1.1 万亿元，同比增长 3.8%；高新技术企业营业收入突破 3800 亿元，同比增长 10.8%。

（来源：重庆市科学技术局、重庆生产力促进中心）

四川省

【创新概况】 四川省科技系统按照省委、省政府决策部署，深入实施创新驱动发展战略，持续夯实科技创新基础，大力提升科技创新实力，获批建设西部地区唯一的国家实验室。2022 年，全省年末拥有有效发明专利 10.87 万件，同比增长 24.6%；技术合同成交额达 1649.8 亿元，同比增长 18.1%；高新技术产业实现营业收入 2.65 万亿元，同比增长 12.3%；规上科技信息服务业实现营业收入 4645 亿元，同比增长 11.7%。综合科技创新水平指数保持全国第 12 位（《中国区域科技创新评价报告 2022》）。

【科技党建】 成立四川省科技创新综合党委和四川省科学技术厅社会组织联合党委，推动 21 个市（州）和 103 个县（市、区）相继成立。组织实施支部建在创新链上等五大品牌行动，建立中央在川大院大所党建联盟、省属科研院所党建联盟。制定实施全省科技管理干部提能培训方案，举办创新驱动引领高质量发展专题研讨班。修订厅行政规范性文件管理实施细则，推进《绵阳科技城条例》立法前期工作，开展《四川省科学技术进步条例》修订调研。

【科技体制】 实施科技体制改革攻坚三年行动，12 项改革任务全部启动。指导 7 家单位开展职务科技成果转化前非资产化管理改革试点，参与职务科技成果权属改革单位完成确权 1446 项。出台改革完善省级财政科研经费管理实施意见和科技计划管理办法，启动科研经费“包干制 2.0”试点、“揭榜挂帅”试点和科研项目自主验收试点，探索设立四川省科技计划协同（联合）创新专项，预算绩效管理在省级部门排名前列。修订科技计划监督等有关规定，建立省市贯通的科技监督大格局。完善科技伦理治理体系，制定《关于健全科技伦理治理机制　有效防控科技伦理风险的实施方案》。加强科研诚信和作风建设，把科研诚信建设要求落实到项目指南、立项评审、过程管理、结题验收和监督评估等科技管理全过程。

【创新投入】 2022 年，四川省 R&D 经费内部支出 1215.01 亿元，R&D 经费投入强度为 2.14%。企业研发经费支出占全省研发经费的比例达 60.3%。全省规上工业企业研发投入强度为 0.97%。

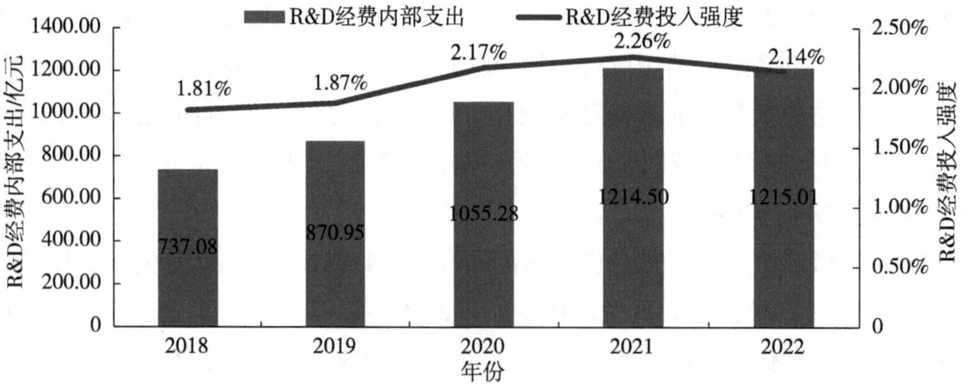

四川省 2018—2022 年 R&D 经费内部支出及 R&D 经费投入强度

【创新主体】 2022 年，四川省备案科技型中小企业 1.87 万家，有效高新技术企业 1.46 万家，科创板上市企业 17 家，新增瞪羚企业 62 家。

【创新平台】 西部第一个国家实验室挂牌设立。实体化运行天府兴隆湖、永兴实验室，挂牌运行天府绛溪、锦城实验室。优化重组全国重点实验室 3 家，新建省重点实验室 3 家。国家高端航空装备技术创新中心获批建设，国家川藏铁路技术创新中心获国拨资金、成都研发基地基本建成。揭牌四川若尔盖高寒湿地生态系统国家野外科学观测研究站。新建新能源汽车先进动力、先进极限制造 2 个省级技术创新中心，启动万达开技术创新中心建设，新增省级工程技术研究中心 46 家、省级新型研发机构 26 家，组建省级创新联合体 4 家。

【基础研究】 编制《四川省基础研究十年行动计划》，支持数学、物理学等领域基础研究发展，加强集成电路、新能源等领域应用基础研究攻关。围绕量子科学、宇宙演化等开展前沿交叉学科研究，部分领域实现“从 0 到 1”的重大突破。制定《四川省自然科学基金项目设置方案》，组建四川省自然科学基金。探索基金运行管理模式，创新实施基础研究重大项目，2022 年度立项 2000 余项。印发《国家自然科学基金区域创新发展联合基金（四川）管理工作规程（试行）》，完善区域联合基金创新管理机制，获批资助 34 项、总经费 1 亿元。获得国家自然科学基金各类项目资助 1867 项、经费 10.8 亿元。

【技术攻关】 实施航空与燃机、工业软件及信息安全、生命健康、生物育种等省级重大科技专项，培育出四川省第一个利用地方猪种资源选育的优质黑猪“天府黑猪”和第一个抗根肿病油菜“川油 101”。我国首列拥有完全自主知识产权的齿轨列车成功下线，国内首台自主研制 F 级 50 兆瓦重型燃气轮机并网发电，首套“中国造”超静音智能钻机出口非洲。

【成果转化】 加快新药创制国家科技重大专项成果转移转化试点示范基地建设，开展国家科技成果评价改革综合试点。加快国家科技创新汇智平台试点建设，汇聚创新创业团队 130 个、机构 400 家和高层次专家 3000 余名，并在重庆、绵阳等地布局分中心。联合重庆举办“融合创新”军工院企供需对接会，参加先进技术成果对接活动企业达 90 家。实施首批“聚源兴川”行动项目 27 项，布局成果转化示范项目 110 项，支持重大创新产品 92 个。实施种业振兴创新攻关行动，育成国省审认定新品种 269 个，示范推广新品种新技术 147 项。完善国家技术转移西南中心“1+4+N”体系，建成市（州）和行业分中心 22 个。启动建设首批省级星创天地，新增国家和省级科技企业孵化器 10 家。

【科技奖励】 制定《四川省科学技术奖提名制实施办法（试行）》，评选出科学技术杰出贡献奖 2 人、杰出青年科学技术创新奖 5 人、国际科学技术合作奖 4 人，264 项成果分别获得自然科学奖、技术发明奖、科学技术进步奖。培育 2 个高水平社会力量科技奖励品牌。5 人获 2022 年度“天府友谊奖”，3 人获何梁何利基金科学与技术奖。

【科技金融】 启动四川省科技金融创新基地建设，“天府科创贷”向全省 1039 家科技企业发放贷款 55.51 亿元。安排 2 亿元注资院士基金，省双创基金、科技成果转化基金等 6 支基金投资项目 180 个，投资额达 31.48 亿元。培育 3 家上市企业、12 家独角兽企业和小巨人企业。

【开放合作】 联合重庆建设“一带一路”国际技术转移中心。新建省级国际科技合作基地9家。组建世界钙华自然遗产研究与保护、国际山地农业科技创新联盟组织，合作对象覆盖100余个国家、地区和国际组织。举办四川－巴基斯坦高校科技教育合作对话会、四川－以色列新型农业技术培训班等10余场国际会议活动。落实科技支撑服务长江经济带绿色创新发展、新一轮西部大开发战略，深化与京津冀、长三角、粤港澳大湾区三大科技创新中心合作。实施区域创新合作项目74项，加强与桂、滇、粤、吉、琼等省（区）科技合作，持续做好科技援藏、援疆、援青工作。

【科技民生】 自主研发2款新冠重组蛋白疫苗获批紧急使用，首个“四川造”新冠抗原检测试剂盒上市，《超大规模城市大面积封控和大范围核酸检测容易忽视的问题和建议》在全省疫情防控中应用。取得新药临床试验批准通知书30件、药品注册证书12项，创新医疗器械“消化内镜AI产品”获批上市。出台实施中医药创新工程建设中医药创新高地的意见，创新中药获批开展临床试验，中医药“防、治、康”系列方案纳入四川省第十一版新冠肺炎中医药防控技术指南。新建“四川科技兴村在线”市县平台36个、总计170个，实现乡村振兴重点帮扶县和重点偏远欠发达地区全覆盖。深入推行科技特派员制度，充实202名科技人员进入国家科技特派团，选派1000名“三区”科技人员。出台科技助力“两稳一保”7条政策，对59家科技型企业基础研究投入给予后补助支持，开发科研助理岗1.2万个。

【科普工作】 建立40家部门（单位）参与的四川省科普工作联席会议制度，制定《四川省“十四五”科学技术普及发展规划》。启动全国流动科技馆涉藏地区行活动，召开涉藏地区科普基地帮扶工作会。举办科技活动周、科普活动月活动，组织科普作品、微视频评选和科普讲解大赛，获奖数量名列全国前茅。

【中国（绵阳）科技城】 国务院批复《绵阳科技城“十四五”发展规划和2035年远景目标纲要》，国务院办公厅出台《关于支持绵阳科技城建设科技创新先行区的意见》，获得财政部、科技部1.5亿元科技创新专项资金支持，举办第十届中国（绵阳）科技城国际科技博览会。

【高新区】 制定高新区高质量发展绩效评价办法，成立高新技术产业研究院，构建“1+27+N”科创公共服务平台体系，建立“两微一端”“两报一讯”宣传阵地，新增省级高新区1家。

（来源：四川省科学技术厅、四川省科学技术发展战略研究院）

成都市

【创新概况】 成都市按照党中央和省委省政府重大决策部署，优化空间、技术、平台三大布局，提升协同创新、成果转化、城市治理三大能力，加快推进具有全国影响力的科技创新中心建设。2022年，全市万人发明专利拥有量达37.4件，增长25.8%；技术合同成交额达1467.82亿元，增长14.6%；高新技术产业实现营业收入1.26万亿元，同比增长5.7%。全球创新指数创新集群百强榜排名升至第29位（《2022年全球创新指数报告》）。成都都市圈研发人员达22.24万人，研发经费投入达 809.16 亿元，占成渝地区双城经济圈比重分别达 40.9%、43.4%。

【科技党建】 成立中共成都市科技创新综合党委。指导天府新谷园区等 20 家重点孵化器、创新平台和新型研究机构“两新”组织加强党组织建设。通过“科技创新党员示范岗”“蓉城科创党员志愿服务队”“科技干部综合能力提升计划”等举措，建设具有全国影响力的科技创新中心，为推进成渝地区双城经济圈建设成都任务提供保障。开展科技监督工作，聚焦科技项目监管难的问题，构建常态化监督机制，制定《成都市市级财政科技项目专项资金管理办法》工作规范。

【创新投入】 2022 年，成都市 R&D 经费内部支出 733.26 亿元，R&D 经费投入强度为 3.52%。企业研发经费支出占全市研发经费的比例达 55.0%，对全市研发经费增长的贡献率达 85.0%。全市规上工业企业研发投入强度为 1.25%。

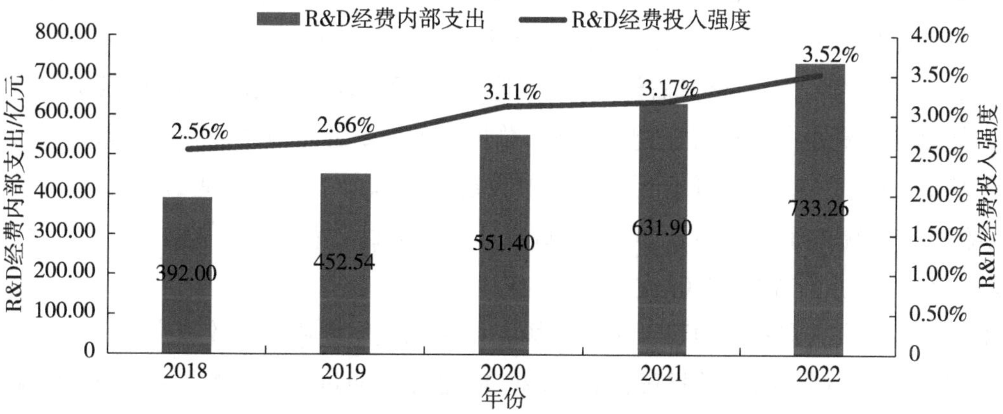

成都市 2018—2022 年 R&D 经费内部支出及 R&D 经费投入强度

【创新主体】 2022 年，成都市备案科技型中小企业 8645 家，增长 23%。有效高新技术企业 11 510 家，净增 3599 家。科创板上市企业 16 家。新增独角兽企业 4 家，总数达 9 家，排名全球第 25 位。

【创新平台】 2022 年，新增国家级科技创新平台 9 个；引进国家智能网联新能源汽车创新中心等高能级创新平台 72 个，顶尖创新团队 101 个；引进落地成都西电网络安全研究院、北理工创新装备研究院等新型研发机构。电磁驱动聚变装置、跨尺度矢量光场 2 个大科学装置完成项目选址；国家川藏铁路技术创新中心一期建成并投入使用；国家精准医学产业创新中心载体基本建成；生物靶向药物国家工程研究中心搭建靶向序列发现及优化关键共性技术平台；国家高端航空装备技术创新中心、国家超高清视频创新中心获批建设；未来轨道交通未来产业科技园获批试点；成都智算中心正式投运；国家超级计算成都中心已为北京、上海、重庆等 35 个城市 800 余位用户提供算力服务。

【技术攻关】 修订《成都市重点研发项目资助管理办法》，出台《成都市“揭榜挂帅”科技项目实施和管理办法》，聚焦产业建圈强链重点领域和前沿新兴领域实施关键核心技术攻关、重大科技创新及应用示范项目。围绕“天府粮仓”建设，在粮食安全、生物育种等领域开展关键技术攻关。

组织实施人口健康领域技术攻关。在吨位级货运无人机、智慧社区等领域，支持腾盾科技、云从天府等行业龙头企业整合产业链上下游组建创新联合体，开展核心技术攻关。成都科研团队主持和参与的首次发现证实玻色子奇异金属、二氧化碳人工合成葡萄糖和脂肪酸、海水原位直接电解制氢3项成果入选2022年中国十大科技进展。

【成果转化】 建成电子科技大学国际创新中心成果转化应用平台，聚集创业团队500余个，孵化培育科技型企业超200家。举办“菁蓉汇”系列活动，促成成果转化、技术开发等合作项目1200项，协议投资金额119亿元。支持高校院所科技人才、知名创新创业大赛获奖人才携科技成果在蓉创业。支持企业在工业互联网、大数据等领域形成创新产品45项。实施24项重大科技应用示范项目。天府国际技术转移中心建成投运。修订技术经纪人职称评定相关标准，开展技术经纪（经理）人培训活动。新增国家级科技企业孵化器、备案众创空间6家，省级科技企业孵化器、备案众创空间12家；培育市级创新创业载体17家。17家国省级技术转移机构被评为优秀，占全省的94.4%。

【科技金融】 2022年，成都拥有私募股权、创投基金管理人274家，居副省级城市第5位；运用7亿元引导基金（资金），引导组建26支、总规模52.12亿元的“科创投”系列基金群，其中天使投资子基金19支、规模24.21亿元；知识产权运营子基金7支、规模27.91亿元；累计投资集成电路、创新药、高端医疗器械、绿色环保等重点产业链项目216个、投资额26.77亿元。全年“科创贷”放款2061笔，放款金额77.01亿元。

【科技民生】 制定实施科技助力稳增长稳市场主体保就业促创业六项政策措施，通过“科创贷”帮助逾千家科技型中小企业获得银行信用贷款超40亿元，通过“科创贴”补助1309家企业7000余万元，并对1817家新认定高新技术企业给予资金补贴。引导各类孵化载体为中小企业减免房租7814万元。推动设立科研助理岗位，吸纳应届大学生超2000人。做好科技支撑新冠疫情防控工作，四川大学华西医院研发的重组新型冠状病毒蛋白疫苗（Sf9细胞）威克欣、在蓉高新技术企业三叶草生物公司研发的新冠疫苗SCB-2019获批纳入使用。

【科普工作】 建成市级科普基地181个，展教面积超850万平方米，举办2022年四川省暨成都市科技活动周启动仪式、主题展览等144项重点及品牌科普活动。

【西部（成都）科学城】 配合科技部、四川省科学技术厅修改完善《关于进一步支持西部科学城加快建设的意见》，调整设立市推进天府实验室建设工作小组〔西部（成都）科学城建设领导小组〕，编制西部（成都）科学城总体规划和实施方案。中国科学院成都分院科学城园区建成投用，中国科学院大学成都学院园区实现招生使用。

（来源：成都市科学技术局、成都市科学技术信息研究所）

科技创新中心重大项目

2022年，成渝地区双城经济圈共建科技创新中心项目30个，年度计划投资127亿元，含科技基础设施项目5个、产业创新平台项目2个、共建西部科学城项目23个。

科技基础设施项目

序号	项目名称	建设地址
1	长江上游种质创制科学设施	重庆高新区、北碚区
2	无线能量传输及环境影响科学工程（一期）	重庆璧山区
3	超瞬态实验装置项目	重庆高新区
4	转化医学国家重大科技基础设施（四川）	四川成都市
5	华为·成都市智算中心项目（一期）	四川成都市

产业创新平台项目

序号	项目名称	建设地址
1	省部共建大数据与智能计算国家重点实验室川渝合作一期项目	重庆南岸区
2	川渝高竹新区科技创新基地建设项目	重庆渝北区、广安市

共建西部科学城项目

序号	项目名称	建设地址
1	惠科模组项目	四川绵阳市
2	成都市高新区5G互联科创园	四川成都市
3	西部（成都）科学城综合配套项目	四川天府新区
4	国网信产集团国网信息通信云网产业基地项目	四川天府新区
5	绵阳市激光产业基地建设项目	四川绵阳市
6	智慧医疗医学中心二期项目	四川成都市
7	四川省工程装备设计研究院	四川天府新区
8	国家川藏铁路技术创新中心项目	四川天府新区

续表

序号	项目名称	建设地址
9	协同创新区创新工坊项目	重庆两江新区
10	协同创新区－五期创新空间	重庆两江新区
11	孵化加速器	重庆两江新区
12	联想 5G 项目	重庆两江新区
13	明天氢能燃料电池一期项目	重庆两江新区
14	重庆亚欧汽车零部件项目	重庆两江新区
15	中国科学院重庆科学中心	重庆高新区
16	科学会堂	重庆高新区
17	科学谷	重庆高新区
18	重庆高新区科创示范项目二期	重庆高新区
19	生命健康金凤实验室	重庆高新区
20	重庆金凤凰高端人才社区项目	重庆高新区
21	植恩生物医药产业集群研发平台项目	重庆高新区
22	西部（重庆）科学城先进数据中心项目	重庆璧山区
23	绵阳科技城新区直管区一期基础设施项目	四川绵阳市

【长江上游种质创制科学设施】 种质创制大科学中心是西南大学联合国内外高校、科研机构建立的集长江上游种质资源发掘、收集、保护、创制与利用为一体的重大科技基础设施平台，2022 年 1 月启动运行。致力于建设长江上游种质创制科学设施，塑造种业基础研究到产业应用全链条新模式，构建国家种源安全长效机制。中心汇聚了一批国际顶尖人才，研发人员达到 1000 人，力争 5 ~ 10 年完成 20 亿元投资，建成具有国际影响力的工程化种质创制科学设施。

【无线能量传输及环境影响科学工程】 无线能量传输及环境影响科学工程项目是重庆市重大科技基础设施项目，是我国首个国际一流、国内领先的集试验、技术集成攻关、科学数据野外观测及新产业培育为一体的大型综合实验基地。

【超瞬态实验装置项目】 超瞬态实验装置项目由重庆大学牵头建设，是重庆首个大科学装置，占地 500 亩，总投资 30 亿元。项目分两期，一期计划建设实验中心及办公用房 1.026 万平方米，建设 500 MeV 低能强流同步辐射光源和 3 套超瞬态电子显微平台，是西部（重庆）科学城创新能级最基础的关键标志。

【转化医学国家重大科技基础设施（四川）】 转化医学国家重大科技基础设施（四川）是全国首个生物治疗转化医学国家重大科技基础设施，也是继上海后全国第二个启用的转化医学国家级大设施。依托四川大学和华西医院，重点建设生物制剂筛选、生物制备制剂、临床转化验证和支撑技术平台 4 个转化研究平台。2021 年 7 月，临床研究核心基地四川大学华西医院转化医学综合楼正式启用，设有近 200 张研究型病床；同时配套精准医学检测、精准成像评价、细胞治疗产品研发和制备平台，为临床转化的精准决策、个体化治疗提供支撑。它的投入使用将把生物治疗成果从基础研究到临床应用的时间缩短 30% ~ 50%。

【华为·成都市智算中心项目】 成都智算中心由智算云腾（成都）科技有限公司负责整体运营，包含“一中心、三平台”。“一中心”即“国家一体化大数据中心成渝枢纽节点”，“三平台”涵盖人工智能算力平台、城市智脑平台、科研创新三大平台。采用基于华为昇腾 AI 基础软硬件的 AI 集群，一期项目算力达到 300 PFLOPS FP16，项目在智慧城市、智慧医疗、智慧金融等场景开展应用示范，端到端打通“政”“产”“学”“研”“用”全产业链，支撑国家战略任务落地、促进经济产业融合发展。上线以来，算力占有率达 95% 以上，已服务近 50 家科研机构和高校。

【川渝高竹新区科技创新基地建设项目】 川渝高竹新区科技创新基地建设项目占地 567 亩，总投资 23 亿元，是高竹新区新能源汽车、智能装备制造、电子信息等相关产业构建创新基地、创新体系和创新平台的有力载体，分为产业孵化区、科创孵化区、配套服务区 3 个功能区。其中，产业孵化区用地面积为 166 亩，建筑面积为 15 万平方米，分为高端人才科创区、研发孵化区、产业创新区 3 个子功能区，重点服务研发机构、龙头企业和高层次创新创业人才（团队）。川渝高竹新区科技创新基地建设项目 2022 年 1 月开工，至年底，11 栋首批次主体结构全部封顶。12 月 17 日，成功签约落地四川省汽车产业技术研究院高竹分院、重庆大学低碳研究中心川渝科技协调创新中心等 7 个产业项目。

【惠科模组项目】 惠科模组项目总投资 50 亿元，于 2022 年 1 月 4 日正式开工建设，4 月 10 日主体厂房全面封顶。年产能 3100 万片，项目满产后预计实现年产值 150 亿元。惠科显示模组生产线作为惠科光电下游重要配套项目，是惠科公司丰富产业生态、拓展市场空间的关键抓手，也是绵阳进一步做强新型显示产业集群的重要支撑。5 月 25 日，由绵投集团参与投资的绵阳惠科显示模组生产线项目实现首台设备搬入主厂房。

【绵阳市激光产业基地建设项目】 绵阳市激光产业基地建设项目位于游仙高新区北区，首期占地 518 亩，建筑面积为 34.4 万平方米，总投资约 23.2 亿元。项目依托激光装备和高端激光制造装备两大核心技术优势，主要围绕激光产业链，引进、培育一批配套企业和项目。同步配套建设高新企业加速器、创新中心等配套项目。激光产业基地目前已签约中国久远、深圳光大激光、中久大光、中久光电等 22 个项目，入驻项目 10 个，总投资 60 余亿元。截至 2022 年底，激光产业基地整体完成率达 95%。

【四川省工程装备设计研究院】 四川省工程装备设计研究院在工业和信息化部、四川省经济和信息化厅、四川省市场监督管理局、天府新区管委会指导下，由中国工程物理研究院核物理与化学研究所、中广核集团久源（成都）科技有限公司、四川工商职业技术学院、四川科瑞达电子技术有限公司共同组建。采用“平台 + 公司”的模式运作，建设涵盖企业、科研院所、院校等多元化的开放创新平台。

【国家川藏铁路技术创新中心项目】 国家川藏铁路技术创新中心由科技部批复设立、国铁集团联合四川和西藏两省区共同组建，于 2021 年 5 月在成都揭牌，规划在成都和西藏林芝布局建设研发基地。项目致力于打造集技术研发、技术服务、科研成果转化于一体的全链条创新平台，建设数字川藏、地理地质、智能建造、灾害预警防控等研发实验环境，集聚创新资源构建基于互联网的研发实验体系。

【协同创新区 – 五期创新空间】 协同创新区 – 五期创新空间项目即明月湖云上山麓科创基地，项目总投资约 45 亿元，建成后将入驻湖南大学重庆研究院、新加坡国立大学重庆研究院、北京工业大学重庆研究院等院校。

【孵化加速器】 重庆孵化加速器项目位于两江新区龙兴片区，总建筑面积达 98 441.59 平方米。项目建成后，主要招引绿色航空动力飞行器、精密光学、精密仪器、医疗器械、激光通信、空天一体化信息技术、智能制造、动物科技等科研领域企业，同步加速搭建“众创空间 + 孵化器 + 加速器 + 产业园”梯度孵化体系。

【联想 5G 项目】 联想 5G 项目由联想集团与重庆两江新区合作建设。该项目将联想产业链上下游相关企业引入两江新区，着力与国际领先技术接轨，助力重庆传统产业转型升级。联想 5G 云网融合总部基地项目，将建设 5G 研发、应用、交付、展示 4 个中心，以及 5G 智能设备制造基地和国家级联合实验室，重点开展 5G 微基站及应用场景研发，力争申请国家重点实验室，达到国内一流、国际领先水平。

【明天氢能燃料电池一期项目】 明天氢能燃料电池一期项目投资 2 亿元，计划建设燃料电池电堆及系统测试车间、试制车间和西南工程研究中心。该项目以两江新区为基地，为全国市场提供燃料电池电堆及系统集成、测试、燃料电池车辆开发与运营服务。

【重庆亚欧汽车零部件项目】 重庆亚欧汽车零部件项目一、二期总建筑面积达 13.4 万平方米，是吉利控股在重庆首个新能源整车厂房，用于 Polestar 极星高端新能源汽车生产。在国内首次采用电能烘干炉和 RTO 设备，能耗设备采用电能，建设雨水收集利用系统，实现废水闭路循环不外排，做好废弃产品定点回收处理，实现资源利用最大化。它在建成后将引领汽车行业绿色低碳发展，是全国首家零碳排放的汽车零部件制造基地、重庆首家电能碳中和企业基地。

【中国科学院重庆科学中心】 中国科学院重庆科学中心是重庆市政府与中国科学院共同打造的综合性科技创新平台。聚焦大数据智能化、生物医学、新材料、生态环境等研究方向，规划建设硅基光技术研究院、汽车软件创新研究平台、生物医学数据科学研究中心等研究平台。一期工程项目占地约 103 亩，总建筑面积约 14 万平方米，分一、二标段实施，建成后形成“科学之眼”，承担接待、展示、会议、办公等功能，成为形象展示窗口。

【科学会堂】 科学会堂是西部（重庆）科学城首个大型公共综合体项目，总建筑面积约 9.9 万平方米，建筑高度为 36.9 米。它将被打造成一馆多用、多馆合一、低碳环保、经济适用、现代绿色的城市多功能综合体，包括会议会展及配套科技服务中心。项目计划在 2025 年初完成竣工验收。

【科学谷】 科学谷位于重庆市寨山坪山麓，科学大道以西，占地面积约 940 亩，总建筑面积约 140 万平方米。其中一期总用地面积约 25 万平方米，总建筑面积约 61 万平方米，共 37 栋建筑，停车位为 5142 个，主要建设内容为产业办公、酒店及相关产业配套。重点入驻高端电子产品、软硬件开发、前沿材料、信息集成、高端制造业信息化技术、大数据等高新技术企业，重点围绕绿色低碳、智能技术等领域打造前沿科技集聚地。

【重庆高新区科创示范项目二期】 重庆高新区科创示范项目二期（检验检测园项目）占地约102亩，总建筑面积约17.8万平方米（其中地上13.5万平方米，地下4.3万平方米），包含标准化厂房、配套用房、车库等。

【生命健康金凤实验室】 生命健康金凤实验室位于西部（重庆）科学城凤栖湖畔，占地面积约128亩，5栋楼呈U形布局，总建筑面积约13.5万平方米。楼宇之间有空中连廊将彼此串联在一起，形成一个整体，成为科学城的新地标。金凤实验室围绕生命健康重大科学问题和关键技术，搭建公共技术平台，引育顶尖科学家团队，创新科研体制机制，开展基础研究和应用基础研究、前沿技术研究，打造国家生命科学和医学基础研究战略基地、西部生命健康产业创新引领高地、多学科和高层次科技领军人才聚集阵地。

【重庆金凤凰高端人才社区项目】 重庆金凤凰高端人才社区项目是西部（重庆）科学城“金凤凰”人才政策落地的重要载体。总用地面积约227亩，总建筑面积约36.1万平方米，地上建筑面积约22.6万平方米，地下建筑面积约13.5万平方米，容积率为1.5，绿地率为30%，可容1240户人才家庭入住。

【植恩生物医药产业集群研发平台项目】 植恩生物医药产业集群研发平台项目由科学城企业植恩生物技术股份有限公司（简称“植恩生物”）与Cytiva思拓凡共同打造。项目覆盖抗体、抗体偶联药物、双抗等抗体平台，以及质粒、病毒等基因和细胞治疗领域，能全力支持科学城完善并发展生物医药全产业链，以覆盖生物制药业态全方位业务，推动未见技术和创新疗法成为可能。

【西部（重庆）科学城先进数据中心项目】 西部（重庆）科学城先进数据中心项目总投资不低于20亿元，占地20亩，安装144个超高密度液冷机架和208个风冷机架，采用全栈国产技术构建，实现从底层硬件设备到上层平台的全维安全，建成后可提供总计包含72.3万个国产高性能X86处理器核心、1760块国产高性能计算加速卡的9720个通用计算节点和1800个智能计算节点，承接国家“东数西算”工程，为政务数据安全提供坚实保障。

【绵阳科技城新区直管区一期基础设施项目】 绵阳科技城新区直管区一期基础设施项目由绵阳新路投资发展有限责任公司具体实施，总投资约148.91亿元，其中建设总投资约133.91亿元。该项目采用“授权经营+投资人+EPC”运作模式，分10个子项目，其中房建项目为科技展厅、科技金融街、科创中心、科技服务中心、产学研成果转化中心；市政工程为起步区路网工程、创业大道西延线（东段）、1号和2号桥梁，以及直管区特许经营项目、环境改造提升工程。

西部科学城

西部（成都）科学城

按照科技部、四川省科学技术厅等修改完善的《关于进一步支持西部科学城加快建设的意见》，成都市配合国家发展改革委成立工作专班，启动编制《成渝综合性科学中心建设方案》《成渝（兴隆湖）综合性科学中心建设实施方案》。在市级层面设立成都市推进天府实验室建设工作小组〔西部（成都）科学城建设领导小组〕，构建“1+2+N”工作机制，市委、市政府领导牵头推进西部（成都）科学城和天府实验室建设。优化完善《西部（成都）科学城总体规划（2021—2035 年）》《西部（成都）科学城建设实施方案（2021—2025 年）》，通过天府实验室建设工作小组〔西部（成都）科学城建设领导小组〕第二次会议审议。

科学城空间布局。构建“一核四区”空间功能布局，规划面积约 394.2 平方公里，涉及四川天府新区成都直管区、成都东部新区、成都高新区、成都双流区。

“一核”，即成都科学城（132 平方公里）。集中布局重大科技基础设施集群、高能级实验室集群、校院地协同创新平台集群和产业创新平台集群，围绕原始创新集群开展前沿科学研究、关键技术攻关和科技成果转移转化，打造国家科技创新体系重要基础平台。由鹿溪智谷科学中心、重大科技基础设施建设基地、协同创新基地、独角兽岛、兴隆湖高新技术服务产业园、凤栖谷数字经济产业园、新兴智能制造产业园七大板块组成。

“四区”，即新经济活力区（88.9 平方公里）、生命科学创新区（69.8 平方公里）、成都未来科技城（60.4 平方公里）和新一代信息技术创新基地（43.1 平方公里），承接“一核”原始创新成果，协同构建创新功能突出、创新服务完善、主导产业领先的“二次创新”承载地。

成渝合作促区域创新。组织召开西部（重庆）科学城、西部（成都）科学城第一次联席会议，推动深化 10 个方面战略合作。推动四川天府新区与重庆两江新区建设电子信息、数字经济等产业旗舰联盟，集聚会员企业近 500 家。助力“五区共兴”创新合作，与自贡、德阳等地建立战略合作关系。修订《成都高新区生物产业创新券管理办法》，拓展公共服务平台认定范围至重庆、眉山、资阳等地企业。召开成德眉资同城化科技创新工作第一次推进会，推进成德协同创新中心、“科创通”眉山分平台等合作项目建设，规划建设天府大道科创走廊。

强化战略科技力量。2022 年 9 月 22 日挂牌组建国家实验室。天府兴隆湖实验室“微纳研究中心”

和科研办公载体交付使用。天府永兴实验室组建学术委员会和专家委员会，招募“卓青”“杰青”等人才 50 余人。天府绛溪实验室首批载体共 10 万平方米全面建成；天府锦城实验室揭牌运行。电磁驱动聚变大科学装置、跨尺度矢量光场时空调控验证装置 2 个国家重大科技基础设施报国家、省发展改革委审批；2 个省级重大科技基础设施落地。获批组建国家精准医学产业创新中心和国家超高清视频创新中心。

深化校院地协同创新。中国科学院成都分院全面入驻，中国科学院光电技术研究所园区开展分批次搬迁，中国科学院大学成都学院建成投用，中国民用航空飞行学院天府校区、核工业西南物理研究院整体迁建暨天府清洁能源研发基地。中国科学院声学研究所“新型网络技术核心芯片和关键部件研发中心”在天府新区注册公司，已落地校院地平台累计孵化企业 100 余家。开展“揭榜挂帅”，实施“岷山行动”计划。聚集苏东林院士、黄维院士、雷宪章院士等技术专家、产业专家 260 人，微电子先进封测、功率半导体、电磁环境适应等 3 个团队获融资近亿元。

优化成果转化服务生态。选址天府新区独角兽岛规划建设成都科创馆。按照“展示交易—概念验证—中试熟化—产业转化”布局三大场馆。挂牌运营“天府高技术服务中心”旗舰载体，推动天府国际技术转移中心签约技术转移服务机构、促成英国第三代碳化硅等成果转化项目 6 个。搭建集成电路技术创新服务平台和设计服务平台；建成重大新药创制国家科技重大专项试点示范基地一期并通过国家部委验收。支持四川大学等 4 所高校深化国家赋予科研人员职务科技成果所有权或长期使用权试点，制定《成都高新区中试跨越行动计划》《天府兴隆湖实验室成果转化暂行管理办法》《天府新区中科系成果转化方案》等文件，推动高校院所建立完善成果转化内控制度。

引育一流创新企业。签约引进腾讯未来中心、天合智慧数字能源创新研发中心等百亿级项目。海康威视成都科技园开园、华为成都智算中心建成投用，五粮液集团成都新经济中心、字节跳动创新中心启动建设，落地新经济企业总量累计突破 12 万家，构建形成电子信息、数字经济、生物医药 3 个千亿级产业集群。建设“科技型中小企业—国家高新技术企业—科技领军企业”梯度培育体系，累计引育高新技术企业近 5000 家；科技型中小企业入库 4500 余家。优选有发展潜力的 1500 家非高新技术企业纳入高企培育库。

打造创新人才高地。累计引聚国家、省、市人才计划人才 2000 余名，聚集海外高层次人才 8000 余名。联合四川大学、电子科技大学等“双一流”高校共建产业人才实训基地，为 80 余家企业定向培养研究生人才 200 余名。依托天府新区鲲鹏生态人才培养暨认证基地，为科研院所和企业“订单式”输送科研技术人才。实施高层次“四派”人才计划，累计汇聚高层次“四派”人才 2076 名，创办企业 1243 家（2022 年新增高层次“四派”人才 467 名、企业 279 家），其中 10% 的企业获得股权融资。实施产业教授计划，定向支持 51 名双一流高校“国字号”教授创新创业，其中 24% 的产业教授企业获得融资。

（来源：成都市科学技术局、成都市科学技术信息研究所）

重庆两江协同创新区

2021年10月，中共中央、国务院印发《成渝地区双城经济圈建设规划纲要》，提出高标准建设两江新区，加快建设两江协同创新区。两江协同创新区按照市委、市政府统一部署及两江新区党工委管委会工作要求，紧扣两江新区打造高质量发展引领区、高品质生活示范区目标，坚定走“科创＋产业”发展道路，强化产业、人才、生活、生态“四个协同”，紧盯突破“卡脖子”技术，瞄准新兴产业设立开放式、国际化高端研发机构，努力建设成为具有重要影响力的汇聚全球创新要素的集聚高地、促进大学大院大所联合开展协同创新的合作高地，科技创新及产业创新的重要策源地、新兴产业的重要策源地，打造全国重要的科技创新和协同创新示范区。

创新区域空间布局。重庆两江协同创新区位于两江新区龙兴新城，规划面积约30平方公里，其中核心规划6.8平方公里。拥有5个公园和10余处社区级绿地，区内将实现90%以上公交＋步行绿色出行，7个产、学、研、生活功能混合组团。规划总体空间格局为“一核引一轴、三心协四区、两带融三岛”。目前已建成创新空间70万平方米，其中研发办公楼宇40万平方米，商业配套12万平方米，正在建设创新空间80万平方米。

加快企业培育力度，建设创新平台。重庆两江协同创新区面向海内外创新资源，集聚高校、研发机构、孵化机构、企业及科技人才、创新团队，打造国家（西部）科技创新中心先行示范区，西部创新资源集聚地，重庆科技创新重要承载地、展示地、体验地。已建成14个国家级双创载体、45个市级双创载体，累计孵化企业突破5000家。在提升企业创新能力方面，建成国家级创新平台39个、市级452个，其中企业主导建设超80%。

战略科技力量增强。两江协同创新区围绕航空航天、新能源、高端装备、新材料等重点领域，积极推进低轨卫星国家重点实验室、国家先进储能重点实验室、国家氢能装备制造业创新中心、国防科技工业精密锻造与环轧技术创新中心、国家高性能金属构件成形与智能装备工程技术中心等建设，增强技术源头供给。引进国内外一流高校、科研院所、科技企业、科技创新团队等设立研发机构，累计达35家，在环保、人工智能、应急救援、航空航天等领域开展了大量科研攻关，2022年预计完成科技成果转化100项、申报发明专利400件。入驻两江协同创新区的高校院所北京理工大学、哈尔滨工业大学、中国航天科工集团有限公司第三研究院304所为“天问一号”顺利进行火星环绕、着陆和后续巡视探测作出了重要贡献。西北工业大学重庆科创中心的5个开放科研实验室在两江协同创新区投用。重庆纳米金属研究院等多个重点项目引入实施，战略科技力量加强。

产业协同创新。两江协同创新区已完成约4公里示范线建设，建设了生态完善、功能适配的“车—路—云”产品和技术互联互通需求的示范场景，满足基于车路协同高级别辅助驾驶商用示范、推广及自动驾驶车辆测试运营等需求。全球唯一最高精度能达到2微米，并投入实际工业应用的超高精密3D打印系统制造商——重庆摩方精密科技股份有限公司正式将总部落户两江协同创新区。通过打造创新生态体系，政产学研相互赋能、相互助力，北京理工大学的毫米波雷达技术在智能车联网项目中成功产业化。

科技生态协同创新。两江协同创新区充分尊重“山水林田湖草”自然本底，紧紧围绕“科技+生态”内涵，促进科技、人文、生态相互交融，建设“山清水秀、绿色智能、开放共享、活力多元”的创新创业创造者向往的高品质生活宜居地。从人才服务、研发服务、产业服务、协同创新氛围打造、创新管理等方面着手，加快构建全链条全要素创新生态系统。针对探索期、种子期、成长期、成熟期等不同发展阶段的创新型企业，分别设立两江产业创新基金、明月湖科创基金和两江红证协同创新产业基金等，塑造产业高质量发展新优势；以打造国家级综合孵化器为目标，两江协同创新区注册成立了两江协同创新科技孵化有限公司，精心培育一批成长性好、竞争力强、发展潜力大的科技型企业，目前正面向中红外皮秒光纤激光器、柔性复合防爆装备、无损检测缺陷智能评片系统等战略性技术产品开展培育孵化服务。

（来源：重庆市科学技术局、重庆生产力促进中心）

西部（重庆）科学城

重庆市人民政府出台《重庆市人民政府关于支持西部（重庆）科学城高质量发展的意见》《重庆市金融支持西部（重庆）科学城建设若干措施》，与科技部等12个国家部委、四川省人民政府联合印发《关于进一步支持西部科学城加快建设的意见》，成立由重庆市政府主要领导任组长的市推动西部（重庆）科学城（简称“科学城”）建设工作领导小组，建立“一核引领、五区联动”常态化工作机制，推动科学城核心区与沙坪坝、九龙坡、北碚、江津、璧山5个片区在科技创新、产业布局等方面联动发展。2022年，西部（重庆）科学城全社会研发经费投入占全市比重达16.0%，地区生产总值占全市比重达9.0%，科技创新引领高质量发展态势日益显现。

科学城空间布局。西部（重庆）科学城位于重庆市中心城区西部槽谷，东衔中梁山、西揽缙云山、南接长江、北拥嘉陵江，规划区域范围达1198平方公里，东西横跨5 ~ 15公里，南北纵贯80公里。重庆高新区直管园是科学城核心区，面积为313平方公里，辖3个街道、7个镇。按照“一核五区”思路，建立“核心区研发、各片区转化”产业协作模式。核心区依托成渝综合性科学中心（金凤）建设，开展科技研发和成果转化；五区分别为沙坪坝片区、北碚片区、江津片区、璧山片区、九龙坡片区，主要承接核心区成果转化与产业化。

沙坪坝片区：建设新一代信息技术产业制造基地、高端智能汽车研发生产基地、金融科技创新发展集聚地。

北碚片区：建设高端智能传感器产业集聚区、生物育种技术创新应用高地、医药产业开放创新引领区。

江津片区：打造大数据智能化应用先行区、消费品工业创新生态区、高端装备产业集聚区。

璧山片区：建设动力电池研发创新高地、光电显示特色产业基地。

九龙坡片区：打造中国轻量化材料应用示范之都、中国“西部氢谷”等。

引进项目，集聚资源。实施引进科技创新资源行动计划，吸引中国三峡、中国电科、通用技术、国电投等央企分支机构，博世工业、华大基因、国鸿氢能等企业研发中心，北京大学、上海交通大学、中国科学院等高校院所的产学研机构落地科学城，引进建设新型研发机构77个。出台“金凤凰”人才支持政策，建立博士后科研工作站30余个，柔性引进张平文、吴宜灿、李克强等院士20余名，集聚国家级人才420余名。2022年，科学城核心区引进招商项目超80个、协议投资额超1300亿元，沙坪坝片区引进招商项目50个、协议投资额达380亿元。

培育战略科技力量。张江国家实验室、广州国家实验室重庆基地创建工作取得阶段性进展，启动超瞬态实验装置建设。机械传动等5个国家重点实验室完成重组，市级重点实验室达129个。金凤实验室揭牌投用，卞修武、杨正林等院士领衔的25个科学家团队入驻。中国科学院重庆科学中心一期投用，入驻汽车软件创新研究平台。种质创制大科学中心入选全国支撑服务育种创新的5个专业化平台之一。中国自然人群生物资源库获中国人类遗传资源采集与保藏许可，招募样本采集人群超19万人。赛力斯研发总部快速升级，推出的“问界”系列车型销量累计10万辆。

校地协同，融合发展。建立科学城校地联席会议制度，出台环大学城创新生态圈实施方案，核心区专班推进、滚动实施校地合作项目23个，投用重庆国家应用数学中心、北京大学重庆大数据研究院等项目17个，重庆市高校科技成果转化服务中心、科学城校地协同创新和成果转化中心建成投用。北碚片区环西南大学创新生态圈建成27万平方米孵化空间，培育科技型企业超550家、转化科技成果700余项。江津片区环重庆交通大学创新生态圈建设全面推进，发布交通装备、智能交通等领域科技成果89项。

科技赋能产业发展。实施科技型企业育苗造林、创新主体培育“十百千万”、“一科三高”企业培育等计划，建立高成长性科技企业、高能级领军企业认定标准，累计建成国家级创新孵化平台12个，引育科技型企业6092家、高新技术企业1036家。获批建设国家科技成果转移转化示范区，常态化举办技术经纪人培训班，培养初、中级技术经纪人300余人。打造创新创业赛事品牌，核心区举办科技节、中国创新创业大赛、“互联网+”大学生创新创业大赛等双创活动300余场，北碚片区开展“碚添动力”科技成果对接会等科技品牌活动240余次，科学城创新创业氛围日益浓厚。2022年，核心区实施智能化改造项目47个，转化科技成果1500余项，实现技术合同成交额45亿元。

激发科技创新活力。获批建设国家海外人才离岸创新创业基地、国家双创示范基地、国家级知识产权强国建设示范园区，入选“科创中国”首批试点城市。支持重庆大学、西南大学等10所高校院所开展赋予科研人员职务科技成果所有权或长期使用权改革试点，培育技术转移示范机构7家。探索以“先投后股”方式支持科技成果转化，首批项目预计支持经费700万元。在全市率先开展外国人来华工作许可服务试点改革，实现外国人来华工作许可、工作居留类许可一站式签发，累计引进外籍人才80余人。实施企业创新积分制试点，搭建评价指标体系，投用企业积分制平台。探索实行“揭榜挂帅”“科技人才与自主创新专项”等项目生成机制，着力解决制约产业发展的“卡脖子”技术问题。

科技金融助力企业创新。推出“科企梯度贷”，对科技型企业、高新技术企业、高成长性科技企业、高能级领军企业给予不同额度的信用贷款支持。企业创新积分制衍生金融产品“积分贷”为企业提供信用贷款超8000万元，“高新贷”累计为31家企业贷款7650万元。种子基金累计投贷项目119个，支持金额超4400万元。设立“科技贷”“流动贷”等“八大资金池”，落地总规模20亿元的重庆科技成果转化股权投资基金，累计支持1008家（次）企业获得融资63亿元。

（来源：重庆市科学技术局、重庆生产力促进中心）

中国（绵阳）科技城

2022年，国务院办公厅出台《支持绵阳科技城建设科技创新先行区的意见》，正式批复《绵阳科技城“十四五”发展规划和2035年远景目标纲要》。11月，绵阳科技城党工委、管委会正式挂牌。四川省建设绵阳科技城领导小组办公室设立绵阳办公点。

科技城空间布局。绵阳科技城空间布局为“一核多园”（2878平方公里），“一核”为主城区全域，包括涪城区、游仙区、安州区，涵盖4个市属园区和3个区属园区；“多园”包括5个县（市）属园区。

加大战略科技力量建设。聚焦绵阳科技城、西部科学城、天府实验室等重大科技创新基地建设，组织开展2022年中央引导地方科技发展资金项目的申报、评审、推荐工作，安排资金31 900万元。成功推动中国（绵阳）科技城先进技术研究院注册并实体化运行，会同先进研究院对接项目团队30余个，完成项目储备19项。完成“中物院十所高性能X射线平板探测器”创新团队、清华大学先进材料团队等6个团队签约入驻。与中国工程物理研究院合作共建光电研发中心、与乌镇实验室共建先进材料中心，协调先进技术研究院与厦门产业技术研究院达成框架合作协议。中国（绵阳）科技城航空动力科技创新中心新引入浙江大学热管理团队、西安交通大学乔百杰老师团队等8个高水平团队，累计入驻创新团队22个，实现科技成果转化7项。

创新成渝绵合作模式。四川省委常委、绵阳市委书记曹立军，中国工程物理研究院副院长王洋出席“创新金三角·智汇科技城”启动仪式。绵阳市政府与中国科学技术大学、华中科技大学、哈尔滨工业大学、中南大学、电子科技大学等9所高校签约，共建“云上大学城”。有关方面分别就区域合作及“招院引所”项目、创新平台、“核技术应用创新联合体”组建等签约。2022年，累计举办“创新金三角·智汇科技城”系列活动5场，面向全国发布绵阳市及中国科学院、清华大学、浙江大学等知名院校科技成果超过400项，牵线开展洽谈100余项，已实现成果转化近20项、技术需求对接近30项。

绵碚协同创新。绵阳市与重庆市北碚区签署《四川省绵阳市人民政府　重庆市北碚区人民政府推动成渝地区双城经济圈建设合作三年行动计划（2020—2022年）》。在重大战略协同行动、产业发展联动协同行动、科教创新优势互补行动等10个方面，联合推进43项合作。设立“绵阳市科技创新股权投资基金”，重点支持电子信息、装备制造、先进材料、新能源和化工等战略性新兴产业。2022年，国家军民两用技术交易中心重庆分中心发布技术需求超80项、成果超400项、技术专家超100人，组织开展绵碚科技合作专场发布对接会，促进技术交易。同年，大型科学仪器共享平台重庆分中心新增共享设备459台（套），为210家企业提供仪器共享服务，为130余家企业提供实验室管理培训工作。

科技金融深入推进。“天府科创贷”绵阳分中心授牌运营，正式入驻绵阳科创基金小镇并实体化运行。绵阳分中心联动在绵金融分支机构建立不少于15个网点、不少于50名服务专员的服务体系，通过与省中心联动，形成“1+1+N”的服务模式。“天府科创贷”13家合作银行向四川省1039家科技企业发放贷款55.51亿元。

（来源：四川省科学技术厅、四川省科学技术发展战略研究院）

数据篇

地区综合（2020—2022年）

主要社会经济指标

指标名称	单位	重庆市			四川省			#成都市		
		2020年	2021年	2022年	2020年	2021年	2022年	2020年	2021年	2022年
辖区面积	平方公里	82 402	82 402	82 402	486 052	486 052	486 052	14 335	14 335	14 335
空气质量优良天数率	%	91.00	89.30	91.00	90.80	89.50	89.30	76.50	81.90	77.30
地区生产总值	亿元	25 041	27 894	29 129	48 502	53 851	56 750	17 717	19 917	20 818
其中：第一产业	亿元	1804	1922	2012	5557	5662	5964	655	583	588
第二产业	亿元	9970	11 185	11 694	17 506	19 901	21 157	5419	6114	6404
第三产业	亿元	13 268	14 787	15 423	25 439	28 288	29 628	11 643	13 220	13 825
人均地区生产总值	元	78 294	87 450	90 663	58 009	64 326	67 777	86 266	94 622	98 149
年末常住人口	万人	3209	3212	3213	8371	8372	8374	2095	2119	2127
年末就业人员	万人	1676	1668	1644	4745	4727	4706	1143	1156	1159
财政收入支出										
地方一般公共预算收入	亿元	2095	2285	2103	4261	4773	4882	1520	1698	1722
地方一般公共预算支出	亿元	4894	4835	4893	11 199	11 216	11 915	2159	2238	2435
居民人均可支配收入	元	30 824	33 803	35 666	26 522	29 080	30 679	42 075	45 755	47 948
城镇居民人均可支配收入	元	40 006	43 502	45 509	38 253	41 444	43 233	48 593	52 633	54 897
年末规模以上工业企业数	家	6938	7314	7617	15 280	16 454	17 489	3691	4107	4361
规模以上工业企业实现营业收入	亿元	23 052	27 531	27 175	46 565	54 215	54 932	14 966	17 419	17 361
进出口总额	亿元	6513	8001	8158	8082	9514	10 077	7154	8222	8346
其中：出口总额	亿元	4187	5168	5245	4654	5709	6215	4107	4841	5005
教育和科学技术										
普通高等学校	个	68	69	70	132	134	134	58	58	58
在校学生（普通高等学校在校学生）	人	998 650	1 100 122	1 171 607	1 800 903	1 920 825	2 050 000	932 205	981 464	1 106 037
科学研究与技术服务业非企业单位	家	310	339	354	246	271	309	136	163	183
国家重点实验室（整合前）	个	10	10	10	14	16	16	12	12	12
公共图书馆	个	43	43	43	207	207	209	22	22	23
博物馆	个	105	111	130	258	267	316	97	101	172

科技综合（2020—2022 年）

主要科技创新指标

指标名称	单位	重庆市			四川省			# 成都市		
		2020 年	2021 年	2022 年	2020 年	2021 年	2022 年	2020 年	2021 年	2022 年
R&D 人员数	人	166 227	202 465	203 515	292 729	311 721	355 401	156 382	161 529	193 339
R&D 人员折合全时当量	人年	105 712	123 446	128 878	189 829	197 144	227 141	101 526	105 327	129 078
R&D 经费内部支出	亿元	526.79	603.84	686.65	1055.28	1214.52	1215.01	551.40	631.92	733.26
R&D 经费投入强度	%	2.11	2.16	2.36	2.17	2.26	2.14	3.11	3.17	3.52
两院院士（不含外聘）	人	17	18	18	59	63		30	33	33
专利申请量	件	83 826	83 555	86 751	167 676	163 664	165 494	94 802	99 652	101 376
# 发明专利	件	22 273	24 068	28 907	42 676	45 358	48 283	29 776	33 000	35 958
专利授权量	件	55 377	76 206	66 467	108 386	146 936	135 507	65 450	88 376	83 500
# 发明专利	件	7637	9413	12 207	14 187	19 337	25 458	10 875	14 989	19 545
PCT 国际专利申请量	件	363	393	405	530	640	718	500	565	718
每万人口高价值发明专利拥有量	件/万人		4.35	5.48	2.94	4.04	5.06	10.39	12.31	15.38
国家科学技术奖	项	9			27			22		
# 自然科学奖	项									
# 技术发明奖	项	3			2			1		
# 科技进步奖	项	6			25			15		
省级、直辖市科技进步奖	项	115	114	69	263	261	244	190	197	213
# 一等奖	项	23	23	15	36	40	31	29	36	28
# 二等奖	项	43	46	27	80	83	72	63	68	65
# 三等奖	项	49	45	27	147	138	141	98	93	120
输出技术合同登记数	项	3515	7194	6880	20 415	18 443	23 555	16 943	14 071	17 697
输出技术合同成交额	亿元	118	185	559	1245	1389	1644	1145	1189	1458
吸纳技术合同登记数	项	5673	9548	8981	20 050	20 947	25 750	13 006	13 275	15 633
吸纳技术合同成交额	亿元	226	518	790	876	1264	1522	521	664	757
有效高新技术企业	家	4223	5109	6401	8154	10 247	14 668	6125	7911	11 510
科技型中小企业备案入库数	家	891	3113	2839	12 293	14 817	18 693	6032	7016	8645

续表

指标名称	单位	重庆市			四川省					
								# 成都市		
		2020 年	2021 年	2022 年	2020 年	2021 年	2022 年	2020 年	2021 年	2022 年
国家级创新创业载体	个	77	78	97	122	127	136	75	75	80
# 国家级科技企业孵化器	个	22	22	26	41	45	45	21	22	22
# 国家备案众创空间	个	53	53	68	76	75	84	50	49	54
# 国家大学科技园	个	2	3	3	5	7	7	4	4	4

注：成都市 2020 年国家科学技术奖包含 6 个专用项目，2021 年、2022 年国家科学技术奖未评比。

2021 年数据

研究与试验发展（R&D）人员

单位：人

类别	R&D 人员	# 女性	# 全时人员
全国	**8 580 860**	**2 223 984**	**5 706 499**
川渝合计	**514 186**	**133 997**	**331 407**
重庆	202 465	51 770	128 567
四川	311 721	82 227	202 840
川渝占全国比重（%）	**5.99**	**6.03**	**5.81**
成渝地区双城经济圈	**501 590**	**130 680**	**325 322**
# 占全国比重（%）	**5.85**	**5.88**	**5.70**
# 占川渝比重（%）	**97.55**	**97.52**	**98.16**
重庆都市圈	193 310	49 062	122 518
成都都市圈	188 911	49 256	125 914
川东北渝东北	27 968	8612	15 227
川南渝西地区	71 343	18 240	45 600
重庆			
渝中区	4280	1698	2848
大渡口区	3344	707	2140
江北区	14 670	3910	11 830
沙坪坝区	19 392	5942	9838
九龙坡区	16 032	3376	10 335
南岸区	13 702	4001	6809
北碚区	13 574	3419	8434
渝北区	27 803	6200	17 250
巴南区	9213	2426	5470
涪陵区	7926	2399	4479
长寿区	7443	2052	4912
江津区	8585	1928	5763
合川区	3109	916	2012
永川区	8112	2098	4757
南川区	1937	473	1259
綦江区	4699	1069	3431

续表

类别	R&D 人员	# 女性	# 全时人员
潼南区	2037	438	1638
铜梁区	5477	1119	4093
大足区	4215	904	3079
荣昌区	4057	1156	2920
璧山区	9090	1726	6522
万州区	4431	1423	2508
梁平区	1503	409	1034
丰都县	413	99	323
垫江县	1682	323	1396
忠　县	746	200	399
开州区	1504	414	888
云阳县	346	77	262
黔江区	624	225	367
四川			
成都市	161 529	42 692	107 265
自贡市	6636	1935	3542
泸州市	10 230	3246	6091
德阳市	19 313	4735	13 369
绵阳市	37 983	8899	30 106
遂宁市	5884	1878	3271
内江市	5972	1454	3637
乐山市	6228	1687	3609
南充市	10 301	3654	4905
眉山市	6306	1442	4193
宜宾市	13 360	3331	8287
广安市	4613	1105	2699
达州市	7042	2013	3512
雅安市	4484	1095	2753
资阳市	1763	387	1087

研究与试验发展（R&D）人员折合全时当量

单位：人年

类别	R&D人员折合全时当量		按活动类型分		
		#研究人员	基础研究	应用研究	试验发展
全国	**5 716 330**	**2 405 509**	**471 920**	**690 956**	**4 553 469**
川渝合计	**320 590**	**157 538**	**27 412**	**55 695**	**237 484**
重庆	123 446	53 792	8781	17 960	96 706
四川	197 144	103 746	18 631	37 735	140 778
川渝占全国比重（%）	**5.61**	**6.55**	**5.81**	**8.06**	**5.22**
成渝地区双城经济圈	**313 530**	**154 436**	**26 831**	**54 380**	**232 318**
#占全国比重（%）	**5.48**	**6.42**	**5.69**	**7.87**	**5.10**
#占川渝比重（%）	**97.80**	**98.03**	**97.88**	**97.64**	**97.82**
重庆都市圈	117 831	51 186	8469	16 580	92 780
成都都市圈	122 232	68 602	12 373	24 744	85 115
川东北渝东北	14 938	6138	1216	2792	10 929
川南渝西地区	42 157	15 551	2518	5666	33 973
重庆					
渝中区	2816	1747	1359	662	795
大渡口区	2265	874	5	126	2133
江北区	8510	4272	702	1247	6559
沙坪坝区	10 347	6732	1937	2935	5475
九龙坡区	9619	3637	125	642	8851
南岸区	6817	3872	1083	1694	4041
北碚区	8491	4438	1264	1422	5804
渝北区	16 899	8206	520	2505	13 875
巴南区	5760	2440	259	579	4922
涪陵区	5061	1974	328	677	4056
长寿区	4853	1820	164	636	4053
江津区	5021	1582	125	411	4484
合川区	1946	579	43	333	1570
永川区	4937	1707	196	788	3953
南川区	1309	456	77	163	1069
綦江区	3080	1129	51	622	2406
潼南区	1402	469	16	119	1268
铜梁区	3937	948	5	49	3884
大足区	2867	816	50	179	2638
荣昌区	2680	1000	96	271	2313
璧山区	6409	1878	41	403	5966

续表

类别	R&D 人员折合全时当量	#研究人员	按活动类型分 基础研究	应用研究	试验发展
万州区	2398	1274	218	667	1513
梁平区	1015	293	5	61	949
丰都县	340	132	11	40	288
垫江县	1064	291	15	331	719
忠　县	379	97	9	36	334
开州区	881	174	8		873
云阳县	248	157	9	62	177
黔江区	374	153	17	59	298
四川					
成都市	105 327	61 464	11 741	22 743	70 844
自贡市	3377	1609	99	939	2339
泸州市	5375	2374	1310	797	3269
德阳市	12 488	5762	501	1760	10 228
绵阳市	29 358	16 334	1784	5537	22 037
遂宁市	3236	834	64	383	2789
内江市	3380	1609	185	452	2744
乐山市	3368	1281	217	462	2690
南充市	5328	2500	724	1269	3335
眉山市	3454	1015	128	187	3140
宜宾市	7502	2777	400	1158	5944
广安市	2805	610	23	117	2665
达州市	3284	1221	217	326	2741
雅安市	2559	1540	696	476	1386
资阳市	962	360	4	54	904

研究与试验发展（R&D）经费内部支出

类别	R&D 经费内部支出（万元）	按活动类型分（万元）			R&D 经费投入强度（%）
		基础研究	应用研究	试验发展	
全国	**279 563 073**	**18 170 273**	**31 453 707**	**229 958 765**	**2.43**
川渝合计	**18 183 619**	**878 635**	**2 864 625**	**14 440 359**	
重庆	6 038 410	297 396	749 547	4 991 467	2.16
四川	12 145 209	581 239	2 115 078	9 448 892	2.26
川渝占全国比重（%）	**6.50**	**4.84**	**9.11**	**6.28**	
成渝地区双城经济圈	**17 735 056**	**846 449**	**2 815 939**	**14 072 671**	
# 占全国比重（%）	**6.34**	**4.66**	**8.95**	**6.12**	
# 占川渝比重（%）	**97.53**	**96.34**	**98.30**	**97.45**	
重庆都市圈	5 762 851	284 654	690 202	4 787 994	
成都都市圈	7 398 845	393 254	1 384 846	5 620 746	
川东北渝东北	673 706	34 711	116 047	522 950	
川南渝西地区	2 136 669	44 711	237 287	1 854 671	
重庆					
渝中区	110 791	50 155	17 246	43 389	0.73
大渡口区	107 778	195	3003	104 580	3.47
江北区	524 700	14 473	59 953	450 274	3.48
沙坪坝区	470 342	93 637	155 719	220 986	4.44
九龙坡区	409 878	3610	23 159	383 109	2.36
南岸区	289 945	30 575	77 539	181 831	3.29
北碚区	365 510	38 213	57 669	269 627	5.09
渝北区	949 583	11 418	68 189	869 976	4.25
巴南区	329 791	9672	23 530	296 590	3.42
涪陵区	314 733	6186	28 007	280 541	2.24
长寿区	249 553	5882	36 324	207 347	2.88
江津区	263 946	3281	14 619	246 046	2.10
合川区	56 548	910	8357	47 281	0.58
永川区	271 509	6459	32 078	232 971	2.37
南川区	55 817	2200	8139	45 478	1.37
綦江区	145 370	1684	22 136	121 551	1.96
潼南区	60 187	563	4397	55 227	1.12
铜梁区	143 569	364	1734	141 471	2.04
大足区	146 327	1202	8562	136 563	1.83

续表

类别	R&D 经费内部支出（万元）	按活动类型分（万元）			R&D 经费投入强度（%）
		基础研究	应用研究	试验发展	
荣昌区	149 184	2634	14 728	131 822	1.83
璧山区	271 465	1326	21 574	248 565	3.10
万州区	95 304	7712	28 503	59 090	0.88
梁平区	44 591	181	3557	40 853	0.81
丰都县	13 608	381	2464	10 763	0.36
垫江县	32 728	539	9067	23 122	0.65
忠　县	21 511	384	1701	19 426	0.44
开州区	36 751	109	9	36 633	0.61
云阳县	19 750	927	3734	15 090	0.37
黔江区	10 515	491	2622	7402	0.39
四川					
成都市	6 319 174	360 285	1 267 716	4 691 173	3.17
自贡市	168 772	4168	26 400	138 204	1.05
泸州市	244 703	12 331	27 161	205 211	1.02
德阳市	877 234	30 317	109 786	737 132	3.30
绵阳市	2 395 462	73 284	427 800	1 894 378	7.15
遂宁市	150 865	4615	15 852	130 398	0.99
内江市	161 611	5065	19 226	137 321	1.01
乐山市	226 304	11 393	21 173	193 738	1.03
南充市	238 018	18 502	54 316	165 200	0.91
眉山市	154 702	2098	2971	149 633	1.00
宜宾市	441 679	7524	70 644	363 511	1.40
广安市	76 325	15	3540	72 769	0.54
达州市	171 445	5976	12 695	152 774	0.73
雅安市	99 745	14 959	13 968	70 818	1.19
资阳市	47 735	554	4373	42 809	0.54

按支出用途分研究与试验发展（R&D）经费内部支出

单位：万元

类别	R&D 经费内部支出	按支出用途分			
		日常性支出	# 人员劳务费	资产性支出	# 仪器和设备
全国	**279 563 073**	**254 676 830**	**92 426 119**	**24 874 550**	**20 703 115**
川渝合计	**18 183 619**	**16 449 296**	**5 515 221**	**1 734 322**	**1 319 330**
重庆	6 038 410	5 552 479	1 878 703	485 931	376 247
四川	12 145 209	10 896 817	3 636 518	1 248 391	943 083
川渝占全国比重（%）	**6.50**	**6.46**	**5.97**	**6.97**	**6.37**
成渝地区双城经济圈	**17 735 056**	**16 030 177**	**5 409 202**	**1 704 880**	**1 297 285**
# 占全国比重（%）	**6.34**	**6.29**	**5.85**	**6.85**	**6.27**
# 占川渝比重（%）	**97.53**	**97.45**	**98.08**	**98.30**	**98.33**
重庆都市圈	5 762 851	5 306 703	1 809 055	456 148	358 935
成都都市圈	7 398 845	6 712 454	2 527 475	686 391	511 499
川东北渝东北	673 706	612 763	172 504	60 942	45 317
川南渝西地区	2 136 669	1 955 179	508 484	181 490	148 936
重庆					
渝中区	110 791	85 523	37 352	25 268	13 305
大渡口区	107 778	100 692	29 758	7086	6957
江北区	524 700	505 293	192 368	19 408	13 847
沙坪坝区	470 342	423 551	177 849	46 790	37 301
九龙坡区	409 878	385 701	145 213	24 177	18 115
南岸区	289 945	253 738	113 837	36 207	25 131
北碚区	365 510	329 122	136 942	36 388	26 641
渝北区	949 583	873 226	305 180	76 357	69 543
巴南区	329 791	297 467	87 608	32 324	20 988
涪陵区	314 733	297 969	71 636	16 765	14 264
长寿区	249 553	229 222	86 264	20 331	19 030
江津区	263 946	245 371	76 032	18 575	17 537
合川区	56 548	54 608	20 012	1940	1673
永川区	271 509	249 947	53 831	21 562	17 736
南川区	55 817	53 042	14 220	2775	2152
綦江区	145 370	139 574	39 729	5796	5425
潼南区	60 187	56 553	17 192	3634	2994

续表

类别	R&D 经费内部支出	按支出用途分			
		日常性支出	# 人员劳务费	资产性支出	# 仪器和设备
铜梁区	143 569	132 563	30 280	11 006	8802
大足区	146 327	137 499	26 905	8828	7674
荣昌区	149 184	134 502	34 439	14 682	4605
璧山区	271 465	249 914	92 224	21 551	20 746
万州区	95 304	82 132	28 616	13 172	5768
梁平区	44 591	40 480	10 021	4110	2883
丰都县	13 608	12 998	3720	610	552
垫江县	32 728	31 383	11 161	1345	1251
忠　县	21 511	20 336	4723	1175	987
开州区	36 751	36 183	5600	568	377
云阳县	19 750	19 131	3266	619	401
黔江区	10 515	9210	3693	1305	981
四川					
成都市	6 319 174	5 727 589	2 260 056	591 585	441 889
自贡市	168 772	158 225	43 225	10 547	9432
泸州市	244 703	218 046	63 500	26 657	22 367
德阳市	877 234	799 612	212 291	77 622	53 840
绵阳市	2 395 462	2 060 780	555 319	334 682	237 226
遂宁市	150 865	137 249	30 416	13 616	11 509
内江市	161 611	134 551	40 900	27 060	23 393
乐山市	226 304	180 643	44 532	45 661	40 819
南充市	238 018	207 402	68 875	30 616	26 442
眉山市	154 702	140 341	41 728	14 362	13 883
宜宾市	441 679	404 902	99 643	36 777	31 966
广安市	76 325	71 626	20 184	4698	4469
达州市	171 445	162 718	36 523	8727	6656
雅安市	99 745	94 651	18 941	5094	3842
资阳市	47 735	44 913	13 400	2822	1887

按资金来源分研究与试验发展（R&D）经费内部支出

单位：万元

类别	R&D 经费内部支出	按资金来源分			
		政府资金	企业资金	境外资金	其他资金
全国	**279 563 073**	**52 996 614**	**218 087 996**	**583 760**	**7 894 703**
川渝合计	**18 183 619**	**6 014 600**	**11 398 163**	**9421**	**761 435**
重庆	6 038 410	882 944	4 881 853	5192	268 421
四川	12 145 209	5 131 656	6 516 310	4229	493 014
川渝占全国比重（%）	**6.50**	**11.35**	**5.23**	**1.61**	**9.64**
成渝地区双城经济圈	**17 735 056**	**5 910 341**	**11 063 224**	**9420**	**752 071**
# 占全国比重（%）	**6.34**	**11.15**	**5.07**	**1.61**	**9.53**
# 占川渝比重（%）	**97.53**	**98.27**	**97.06**	**99.99**	**98.77**
重庆都市圈	5 762 851	814 916	4 698 635	5150	244 151
成都都市圈	7 398 845	3 030 710	4 054 195	4179	309 761
川东北渝东北	673 706	137 669	488 105	42	47 891
川南渝西地区	2 136 669	343 845	1 750 860	625	41 339
重庆					
渝中区	110 791	48 322	53 092		9376
大渡口区	107 778	2180	105 014		584
江北区	524 700	29 926	464 645		30 130
沙坪坝区	470 342	122 859	289 784	101	57 598
九龙坡区	409 878	45 568	338 819	1552	23 939
南岸区	289 945	66 498	197 352	1440	24 656
北碚区	365 510	108 548	242 805	9	14 147
渝北区	949 583	132 471	790 530		26 582
巴南区	329 791	25 566	298 474		5751
涪陵区	314 733	24 916	285 638	44	4136
长寿区	249 553	29 751	204 008	244	15 551
江津区	263 946	10 918	247 747	580	4702
合川区	56 548	8276	46 128		2143
永川区	271 509	28 064	234 862		8582
南川区	55 817	8804	44 910		2103
綦江区	145 370	12 834	127 548		4989
潼南区	60 187	7462	50 388		2337
铜梁区	143 569	20 237	122 807		525

续表

类别	R&D 经费内部支出	按资金来源分			
		政府资金	企业资金	境外资金	其他资金
大足区	146 327	16 558	128 764		1005
荣昌区	149 184	31 786	115 709		1689
璧山区	271 465	29 707	236 980	1180	3597
万州区	95 304	27 754	51 421	42	16 087
梁平区	44 591	2836	41 212		542
丰都县	13 608	2106	10 359		1144
垫江县	32 728	4887	26 199		1642
忠　县	21 511	1484	18 945		1082
开州区	36 751	1914	34 833		4
云阳县	19 750	4504	14 968		279
黔江区	10 515	3010	6693		813
四川					
成都市	6 319 174	2 612 591	3 424 678	4174	277 731
自贡市	168 772	25 467	142 043	1	1261
泸州市	244 703	58 126	179 365		7211
德阳市	877 234	400 954	445 590	5	30 685
绵阳市	2 395 462	1 569 685	709 415		116 362
遂宁市	150 865	25 866	123 289	1	1708
内江市	161 611	56 224	100 870	44	4473
乐山市	226 304	72 474	147 255	1	6573
南充市	238 018	59 956	153 562		24 500
眉山市	154 702	2464	152 003		235
宜宾市	441 679	83 631	351 145		6903
广安市	76 325	3665	72 631		29
达州市	171 445	32 228	136 606		2611
雅安市	99 745	32 564	62 214		4967
资阳市	47 735	14 702	31 923		1110

研究与试验发展（R&D）经费外部支出

单位：万元

类别	R&D 经费外部支出	# 对境内研究机构支出	# 对境内高等学校支出	# 对境内企业支出	# 对境外支出
全国	**23 497 042**	**6 131 046**	**1 707 235**	**13 226 721**	**1 931 504**
川渝合计	**986 855**	**246 035**	**112 137**	**484 592**	**96 994**
重庆	351 485	49 311	25 272	186 454	88 857
四川	635 370	196 724	86 865	298 138	8137
川渝占全国比重（%）	**4.20**	**4.01**	**6.57**	**3.66**	**5.02**
成渝地区双城经济圈	**966 712**	**235 425**	**107 145**	**481 542**	**96 970**
# 占全国比重（%）	**4.11**	**3.84**	**6.28**	**3.64**	**5.02**
# 占川渝比重（%）	**97.96**	**95.69**	**95.55**	**99.37**	**99.98**
重庆都市圈	340 891	42 189	24 946	184 178	88 856
成都都市圈	404 537	112 510	59 190	202 262	5172
川东北渝东北	34 933	19 403	3000	11 727	198
川南渝西地区	80 178	11 522	7641	55 929	3494
重庆					
渝中区	7395	1628	843	4924	
大渡口区	2925	211	109	2583	22
江北区	47 483	6890	1266	37 293	1995
沙坪坝区	36 260	5029	6222	10 666	14 304
九龙坡区	20 927	3140	1016	15 132	1639
南岸区	16 787	2349	1313	12 712	413
北碚区	17 329	5421	4957	6859	
渝北区	133 368	7583	5228	52 792	67 766
巴南区	935	33	102	386	
涪陵区	7360	4064	742	2534	
长寿区	18 104	150	313	16 980	663
江津区	4329	871	861	1009	1588
合川区	3364	101	18	3244	
永川区	1847	363	243	1240	
南川区	286	13	14	259	
綦江区	6737	1583	123	5032	
潼南区	490	6	2	482	
铜梁区	209	17	40	153	

续表

类别	R&D经费外部支出	#对境内研究机构支出	#对境内高等学校支出	#对境内企业支出	#对境外支出
大足区	792	35	77	578	103
荣昌区	3077	124	12	2941	
璧山区	10 309	2513	1437	5995	363
万州区	555	109	225	222	
梁平区	67		22	45	
丰都县					
垫江县	930	53	42	834	
忠　县	839	69	33	685	
开州区					
云阳县	6738	6738			
黔江区	89	5	8	77	
四川					
成都市	363 874	96 424	52 838	189 001	4290
自贡市	4383	704	1144	2420	17
泸州市	18 264	3023	3832	10 405	610
德阳市	35 331	15 063	5485	9974	882
绵阳市	105 651	47 269	10 142	31 191	686
遂宁市	4958	1269	1135	2073	256
内江市	3196	1857	258	587	7
乐山市	7473	3401	1601	1817	
南充市	2578	924	307	1066	3
眉山市	4390	531	794	3066	1
宜宾市	37 344	2945	1052	31 565	1169
广安市	578	65	8	384	
达州市	23 225	11 510	2371	8874	195
雅安市	4993	850	838	3240	
资阳市	942	493	74	222	

地方财政科技支出

类别	一般公共预算支出（亿元）	地方财政科技支出（亿元）	地方财政科技支出占一般公共预算支出比重（%）
全国	**245 673**	**10 767**	**4.38**
川渝合计	**16 051**	**366**	
重庆	4835	93	1.92
四川	11 216	273	2.44
川渝占全国比重（%）	**6.53**	**3.40**	
成渝地区双城经济圈	**9158**	**281**	
# 占全国比重（%）	**3.73**	**2.61**	
# 占川渝比重（%）	**57.06**	**76.78**	
重庆都市圈	1887	31	
成都都市圈	3042	195	
川东北渝东北	1517	10	
川南渝西地区	2047	25	
重庆			
渝中区	81.81	0.55	0.68
大渡口区	35.75	0.49	1.36
江北区	88.47	3.48	3.93
沙坪坝区	92.09	0.86	0.93
九龙坡区	82.56	3.31	4.01
南岸区	82.81	1.86	2.24
北碚区	62.30	0.63	1.01
渝北区	116.48	2.89	2.48
巴南区	98.28	1.61	1.64
涪陵区	120.57	1.85	1.53
长寿区	87.94	1.24	1.41
江津区	121.83	1.51	1.24
合川区	99.40	0.62	0.62
永川区	98.57	1.50	1.52
南川区	64.51	0.68	1.05
綦江区	92.62	1.04	1.12
潼南区	61.51	1.74	2.83
铜梁区	74.35	0.91	1.22
大足区	101.64	1.25	1.23

续表

类别	一般公共预算支出（亿元）	地方财政科技支出（亿元）	地方财政科技支出占一般公共预算支出比重（%）
荣昌区	79.59	1.43	1.79
璧山区	75.79	1.35	1.78
万州区	146.85	3.67	2.50
梁平区	67.77	0.46	0.68
丰都县	62.34	0.11	0.17
垫江县	61.99	0.79	1.27
忠　县	63.51	0.37	0.58
开州区	88.95	0.36	0.40
云阳县	74.44	0.37	0.49
黔江区	56.35	0.62	1.10
四川			
成都市	2237.70	187.30	8.37
自贡市	240.34	3.01	1.25
泸州市	444.99	4.77	1.07
德阳市	326.40	4.01	1.23
绵阳市	466.52	21.23	4.55
遂宁市	280.33	1.73	0.62
内江市	229.62	0.61	0.26
乐山市	263.03	1.08	0.41
南充市	515.36	1.79	0.35
眉山市	276.88	1.33	0.48
宜宾市	563.90	9.49	1.68
广安市	67.65	0.15	0.22
达州市	436.18	1.71	0.39
雅安市	167.49	3.06	1.83
资阳市	200.66	2.46	1.22

专利状况

单位：件

类别	专利授权量		发明专利有效量	万人发明专利拥有量
		# 发明专利		
全国	**4 467 165**	**585 910**	**14 417 426**	**19.63**
川渝合计	**223 142**	**28 750**	**129 535**	
重庆	76 206	9413	42 349	13.21
四川	146 936	19 337	87 186	10.41
川渝占全国比重（%）	**5.00**	**4.91**	**0.90**	
成渝地区双城经济圈	**214 720**	**28 095**	**124 967**	
# 占全国比重（%）	**4.81**	**4.80**	**0.87**	
# 占川渝比重（%）	**96.23**	**97.72**	**96.47**	
重庆都市圈	69 182	9005	40 527	
成都都市圈	99 593	15 557	67 242	
川东北渝东北	13 150	458	1854	
川南渝西地区	29 523	1650	9209	
重庆				
渝中区	2842	315	1455	24.71
大渡口区	1563	142	827	19.60
江北区	4748	842	2645	28.57
沙坪坝区	6585	1640	7089	47.98
九龙坡区	6461	619	3718	24.35
南岸区	4384	1174	5297	44.23
北碚区	3756	636	2893	34.65
渝北区	9915	1626	5472	24.97
巴南区	3586	298	1270	10.77
涪陵区	1978	184	671	6.02
长寿区	1523	205	1335	19.27
江津区	4946	484	1928	14.18
合川区	1735	117	1074	8.62
永川区	2708	214	1143	9.95
南川区	617	44	197	3.44
綦江区	1351	58	398	3.94
潼南区	688	39	437	6.35
铜梁区	1842	33	466	6.80

续表

类别	专利授权量	# 发明专利	发明专利有效量	万人发明专利拥有量
大足区	1618	49	304	3.64
荣昌区	1231	113	672	10.05
璧山区	3011	125	1013	13.40
万州区	1831	113	458	2.93
梁平区	582	33	161	2.49
丰都县	272	7	62	1.11
垫江县	742	26	173	2.66
忠　县	603	14	78	1.08
开州区	2061	56	185	1.54
云阳县	538	51	34	0.37
黔江区	483	14	121	2.48
四川				
成都市	88 517	15 002	63 222	29.83
自贡市	3508	254	1622	6.57
泸州市	3601	155	904	2.12
德阳市	6743	348	2677	7.74
绵阳市	9654	1916	8660	17.73
遂宁市	2907	210	784	2.82
内江市	2659	122	619	1.99
乐山市	2459	143	1003	3.18
南充市	3339	110	405	0.73
眉山市	2951	163	977	3.30
宜宾市	6059	168	1153	2.50
广安市	2094	48	223	0.69
达州市	3182	48	298	0.55
雅安市	1465	93	478	3.34
资阳市	1382	44	366	1.60

技术市场交易

类别	合同登记数（项）	合同成交额（万元）	
			# 技术交易额
全国	**670 506**	**372 943 030**	**249 111 246**
川渝合计	**25 763**	**17 075 943**	**9 263 689**
重庆	7266	3 108 532	2 295 474
四川	18 497	13 967 411	6 968 215
川渝占全国比重（%）	**3.84**	**4.58**	**3.72**
成渝地区双城经济圈	**25 136**	**16 958 787**	**9 186 441**
# 占全国比重（%）	**3.75**	**4.55**	**3.69**
# 占川渝比重（%）	**97.57**	**99.31**	**99.17**
重庆都市圈	7309	3 096 893	2 292 108
成都都市圈	14 760	12 999 133	6 266 794
川东北渝东北	1017	102 146	89 230
川南渝西地区	1309	583 833	385 338
重庆			
渝中区	42	6701	6698
大渡口区	24	37 233	37 233
江北区	2924	300 862	293 464
沙坪坝区	661	275 855	231 621
九龙坡区	432	405 673	111 080
南岸区	542	180 492	176 839
北碚区	439	90 501	85 959
渝北区	1205	1 304 524	1 137 968
巴南区	89	24 402	19 988
涪陵区	43	207 816	9449
长寿区	435	64 281	36 634
江津区	20	47 155	14 683
合川区	9	19 477	19 477
永川区	29	235	235
南川区	12	101	101
綦江区	167	58 579	39 768
潼南区	20	282	242
铜梁区	8	6031	6031
大足区	7	327	315

续表

类别	合同登记数（项）	合同成交额（万元）	# 技术交易额
荣昌区	63	33 336	33 336
璧山区	25	12 596	10 628
万州区	37	13 396	5709
梁平区	5	1065	1055
丰都县			
垫江县	1	80	80
忠　县	1	20	20
开州区	4	11 780	11 780
云阳县			
黔江区			
四川			
成都市	14 248	12 806 122	6 142 584
自贡市	285	87 036	14 648
泸州市	339	181 016	139 208
德阳市	312	167 583	107 036
绵阳市	791	211 886	190 029
遂宁市	139	67 081	36 083
内江市	168	23 166	6830
乐山市	45	35 933	14 122
南充市	711	50 208	44 991
眉山市	85	11 269	8965
宜宾市	223	146 952	130 285
广安市	113	20 433	20 360
达州市	258	25 597	25 595
雅安市	60	7544	7104
资阳市	115	14 159	8209

2022 年数据

研究与试验发展（R&D）人员

单位：人

类别	R&D 人员	# 女性	# 全时人员
川渝合计	**558 916**	**146 971**	**359 001**
重庆	203 515	53 286	130 703
四川	355 401	93 685	228 298
成渝地区双城经济圈	**543 568**	**142 974**	**350 874**
# 占川渝比重（%）	**97.25**	**97.28**	**97.74**
重庆都市圈	193 462	50 464	123 918
成都都市圈	222 371	58 231	147 263
川东北渝东北	25 963	8452	13 422
川南渝西地区	75 311	19 705	47 100
重庆			
渝中区	4461	1813	2975
大渡口区	3671	767	2418
江北区	14 878	3203	12 904
沙坪坝区	20 809	6482	10 187
九龙坡区	15 612	3566	9826
南岸区	13 344	3894	6362
北碚区	13 332	3406	7983
渝北区	31 497	7595	20 503
巴南区	9163	2519	5608
涪陵区	8219	2533	4968
长寿区	6945	1867	4847
江津区	8017	1708	5540
合川区	2831	927	1704
永川区	6986	2193	4155
南川区	2272	525	1507
綦江区	3853	867	2692
潼南区	2536	709	2112
铜梁区	4839	1067	3640
大足区	4076	1031	3123

续表

类别	R&D 人员	# 女性	# 全时人员
荣昌区	4271	1204	3014
璧山区	8352	1618	5984
万州区	4524	1441	2579
梁平区	1375	386	906
丰都县	422	116	349
垫江县	1108	228	817
忠　县	815	183	602
开州区	1132	345	727
云阳县	502	106	345
黔江区	638	214	362
四川			
成都市	193 339	51 230	127 890
自贡市	6499	1573	4056
泸州市	12 521	3761	6780
德阳市	17 221	4119	11 561
绵阳市	40 092	8859	30 525
遂宁市	5908	2025	3865
内江市	6992	1879	3548
乐山市	7548	1920	4018
南充市	11 013	4246	4743
眉山市	10 414	2507	6778
宜宾市	17 257	4422	10 552
广安市	3498	970	1866
达州市	5072	1401	2354
雅安市	4318	1173	2565
资阳市	1396	375	1034

研究与试验发展（R&D）人员折合全时当量

单位：人年

类别	R&D 人员折合全时当量	# 研究人员	按活动类型分		
			基础研究	应用研究	试验发展
川渝合计	**356 019**	**170 554**	**28 644**	**55 385**	**271 991**
重庆	128 878	58 065	8474	19 641	100 764
四川	227 141	112 489	20 170	35 744	171 227
成渝地区双城经济圈	**347 797**	**167 484**	**28 151**	**54 092**	**265 557**
# 占川渝比重（%）	**97.69**	**98.20**	**98.28**	**97.67**	**97.63**
重庆都市圈	122 358	54 995	8073	18 328	95 958
成都都市圈	146 756	77 441	13 762	23 892	109 102
川东北渝东北	13 759	6273	1524	3132	9106
川南渝西地区	46 467	16 446	2695	4969	38 802
重庆					
渝中区	2943	1805	1382	826	734
大渡口区	2586	1036	12	159	2415
江北区	10 866	5408	97	1877	8891
沙坪坝区	11 212	7280	1690	3931	5591
九龙坡区	9904	3898	161	1041	8702
南岸区	6940	4177	1283	1904	3753
北碚区	8340	4331	1189	1732	5419
渝北区	19 571	9557	815	2526	16 232
巴南区	6313	2907	330	735	5249
涪陵区	5390	1983	270	602	4519
长寿区	4770	1772	63	396	4311
江津区	4995	1633	93	424	4478
合川区	1660	570	54	364	1242
永川区	4249	1477	196	699	3354
南川区	1561	522	31	84	1447
綦江区	2517	880	14	277	2225
潼南区	1764	506	38	78	1648
铜梁区	3296	941	10	76	3210
大足区	3021	1100	45	86	2890
荣昌区	2933	1034	231	170	2532
璧山区	5673	1774	34	216	5422

续表

类别	R&D 人员折合全时当量	# 研究人员	按活动类型分		
			基础研究	应用研究	试验发展
万州区	2574	1427	379	649	1547
梁平区	842	277	5	79	757
丰都县	353	185	4	30	319
垫江县	776	232	13	209	554
忠　县	470	117	1	54	415
开州区	639	169	3	18	620
云阳县	329	172	3	109	217
黔江区	372	209	18	113	241
四川					
成都市	129 078	71 511	13 518	23 068	92 491
自贡市	3514	1500	96	670	2748
泸州市	7427	2649	1139	1294	4993
德阳市	10 607	4030	200	524	9881
绵阳市	29 824	15 536	1607	4296	23 922
遂宁市	3078	860	104	156	2818
内江市	3606	1453	278	427	2901
乐山市	3760	1162	199	392	3169
南充市	5546	2792	945	1621	2979
眉山市	6277	1617	39	283	5956
宜宾市	10 908	3779	594	844	9471
广安市	1854	404	35	125	1694
达州市	2230	902	171	363	1698
雅安市	2433	1627	758	545	1129
资阳市	795	283	5	16	774

研究与试验发展（R&D）经费内部支出

类别	R&D 经费内部支出（万元）	按活动类型分（万元）			R&D 经费投入强度（%）
		基础研究	应用研究	试验发展	
川渝合计	**19 016 617**	**1 069 024**	**2 793 765**	**15 153 828**	
重庆	6 866 481	350 799	840 965	5 674 717	2.36
四川	12 150 136	718 225	1 952 800	9 479 111	2.14
成渝地区双城经济圈	**18 662 835**	**1 052 865**	**2 756 613**	**14 853 355**	
# 占川渝比重（%）	**98.14**	**98.49**	**98.67**	**98.02**	
重庆都市圈	6 532 574	334 568	779 559	5 418 448	
成都都市圈	8 091 596	533 615	1 365 695	6 192 285	
川东北渝东北	596 749	43 427	115 119	438 201	
川南渝西地区	2 236 457	55 450	177 936	2 003 067	
重庆					
渝中区	107 450	51 081	17 116	39 253	0.69
大渡口区	122 858	645	5193	117 020	3.63
江北区	770 030	6441	107 998	655 591	4.80
沙坪坝区	530 081	115 709	184 937	229 435	4.79
九龙坡区	470 353	14 376	34 192	421 785	2.67
南岸区	269 232	39 190	85 297	144 745	2.92
北碚区	374 618	41 375	65 090	268 154	5.05
渝北区	1 207 680	15 641	90 982	1 101 057	5.26
巴南区	350 318	10 575	31 488	308 256	3.43
涪陵区	347 222	7483	23 273	316 466	2.31
长寿区	229 553	3052	18 658	207 843	2.50
江津区	280 267	4991	20 413	254 862	2.11
合川区	58 553	1951	10 890	45 713	0.59
永川区	245 681	9033	25 950	210 697	2.04
南川区	71 541	1453	3797	66 292	1.70
綦江区	145 248	751	17 965	126 531	1.88
潼南区	84 039	709	3851	79 479	1.50
铜梁区	175 094	642	3859	170 594	2.39
大足区	198 242	1142	4040	193 059	2.43
荣昌区	178 874	5986	11 479	161 409	2.19
璧山区	259 965	1412	9547	249 006	2.82

续表

类别	R&D 经费内部支出（万元）	按活动类型分（万元）			R&D 经费投入强度（%）
		基础研究	应用研究	试验发展	
万州区	107 629	13 961	30 899	62 769	0.96
梁平区	47 394	247	4760	42 387	0.82
丰都县	14 202	184	1155	12 862	0.36
垫江县	26 462	288	5264	20 910	0.50
忠　县	38 344	62	3128	35 153	0.75
开州区	30 957	162	1018	29 777	0.47
云阳县	26 234	132	5277	20 825	0.47
黔江区	12 716	806	4058	7852	0.45
四川					
成都市	7 332 591	530 426	1 348 869	5 453 296	3.52
自贡市	156 775	1601	22 836	132 338	0.96
泸州市	295 670	15 282	41 398	238 989	1.14
德阳市	509 144	2962	12 076	494 106	1.81
绵阳市	2 041 392	80 537	362 684	1 598 171	5.63
遂宁市	124 136	4449	7220	112 467	0.77
内江市	136 034	6250	10 027	119 757	0.82
乐山市	164 956	5637	12 814	146 505	0.71
南充市	200 043	25 009	51 617	123 417	0.74
眉山市	221 812	169	4319	217 324	1.36
宜宾市	424 572	9772	19 970	394 831	1.24
广安市	55 675	930	3544	51 201	0.39
达州市	105 484	3381	12 001	90 101	0.42
雅安市	85 665	16 922	15 233	53 510	0.95
资阳市	28 048	58	432	27 559	0.30

按支出用途分研究与试验发展（R&D）经费内部支出

单位：万元

类别	R&D 经费内部支出	按支出用途分			
		日常性支出	# 人员劳务费	资产性支出	# 仪器和设备
川渝合计	**19 016 617**	**17 065 799**	**6 335 977**	**1 950 818**	**1 591 197**
重庆	6 866 481	6 294 935	2 211 242	571 546	460 261
四川	12 150 136	10 770 864	4 124 735	1 379 272	1 130 936
成渝地区双城经济圈	**18 662 835**	**16 728 867**	**6 232 608**	**1 933 972**	**1 577 051**
# 占川渝比重（%）	**98.14**	**98.03**	**98.37**	**99.14**	**99.11**
重庆都市圈	6 532 574	5 988 921	2 118 570	543 654	444 208
成都都市圈	8 091 596	7 132 481	2 953 205	959 115	791 242
川东北渝东北	596 749	544 558	181 787	52 193	40 804
川南渝西地区	2 236 457	2 093 147	601 579	143 308	118 927
重庆					
渝中区	107 450	81 883	36 182	25 568	12 403
大渡口区	122 858	115 692	55 237	7165	6943
江北区	770 030	758 528	293 045	11 502	8456
沙坪坝区	530 081	469 089	170 013	60 992	41 970
九龙坡区	470 353	436 225	178 908	34 129	31 022
南岸区	269 232	222 984	95 609	46 248	31 141
北碚区	374 618	323 931	130 809	50 688	41 360
渝北区	1 207 680	1 081 468	437 428	126 212	115 162
巴南区	350 318	321 889	101 223	28 430	26 745
涪陵区	347 222	324 959	80 948	22 263	18 773
长寿区	229 553	208 244	95 410	21 309	20 536
江津区	280 267	267 664	76 413	12 602	11 357
合川区	58 553	54 806	19 051	3747	3438
永川区	245 681	226 246	45 977	19 434	13 912
南川区	71 541	64 832	20 782	6709	5963
綦江区	145 248	140 169	31 372	5078	4697
潼南区	84 039	82 373	20 138	1666	1576
铜梁区	175 094	168 435	40 607	6660	5693
大足区	198 242	195 362	41 146	2880	2545
荣昌区	178 874	161 080	38 269	17 794	9131

续表

类别	R&D 经费内部支出	按支出用途分			
		日常性支出	# 人员劳务费	资产性支出	# 仪器和设备
璧山区	259 965	231 621	92 282	28 344	27 395
万州区	107 629	91 018	37 284	16 612	9416
梁平区	47 394	44 450	13 654	2944	1621
丰都县	14 202	13 702	4380	499	442
垫江县	26 462	25 499	9976	964	917
忠　县	38 344	37 575	5475	769	756
开州区	30 957	30 081	8007	877	804
云阳县	26 234	25 649	3889	585	436
黔江区	12 716	10 502	4187	2214	960
四川					
成都市	7 332 591	6 431 519	2 702 762	901 072	736 726
自贡市	156 775	140 131	59 410	16 644	16 134
泸州市	295 670	269 123	67 640	26 547	21 591
德阳市	509 144	483 065	183 209	26 079	23 328
绵阳市	2 041 392	1 775 431	536 503	265 961	198 471
遂宁市	124 136	113 648	40 594	10 489	9392
内江市	136 034	127 774	56 552	8259	7612
乐山市	164 956	146 827	50 522	18 130	17 827
南充市	200 043	173 274	69 643	26 770	24 629
眉山市	221 812	191 229	53 488	30 583	29 834
宜宾市	424 572	397 163	144 192	27 409	26 254
广安市	55 675	51 441	17 721	4234	3990
达州市	105 484	103 311	29 479	2173	1783
雅安市	85 665	82 308	19 445	3357	2554
资阳市	28 048	26 668	13 746	1381	1354

按资金来源分研究与试验发展（R&D）经费内部支出

单位：万元

类别	R&D 经费内部支出	按资金来源分			
		政府资金	企业资金	境外资金	其他资金
川渝合计	**19 016 617**	**4 854 622**	**13 239 208**	**10 030**	**912 757**
重庆	6 866 481	940 654	5 634 831	1807	289 189
四川	12 150 136	3 913 968	7 604 377	8223	623 568
成渝地区双城经济圈	**18 662 835**	**4 809 200**	**12 935 761**	**10 027**	**907 842**
# 占川渝比重（%）	**98.14**	**99.06**	**97.71**	**99.97**	**99.46**
重庆都市圈	6 532 574	864 415	5 405 006	1806	261 342
成都都市圈	8 091 596	2 625 691	5 051 128	8217	406 559
川东北渝东北	596 749	109 468	441 908	2	45 374
川南渝西地区	2 236 457	194 153	2 003 650	597	38 054
重庆					
渝中区	107 450	59 975	40 014		7460
大渡口区	122 858	7751	113 152		1954
江北区	770 030	46 820	705 855		17 355
沙坪坝区	530 081	148 248	322 791	31	59 010
九龙坡区	470 353	78 939	353 546	456	37 413
南岸区	269 232	73 959	169 877	480	24 916
北碚区	374 618	86 362	274 804	93	13 360
渝北区	1 207 680	161 824	1 006 520		39 335
巴南区	350 318	25 997	309 393	26	14 902
涪陵区	347 222	22 748	318 660		5814
长寿区	229 553	12 336	208 044		9172
江津区	280 267	11 762	260 090	596	7818
合川区	58 553	8971	45 583		3999
永川区	245 681	25 137	212 944		7599
南川区	71 541	7829	62 572		1141
綦江区	145 248	11 521	131 425		2301
潼南区	84 039	2035	81 326		678
铜梁区	175 094	6478	166 986		1631
大足区	198 242	13 386	184 723		132
荣昌区	178 874	32 018	146 112		744
璧山区	259 965	15 557	239 683	124	4601

续表

类别	R&D 经费内部支出	按资金来源分			
		政府资金	企业资金	境外资金	其他资金
万州区	107 629	35 457	50 562		21 611
梁平区	47 394	2170	44 284		941
丰都县	14 202	3298	10 345		559
垫江县	26 462	2707	23 344		412
忠　县	38 344	1441	36 426		477
开州区	30 957	2180	28 285		492
云阳县	26 234	4721	21 114		399
黔江区	12 716	5196	6372		1147
四川					
成都市	7 332 591	2 597 772	4 326 331	8217	400 271
自贡市	156 775	14 540	141 097		1138
泸州市	295 670	37 081	244 822		13 767
德阳市	509 144	24 691	478 631		5822
绵阳市	2 041 392	1 071 767	801 121	1	168 502
遂宁市	124 136	4052	120 037	1	47
内江市	136 034	14 420	120 183	1	1431
乐山市	164 956	7624	155 915		1417
南充市	200 043	48 635	131 328	2	20 078
眉山市	221 812	2534	218 906		371
宜宾市	424 572	27 810	395 268		1493
广安市	55 675	4762	50 906		7
达州市	105 484	8858	96 220		405
雅安市	85 665	27 137	52 903		5625
资阳市	28 048	694	27 260		94

研究与试验发展（R&D）经费外部支出

单位：万元

类别	R&D 经费外部支出	# 对境内研究机构支出	# 对境内高等学校支出	# 对境内企业支出	# 对境外支出
川渝合计	**1 127 051**	**338 918**	**100 183**	**646 018**	**28 521**
重庆	420 879	81 026	19 306	299 588	20 108
四川	706 172	257 892	80 877	346 430	8414
成渝地区双城经济圈	**1 104 731**	**330 671**	**97 589**	**634 623**	**28 522**
# 占川渝比重（%）	**98.02**	**97.57**	**97.41**	**98.24**	**100.00**
重庆都市圈	416 194	80 285	18 962	296 061	20 108
成都都市圈	501 566	165 335	62 171	259 285	6736
川东北渝东北	8799	3007	707	5055	
川南渝西地区	64 946	5038	6135	51 719	1973
重庆					
渝中区	8730	3331	1717	3671	
大渡口区	22 608	20 286	410	968	944
江北区	103 952	11 352	2700	82 959	6838
沙坪坝区	24 910	6979	2011	10 836	4602
九龙坡区	26 979	4768	1541	17 510	3160
南岸区	12 762	5212	1076	6295	155
北碚区	20 022	6012	3159	9160	1573
渝北区	145 908	8949	2505	134 430	10
巴南区	946	243	243	435	
涪陵区	10 572	7702	966	1769	136
长寿区	17 921	94	670	16 505	652
江津区	2359	86	593	572	1107
合川区	2923			2790	134
永川区	1011	299	149	535	27
南川区	136	13	28	94	
綦江区	453			453	
潼南区	17		17		
铜梁区	811	495	32	284	
大足区	668	108	78	482	
荣昌区	1631	195		1436	
璧山区	10 656	4159	1067	4660	770

续表

类别	R&D 经费外部支出	# 对境内研究机构支出	# 对境内高等学校支出	# 对境内企业支出	# 对境外支出
万州区	609	53	161	396	
梁平区	90		90		
丰都县					
垫江县	715	8	65	641	
忠　县	111	33	20	32	
开州区					
云阳县	1330	531		799	
黔江区	8	1		6	
四川					
成都市	475 101	158 621	56 752	246 456	5236
自贡市	16 139	220	1190	14 441	287
泸州市	14 104	2623	3561	7439	410
德阳市	21 057	6255	4279	9022	1500
绵阳市	109 110	75 023	8060	21 003	627
遂宁市	1431	47	362	810	212
内江市	1907	726	79	1093	2
乐山市	4519	938	1180	2401	
南充市	1263	13		1245	
眉山市	4987	332	998	3657	
宜宾市	25 863	286	453	24 984	140
广安市	219	2		217	
达州市	4682	2369	371	1943	
雅安市	5090	2181	865	2044	
资阳市	420	127	142	151	

地方财政科技支出

类别	一般公共预算支出（亿元）	地方财政科技支出（亿元）	地方财政科技支出占一般公共预算支出比重（%）
川渝合计	**16 808**	**328**	**1.95**
重庆	4893	99	2.02
四川	11 915	229	1.92
成渝地区双城经济圈	**10 009**	**237**	**2.37**
# 占川渝比重（%）	**59.55**	**72.26**	
重庆都市圈	2176	33	1.52
成都都市圈	3194	159	4.98
川东北渝东北	1583	10	0.63
川南渝西地区	2304	25	1.09
重庆			
渝中区	76.86	0.56	0.73
大渡口区	38.47	0.69	1.80
江北区	98.84	3.48	3.52
沙坪坝区	90.72	1.33	1.47
九龙坡区	95.32	3.37	3.53
南岸区	91.01	1.86	2.04
北碚区	64.79	0.63	0.97
渝北区	114.24	2.90	2.54
巴南区	81.64	1.61	1.98
涪陵区	120.66	1.95	1.61
长寿区	91.19	1.22	1.34
江津区	116.04	1.51	1.30
合川区	91.91	0.68	0.75
永川区	105.43	1.47	1.40
南川区	63.16	0.68	1.08
綦江区	103.45	1.04	1.01
潼南区	75.03	1.76	2.35
铜梁区	81.60	1.37	1.68
大足区	100.56	1.30	1.29
荣昌区	82.91	1.46	1.76
璧山区	67.89	1.44	2.12
万州区	152.14	3.71	2.44

续表

类别	一般公共预算支出（亿元）	地方财政科技支出（亿元）	地方财政科技支出占一般公共预算支出比重（%）
梁平区	69.58	0.48	0.69
丰都县	65.22	0.19	0.29
垫江县	65.21	0.82	1.26
忠　县	71.43	0.38	0.53
开州区	90.28	0.36	0.40
云阳县	82.85	0.37	0.44
黔江区	64.48	0.63	0.97
四川			
成都市	2435.01	151.85	6.24
自贡市	256.86	3.00	1.17
泸州市	458.71	2.94	0.64
德阳市	350.26	3.80	1.08
绵阳市	501.08	12.06	2.41
遂宁市	285.72	2.80	0.98
内江市	258.57	0.80	0.31
乐山市	315.12	1.22	0.39
南充市	493.15	1.01	0.21
眉山市	310.71	1.56	0.50
宜宾市	610.13	9.08	1.49
广安市	324.02	0.74	0.23
达州市	482.70	1.84	0.38
雅安市	185.20	2.49	1.34
资阳市	251.52	2.59	1.03

专利状况

单位：件

类别	专利授权量		发明专利有效量	万人发明专利拥有量
		# 发明专利		
川渝合计	**201 974**	**37 665**	**160 528**	
重庆	66 467	12 207	51 856	16.14
四川	135 507	25 458	108 672	12.98
成渝地区双城经济圈	**194 612**	**36 941**	**155 442**	
# 占川渝比重（%）	**96.35**	**98.08**	**96.83**	
重庆都市圈	62 183	11 791	49 808	
成都都市圈	93 682	20 389	84 385	
川东北渝东北	9982	585	2365	
川南渝西地区	24 512	2070	10 696	
重庆				
渝中区	2265	368	1688	28.69
大渡口区	1544	174	966	22.77
江北区	4616	951	3347	36.01
沙坪坝区	5629	2204	8673	58.47
九龙坡区	5993	775	4355	28.48
南岸区	4825	2056	7218	59.95
北碚区	3615	1004	3626	43.27
渝北区	9366	1827	7142	32.38
巴南区	2937	355	1563	13.16
涪陵区	1496	185	699	6.25
长寿区	1453	191	1435	20.73
江津区	4123	546	2325	17.06
合川区	1383	126	1166	9.38
永川区	2027	266	1309	11.39
南川区	569	41	231	4.03
綦江区	1339	73	434	4.29
潼南区	637	33	469	6.79
铜梁区	1362	86	530	7.69
大足区	1496	73	347	4.15
荣昌区	1127	108	736	10.99
璧山区	2849	292	1242	16.38

续表

类别	专利授权量		发明专利有效量	万人发明专利拥有量
		# 发明专利		
万州区	1365	93	556	3.54
梁平区	592	62	179	2.77
丰都县	226	12	79	1.42
垫江县	474	50	195	3.00
忠　县	306	18	137	1.90
开州区	550	48	234	1.94
云阳县	405	51	53	0.57
黔江区	328	7	105	2.15
四川				
成都市	83 536	19 545	79 619	37.44
自贡市	2948	314	1855	7.57
泸州市	3591	199	1059	2.48
德阳市	6165	578	3211	9.28
绵阳市	9438	2761	11 127	22.72
遂宁市	2613	200	946	3.41
内江市	1895	130	746	2.42
乐山市	1991	149	1101	3.49
南充市	3358	142	520	0.94
眉山市	3005	239	1168	3.94
宜宾市	4604	275	1355	2.93
广安市	1532	57	307	0.95
达州市	2706	109	412	0.77
雅安市	1357	141	590	4.12
资阳市	976	27	387	1.71

技术市场交易

类别	合同登记数（项）	合同成交额（万元）	#技术交易额
川渝合计	**30 539**	**22 802 578**	**12 598 401**
重庆	6919	6 304 853	1 838 602
四川	23 620	16 497 725	10 759 799
成渝地区双城经济圈	**29 864**	**22 615 057**	**12 469 045**
成渝双城经济圈占川渝比重（%）	**97.79**	**99.18**	**98.97**
重庆都市圈	6990	6 322 202	1 864 767
成都都市圈	18 583	14 943 028	9 659 486
川东北渝东北	1493	134 960	120 595
川南渝西地区	1630	812 371	500 626
重庆			
渝中区	317	13 873	13 023
大渡口区	49	183 458	11 099
江北区	545	71 470	67 264
沙坪坝区	688	242 823	88 695
九龙坡区	800	569 985	152 725
南岸区	554	508 505	96 732
北碚区	603	112 357	109 761
渝北区	1457	4 248 642	1 096 659
巴南区	88	14 956	14 933
涪陵区	132	53 019	9300
长寿区	1081	30 694	17 192
江津区	36	21 661	8439
合川区	5	6383	1836
永川区	50	7518	7518
南川区	3	55	55
綦江区	183	91 555	46 983
潼南区	80	4711	4563
铜梁区	23	11 719	3323
大足区	5	27 774	21 375
荣昌区	110	21 325	21 325
璧山区	29	37 571	32 029
万州区	45	16 348	8142

续表

类别	合同登记数（项）	合同成交额（万元）	
			# 技术交易额
梁平区	7	753	601
丰都县			
垫江县	1	160	160
忠　县	1	200	200
开州区	16	3109	441
云阳县			
黔江区			
四川			
成都市	17 860	14 678 229	9 463 263
自贡市	281	101 148	10 839
泸州市	408	263 374	168 570
德阳市	408	221 861	162 762
绵阳市	1093	410 573	338 945
遂宁市	289	104 807	61 584
内江市	116	32 649	10 911
乐山市	50	55 158	18 660
南充市	1132	61 666	58 555
眉山市	183	15 946	10 874
宜宾市	418	233 648	201 342
广安市	152	42 148	39 938
达州市	291	52 724	52 496
雅安市	143	13 510	13 345
资阳市	132	26 992	22 587

企业（2021—2022 年）

2021 年数据

工业企业基本情况

类别	企业数（个）	# 有 R&D 活动	# 有研发机构	# 有新产品销售	营业收入（万元）	利润总额（万元）
全国	**441 517**	**169 224**	**108 667**	**149 434**	**13 145 572 900**	**929 330 300**
川渝合计	**23 764**	**8159**	**3435**	**6226**	**817 000 028**	**67 038 478**
重庆	7310	3361	1739	2892	275 222 250	21 323 486
四川	16 454	4798	1696	3334	541 777 778	45 714 992
川渝占全国比重（%）	**5.38**	**4.82**	**3.16**	**4.17**	**6.22**	**7.21**
成渝地区双城经济圈	**21 545**	**7725**	**3285**	**5940**	**756 143 398**	**60 395 319**
# 占全国比重（%）	**4.88**	**4.56**	**3.02**	**3.97**	**5.75**	**6.50**
# 占川渝比重（%）	**90.66**	**94.68**	**95.63**	**95.41**	**92.55**	**90.09**
重庆都市圈	6620	3115	1585	2619	271 742 109	20 876 410
成都都市圈	6492	1927	746	1589	238 761 225	14 975 650
川东北渝东北	2744	919	424	670	68 636 831	5 877 745
川南渝西地区	5090	1957	734	1350	159 998 533	18 272 769
重庆						
渝中区	2	1			5 604 508	–53 190
大渡口区	75	41	18	29	3 258 773	386 568
江北区	130	43	28	61	17 881 526	314 950
沙坪坝区	235	70	43	66	28 524 350	514 654
九龙坡区	485	339	172	233	13 379 045	985 181
南岸区	180	95	59	86	11 671 035	482 588
北碚区	308	121	45	123	10 277 190	1 552 781
渝北区	417	201	136	207	37 009 697	1 459 558
巴南区	289	135	80	106	8 414 322	950 491
涪陵区	283	152	100	133	20 880 856	3 389 716

续表

类别	企业数（个）	# 有 R&D 活动	# 有研发机构	# 有新产品销售	营业收入（万元）	利润总额（万元）
长寿区	280	130	57	113	13 723 955	1 246 053
江津区	536	216	114	211	17 324 357	1 449 903
合川区	289	79	40	99	3 812 094	340 186
永川区	342	168	23	104	15 204 861	1 801 617
南川区	131	62	65	50	2 222 406	137 658
綦江区	279	168	62	114	6 535 317	677 902
潼南区	197	82	33	52	4 201 560	452 344
铜梁区	377	198	97	169	6 668 925	407 122
大足区	372	181	55	119	8 160 294	1 045 734
荣昌区	373	167	118	179	10 301 350	1 288 134
璧山区	437	229	147	246	9 402 551	629 864
万州区	168	59	23	55	3 767 091	283 961
梁平区	120	64	46	64	2 621 934	197 541
丰都县	82	32	23	15	1 171 141	168 003
垫江县	143	60	33	58	1 837 228	177 336
忠　县	87	29	13	17	1 586 749	184 054
开州区	162	72	26	64	3 432 764	172 122
云阳县	123	25	15	32	1 841 083	151 889
黔江区	49	20	7	9	674 371	55 370
四川						
成都市	4107	1293	540	1136	173 812 072	10 840 885
自贡市	604	200	85	106	11 915 222	788 576
泸州市	833	304	70	138	26 165 442	3 765 000
德阳市	1359	390	110	273	40 660 390	2 715 100
绵阳市	1202	408	134	281	37 573 082	1 786 797
遂宁市	616	218	61	155	14 832 144	1 380 657
内江市	467	138	41	76	15 055 989	1 245 645
乐山市	653	148	35	109	20 428 305	3 198 571
南充市	851	293	109	216	32 720 620	2 495 039
眉山市	761	190	73	126	20 244 197	1 364 472
宜宾市	907	217	69	134	42 666 777	5 803 138
广安市	603	237	93	119	17 283 138	1 416 597
达州市	1008	285	136	149	19 658 221	2 047 799
雅安市	358	111	28	54	7 691 901	641 763
资阳市	265	54	23	54	4 044 567	55 192

工业企业 R&D 人员

类别	R&D 人员（人）	#女性	#研究人员	#全时人员	R&D 人员折合全时当量（人年）
全国	**5 559 580**	**1 234 522**	**1 575 230**	**3 932 866**	**3 826 651**
川渝合计	**290 304**	**63 680**	**96 623**	**203 397**	**179 495**
重庆	131 478	27 944	39 542	94 254	83 845
四川	158 826	35 736	57 081	109 143	95 650
川渝占全国比重（%）	**5.22**	**5.16**	**6.13**	**5.17**	**4.69**
成渝地区双城经济圈	**282 772**	**62 330**	**94 302**	**199 234**	**174 877**
#占全国比重（%）	**5.09**	**5.05**	**5.99**	**5.07**	**4.57**
#占川渝比重（%）	**97.41**	**97.88**	**97.60**	**97.95**	**97.43**
重庆都市圈	125 843	26 480	38 111	90 112	80 412
成都都市圈	81 355	18 810	31 542	58 163	49 408
川东北渝东北	17 805	4366	4630	11 769	10 380
川南渝西地区	55 496	11 526	15 904	37 492	33 579
重庆					
渝中区	324	74	185	6	236
大渡口区	2493	619	918	1765	1734
江北区	11 692	2386	5675	10 403	6205
沙坪坝区	6524	1747	2478	5666	4436
九龙坡区	12 727	2363	3841	8266	7308
南岸区	4673	1034	1521	3496	3065
北碚区	7397	1647	2182	5138	4866
渝北区	14 113	2660	4717	9998	9031
巴南区	6384	1328	2082	4431	4457
涪陵区	5707	1424	1570	3626	3971
长寿区	6333	1708	1837	4090	3945
江津区	7461	1454	1981	5303	4507
合川区	2425	583	447	1674	1569
永川区	5671	1011	1257	3709	3793
南川区	1400	266	330	879	873
綦江区	3962	856	1050	2775	2454
潼南区	1666	312	318	1318	1091
铜梁区	5010	956	878	3729	3547
大足区	3524	624	764	2670	2410

续表

类别	R&D 人员（人）	# 女性	# 研究人员	# 全时人员	R&D 人员折合全时当量（人年）
荣昌区	3632	992	1113	2517	2269
璧山区	8478	1533	2139	6061	5961
万州区	2004	457	563	1514	1224
梁平区	1449	394	363	990	968
丰都县	326	68	79	245	259
垫江县	1517	280	309	1249	921
忠　县	673	172	133	355	321
开州区	1496	412	279	880	873
云阳县	205	43	61	139	119
黔江区	391	121	77	263	252
四川					
成都市	60 793	14 363	24 805	44 079	37 652
自贡市	4359	914	1731	2684	2423
泸州市	6316	1505	1970	3790	3276
德阳市	13 004	2831	4433	8981	7567
绵阳市	18 841	3911	7732	14 273	13 023
遂宁市	5146	1475	1282	3199	2893
内江市	4227	729	1460	2959	2519
乐山市	4649	1013	1391	3148	2605
南充市	4615	1145	1142	3273	2988
眉山市	5881	1275	1659	4050	3260
宜宾市	11 334	2485	3700	7356	6381
广安市	4247	903	828	2592	2684
达州市	5520	1395	1701	3124	2707
雅安市	2506	521	676	1518	1305
资阳市	1677	341	645	1053	929

工业企业 R&D 经费内部支出

单位：万元

类别	R&D 经费内部支出	按支出用途分				按资金来源分			
		日常性支出	# 人员劳务费	资产性支出	# 仪器和设备	政府资金	企业资金	境外资金	其他资金
全国	**175 142 461**	**163 843 613**	**52 384 243**	**11 298 849**	**10 951 182**	**5 114 596**	**169 672 996**	**227 292**	**127 577**
川渝合计	**9 046 977**	**8 395 759**	**2 572 541**	**651 218**	**632 342**	**465 331**	**8 572 023**	**5027**	**4596**
重庆	4 245 267	4 017 921	1 228 334	227 346	218 981	127 631	4 110 417	4716	2503
四川	4 801 710	4 377 838	1 344 207	423 872	413 361	337 700	4 461 606	311	2093
川渝占全国比重（%）	**5.17**	**5.12**	**4.91**	**5.76**	**5.77**	**9.10**	**5.05**	**2.21**	**3.60**
成渝地区双城经济圈	**8 745 558**	**8 107 728**	**2 512 318**	**637 833**	**620 037**	**448 934**	**8 287 047**	**5026**	**4552**
# 占全国比重（%）	**4.99**	**4.95**	**4.80**	**5.65**	**5.66**	**8.78**	**4.88**	**2.21**	**3.57**
# 占川渝比重（%）	**96.67**	**96.57**	**97.66**	**97.94**	**98.05**	**96.48**	**96.68**	**99.98**	**99.04**
重庆都市圈	4 082 777	3 864 502	1 192 869	218 279	211 424	124 515	3 951 159	4673	2431
成都都市圈	2 479 668	2 285 221	778 188	194 446	190 508	241 041	2 236 702	267	1657
川东北渝东北	438 099	417 836	94 199	20 261	18 117	7403	430 495	42	160
川南渝西地区	1 685 014	1 575 484	393 272	109 531	104 820	48 304	1 635 494	624	594
重庆									
渝中区	21 293	21 293	2207				21 293		
大渡口区	86 258	79 321	19 218	6937	6836	1254	85 004		
江北区	469 567	458 738	159 412	10 829	10 457	12 936	456 631		
沙坪坝区	182 618	169 658	81 998	12 961	12 678	6909	175 709		
九龙坡区	296 507	284 017	90 494	12 490	11 651	10 679	283 638	1552	639
南岸区	114 470	107 800	52 577	6671	6605	2952	110 445	1073	
北碚区	221 462	205 689	85 890	15 773	15 605	28 097	193 365		
渝北区	580 358	547 748	149 645	32 610	32 382	19 331	560 191		836
巴南区	266 580	249 603	72 905	16 977	16 349	10 387	256 193		
涪陵区	274 466	262 104	57 804	12 363	12 019	2105	272 317	44	
长寿区	184 428	168 248	71 784	16 181	15 646	5603	178 502	244	79
江津区	242 796	226 894	70 444	15 902	15 433	3482	238 169	580	566
合川区	44 165	43 439	15 803	727	534	676	43 489		
永川区	217 985	207 049	41 907	10 936	10 762	4336	213 650		
南川区	37 581	36 563	6481	1018	954	444	37 137		
綦江区	119 427	115 023	31 265	4404	4260	802	118 625		

续表

类别	R&D 经费内部支出	按支出用途分				按资金来源分			
		日常性支出	# 人员劳务费	资产性支出	# 仪器和设备	政府资金	企业资金	境外资金	其他资金
潼南区	47 477	44 685	11 327	2792	2487		47 477		
铜梁区	119 150	113 007	23 182	6143	5854	1041	118 108		
大足区	127 700	120 741	19 455	6959	6376	2337	125 363		
荣昌区	114 206	112 092	24 121	2114	1878	1126	113 080		
璧山区	241 014	221 850	86 085	19 164	18 542	8692	230 830	1180	311
万州区	38 913	38 769	11 737	144	123	218	38 648	42	5
梁平区	41 791	37 825	9018	3966	2765	1339	40 452		
丰都县	8762	8443	2442	319	318	7	8755		
垫江县	24 023	23 190	8642	833	820	614	23 383		27
忠　县	18 378	17 851	3738	527	513	137	18 241		
开州区	36 627	36 065	5509	561	370	1800	34 827		
云阳县	14 717	14 370	1454	347	330	60	14 657		
黔江区	5286	5204	2055	81	80	20	5266		
四川									
成都市	1 876 747	1 714 645	614 407	162 102	159 181	222 523	1 652 431	267	1527
自贡市	130 061	124 966	36 689	5095	4687	5232	124 826		3
泸州市	161 441	147 106	41 648	14 334	13 495	11 275	150 166		
德阳市	422 987	405 590	116 231	17 397	16 889	15 906	406 950		131
绵阳市	678 674	583 419	204 357	95 255	94 625	35 527	643 102		46
遂宁市	117 730	108 687	22 648	9044	8293	934	116 750		46
内江市	96 402	76 666	24 274	19 736	18 896	1783	94 575	44	
乐山市	138 819	104 382	22 472	34 438	33 924	2075	136 744		
南充市	126 299	117 003	27 185	9296	8971	1276	125 023		
眉山市	148 067	133 764	37 430	14 303	13 824	2125	145 943		
宜宾市	355 848	331 940	80 286	23 908	23 179	16 890	338 933		25
广安市	73 269	68 940	18 865	4328	4116	1326	71 943		
达州市	128 589	124 321	24 474	4268	3907	1952	126 509		128
雅安市	60 755	57 799	12 633	2956	2808	2239	58 331		185
资阳市	31 867	31 222	10 122	645	613	488	31 378		

工业企业 R&D 经费外部支出

单位：万元

类别	R&D 经费外部支出	# 对境内研究机构支出	# 对境内高等学校支出
全国	**12 832 845**	**4 099 679**	**731 866**
川渝合计	**474 670**	**80 155**	**57 408**
重庆	194 336	33 869	11 677
四川	280 334	46 286	45 731
川渝占全国比重（%）	**3.70**	**1.96**	**7.84**
成渝地区双城经济圈	**458 746**	**71 150**	**52 659**
# 占全国比重（%）	**3.57**	**1.74**	**7.20**
# 占川渝比重（%）	**96.65**	**88.77**	**91.73**
重庆都市圈	185 199	26 815	11 594
成都都市圈	155 466	16 536	27 027
川东北渝东北	31 547	17 771	2514
川南渝西地区	69 888	5901	6797
重庆			
渝中区	4114		420
大渡口区	2864	206	109
江北区	46 919	6890	1263
沙坪坝区	19 495	1240	1196
九龙坡区	18 322	1295	941
南岸区	8997	1589	111
北碚区	2782	65	176
渝北区	27 287	7092	3548
巴南区	326	6	69
涪陵区	7223	4057	713
长寿区	18 064	149	272
江津区	4329	871	861
合川区	3363	101	17
永川区	1560	141	195
南川区	93	1	11
綦江区	5293	608	120
潼南区	21		
铜梁区	186		40

续表

类别	R&D 经费外部支出	# 对境内研究机构支出	# 对境内高等学校支出
大足区	782	35	77
荣昌区	3077	124	12
璧山区	9709	2345	1435
万州区	326	109	13
梁平区	22		22
丰都县			
垫江县	930	53	42
忠　县	689	16	
开州区			
云阳县	6738	6738	
黔江区	89	5	8
四川			
成都市	135 695	11 754	22 326
自贡市	3610	397	1084
泸州市	16 365	2163	3521
德阳市	15 192	4167	3893
绵阳市	21 472	3370	3306
遂宁市	3825	667	1028
内江市	850	581	87
乐山市	4286	1660	1370
南充市	1208	171	209
眉山市	4385	531	789
宜宾市	33 837	982	800
广安市	393		8
达州市	21 633	10 683	2228
雅安市	2202	204	320
资阳市	195	85	20

工业企业办研发机构

类别	机构数（个）	机构人员数（人）		机构经费支出（万元）	机构仪器和设备原价（万元）
			# 博士和硕士		
全国	**120 367**	**4 124 619**	**510 763**	**168 789 717**	**116 100 701**
川渝合计	**3951**	**165 130**	**23 190**	**6 336 838**	**8 287 303**
重庆	1928	74 738	9099	3 197 207	5 468 298
四川	2023	90 392	14 091	3 139 631	2 819 005
川渝占全国比重（%）	**3.28**	**4.00**	**4.54**	**3.75**	**7.14**
成渝地区双城经济圈	**3786**	**160 787**	**22 677**	**6 117 772**	**8 181 553**
# 占全国比重（%）	**3.15**	**3.90**	**4.44**	**3.62**	**7.05**
# 占川渝比重（%）	**95.82**	**97.37**	**97.79**	**96.54**	**98.72**
重庆都市圈	1767	71 301	8791	3 142 253	5 331 844
成都都市圈	896	53 563	9553	1 772 588	1 784 794
川东北渝东北	465	9140	798	255 358	260 047
川南渝西地区	853	28 671	2994	1 099 516	804 641
重庆					
渝中区					
大渡口区	27	993	196	35 914	39 031
江北区	50	8225	1616	521 273	207 183
沙坪坝区	56	3594	587	154 101	87 950
九龙坡区	186	6179	808	190 020	149 002
南岸区	74	3006	398	95 995	93 067
北碚区	55	3499	772	153 850	83 166
渝北区	153	10 271	1535	579 106	371 201
巴南区	89	3656	218	136 599	190 413
涪陵区	106	4481	256	237 555	3 304 094
长寿区	65	2553	472	97 941	86 965
江津区	129	4909	417	216 569	197 821
合川区	43	1225	82	31 576	32 018
永川区	25	1132	86	42 914	34 733
南川区	67	1061	40	38 145	18 817
綦江区	67	1612	172	52 179	27 252
潼南区	36	605	30	18 777	9894
铜梁区	102	2677	73	94 140	61 285
大足区	55	1535	47	83 975	63 315

续表

类别	机构数（个）	机构人员数（人）	#博士和硕士	机构经费支出（万元）	机构仪器和设备原价（万元）
荣昌区	127	2580	319	99 698	44 142
璧山区	153	5780	589	205 819	200 923
万州区	29	1104	113	20 703	30 481
梁平区	49	1155	44	28 926	70 301
丰都县	23	236	4	4833	7006
垫江县	34	864	52	16 438	12 131
忠　县	15	248	17	6024	9001
开州区	28	517	55	11 419	13 109
云阳县	16	122	21	2686	10 114
黔江区	7	117	7	3070	3873
四川					
成都市	660	41 563	7967	1 353 508	1 382 270
自贡市	103	3326	445	79 136	85 665
泸州市	95	2800	550	102 695	114 757
德阳市	125	7482	1226	280 425	308 905
绵阳市	156	6579	1136	218 977	287 908
遂宁市	70	2386	225	48 431	49 754
内江市	44	1534	283	48 800	42 361
乐山市	46	2466	186	139 919	65 027
南充市	116	2302	221	83 639	47 885
眉山市	79	3918	321	122 213	85 446
宜宾市	106	6566	602	279 411	133 310
广安市	102	1728	78	56 107	29 572
达州市	155	2592	271	80 690	60 020
雅安市	31	1009	101	27 134	22 213
资阳市	32	600	39	16 444	8174

工业企业新产品开发及销售

类别	新产品开发项目数（项）	新产品开发经费支出（万元）	新产品销售收入（万元）	
				#出口
全国	**958 709**	**226 528 583**	**2 955 666 961**	**524 170 891**
川渝合计	**45 970**	**10 624 678**	**131 339 323**	**19 964 261**
重庆	19 752	4 904 174	69 951 788	14 289 567
四川	26 218	5 720 504	61 387 535	5 674 694
川渝占全国比重（%）	**4.79**	**4.69**	**4.44**	**3.81**
成渝地区双城经济圈	**44 957**	**10 329 819**	**127 694 150**	**19 939 083**
#占全国比重（%）	**4.69**	**4.56**	**4.32**	**3.80**
#占川渝比重（%）	**97.80**	**97.22**	**97.22**	**99.87**
重庆都市圈	19 078	4 719 332	66 694 271	14 263 531
成都都市圈	16 607	3 141 826	30 161 994	3 724 536
川东北渝东北	2114	570 620	5 310 611	62 274
川南渝西地区	7781	1 967 974	23 483 670	1 248 030
重庆				
渝中区	47	21 030		
大渡口区	542	98 112	785 462	38 771
江北区	701	426 684	9 528 859	600 150
沙坪坝区	733	166 793	8 034 342	6 944 390
九龙坡区	1551	287 870	3 584 714	898 759
南岸区	1012	122 805	2 077 228	44 859
北碚区	1668	265 687	3 843 318	1 948 258
渝北区	2702	714 133	7 908 890	862 171
巴南区	902	280 010	3 419 408	1 116 523
涪陵区	825	363 197	6 551 530	131 969
长寿区	817	290 219	3 841 027	497 312
江津区	1350	292 008	3 320 914	86 222
合川区	520	85 489	745 320	154 553
永川区	784	284 720	1 703 572	160 593
南川区	206	36 535	193 040	223
綦江区	441	110 450	2 005 469	31 160
潼南区	371	70 434	517 090	5659
铜梁区	716	160 885	1 170 355	112 543
大足区	577	150 374	1 634 166	45 483

续表

类别	新产品开发项目数（项）	新产品开发经费支出（万元）	新产品销售收入（万元）	
				# 出口
荣昌区	523	139 206	2 236 231	115 150
璧山区	1441	253 487	3 240 008	429 952
万州区	291	50 758	922 970	3996
梁平区	183	60 992	404 068	18 010
丰都县	45	14 708	60 033	5505
垫江县	157	24 304	426 535	1509
忠　县	71	20 302	186 577	8259
开州区	222	40 653	1 116 861	4354
云阳县	53	22 478	233 156	6352
黔江区	87	7215	86 864	1000
四川				
成都市	13 017	2 431 570	23 759 450	3 327 996
自贡市	863	159 748	1 488 524	135 575
泸州市	917	204 025	1 373 610	59 966
德阳市	2460	496 607	4 506 947	250 375
绵阳市	2311	709 531	9 215 174	1 021 987
遂宁市	609	116 534	1 358 315	108 048
内江市	574	131 332	2 617 150	13 074
乐山市	531	171 291	2 983 508	46 754
南充市	550	161 896	671 322	3931
眉山市	894	169 178	1 681 056	100 171
宜宾市	1036	335 225	5 933 680	488 264
广安市	649	99 204	353 328	38 831
达州市	542	174 529	1 289 089	10 358
雅安市	230	63 139	470 451	14 074
资阳市	236	44 471	214 541	45 994

工业企业自主知识产权及相关情况

类别	专利申请量（件）	# 发明专利	发明专利有效量（件）	拥有注册商标数（件）	形成国家或行业标准数（项）
全国	**1 403 611**	**494 589**	**1 691 909**	**1 166 458**	**34 906**
川渝合计	**63 476**	**22 209**	**73 286**	**65 035**	**1457**
重庆	22 240	7362	24 388	21 650	420
四川	41 236	14 847	48 898	43 385	1037
川渝占全国比重（%）	**4.52**	**4.49**	**4.33**	**5.58**	**4.17**
成渝地区双城经济圈	**61 689**	**21 662**	**71 093**	**64 190**	**1436**
# 占全国比重（%）	**4.40**	**4.38**	**4.20**	**5.50**	**4.11**
# 占川渝比重（%）	**97.18**	**97.54**	**97.01**	**98.70**	**98.56**
重庆都市圈	20 980	6988	23 437	20 246	398
成都都市圈	26 360	10 179	31 577	23 207	787
川东北渝东北	3065	832	1940	1931	51
川南渝西地区	8671	2151	9184	13 689	121
重庆					
渝中区	330	178	651		
大渡口区	572	218	584	428	13
江北区	2690	1515	2486	2400	42
沙坪坝区	553	239	873	1032	65
九龙坡区	2135	635	2769	1917	40
南岸区	989	336	1049	1253	21
北碚区	1086	335	1859	1778	42
渝北区	2484	786	3059	4139	72
巴南区	1406	388	1728	1148	17
涪陵区	516	131	660	548	6
长寿区	939	387	1333	629	13
江津区	1480	291	1259	1217	12
合川区	564	177	595	923	5
永川区	640	164	679	376	
南川区	219	60	230	79	5
綦江区	448	81	447	478	12
潼南区	186	60	228	219	
铜梁区	761	148	708	402	3

续表

类别	专利申请量（件）	# 发明专利	发明专利有效量（件）	拥有注册商标数（件）	形成国家或行业标准数（项）
大足区	476	103	420	378	9
荣昌区	297	97	251	240	3
璧山区	1559	523	1144	472	10
万州区	395	113	296	319	9
梁平区	339	117	138	128	
丰都县	48	9	64	97	
垫江县	176	43	126	229	
忠　县	99	15	101	95	3
开州区	376	84	203	316	3
云阳县	70	24	79	43	9
黔江区	82	12	71	48	
四川					
成都市	22382	8889	26876	18160	617
自贡市	938	265	1538	606	25
泸州市	988	283	1386	4923	26
德阳市	2337	768	3063	3741	98
绵阳市	4251	1732	5456	4255	59
遂宁市	945	272	1157	2457	19
内江市	914	212	995	662	3
乐山市	861	233	1455	1175	35
南充市	783	224	453	308	9
眉山市	1344	432	1249	1242	63
宜宾市	1729	507	1501	4407	28
广安市	650	136	425	190	8
达州市	779	203	480	396	18
雅安市	576	147	580	273	5
资阳市	297	90	389	64	9

工业企业相关政策落实

单位：万元

类别	研究开发费用加计扣除减免税	高新技术企业减免税
全国	**20 916 773**	**25 039 496**
川渝合计	**790 569**	**349 680**
重庆	275 337	85 884
四川	515 232	263 796
川渝占全国比重（%）	**3.78**	**1.40**
成渝地区双城经济圈	**764 318**	**336 306**
# 占全国比重（%）	**3.65**	**1.34**
# 占川渝比重（%）	**96.68**	**96.18**
重庆都市圈	264 583	84 435
成都都市圈	290 565	141 018
川东北渝东北	60 142	18 911
川南渝西地区	125 997	68 519
重庆		
渝中区		
大渡口区	9790	1850
江北区	8137	237
沙坪坝区	19 845	5325
九龙坡区	25 796	8085
南岸区	9249	6125
北碚区	23 583	2094
渝北区	37 646	14 258
巴南区	12 971	813
涪陵区	25 115	13 657
长寿区	8124	3387
江津区	15 144	7594
合川区	4624	2358
永川区	9261	3676
南川区	1447	575
綦江区	7359	1745
潼南区	1759	1434
铜梁区	4497	1896
大足区	5788	3588

续表

类别	研究开发费用加计扣除减免税	高新技术企业减免税
荣昌区	9123	764
璧山区	19 366	3155
万州区	4508	104
梁平区	2340	682
丰都县	176	
垫江县	3059	953
忠　县	504	98
开州区	3664	556
云阳县	432	115
黔江区	539	451
四川		
成都市	240 806	119 811
自贡市	10 909	9503
泸州市	30 669	8249
德阳市	32 747	12 300
绵阳市	51 021	19 524
遂宁市	7227	8423
内江市	9688	3791
乐山市	12 077	12 447
南充市	8187	2507
眉山市	16 070	8741
宜宾市	23 558	27 713
广安市	5959	1817
达州市	37 272	13 895
雅安市	3340	1843
资阳市	942	165

工业企业技术获取和技术改造

单位：万元

类别	引进境外技术经费支出	引进境外技术消化吸收经费支出	购买境内技术经费支出	技术改造经费支出
全国	**5 077 563**	**808 990**	**4 642 926**	**38 442 352**
川渝合计	**265 815**	**8146**	**101 648**	**2 202 597**
重庆	223 761	6064	22 645	635 349
四川	42 054	2082	79 003	1 567 248
川渝占全国比重（%）	**5.24**	**1.01**	**2.19**	**5.73**
成渝地区双城经济圈	**265 791**	**8146**	**95 104**	**2 121 798**
# 占全国比重（%）	**5.23**	**1.01**	**2.05**	**5.52**
# 占川渝比重（%）	**99.99**	**100.00**	**93.56**	**96.33**
重庆都市圈	222 864	6064	21 784	562 809
成都都市圈	29 792	267	32 614	606 352
川东北渝东北	2055	21	4725	164 586
川南渝西地区	7580	673	34 396	500 609
重庆				
渝中区				
大渡口区		4197	34	7264
江北区			81	13 468
沙坪坝区	11 889		1148	18 657
九龙坡区	8620	1852	71	19 508
南岸区			18	28 560
北碚区			366	8959
渝北区	199 771	11	7476	91 838
巴南区	79		30	36 090
涪陵区			4479	17 738
长寿区	76		1345	261 888
江津区	2278		828	9328
合川区			1453	4281
永川区			915	3754
南川区			2	2187
綦江区			63	17 894
潼南区				1586
铜梁区	146		17	2993
大足区			2786	1855

续表

类别	引进境外技术经费支出	引进境外技术消化吸收经费支出	购买境内技术经费支出	技术改造经费支出
荣昌区			5	3506
璧山区	5	4	15	9053
万州区	815		1351	45 352
梁平区	83		10	202
丰都县			10	240
垫江县			15	357
忠　县				3238
开州区				8519
云阳县				13 286
黔江区			126	1152
四川				
成都市	22 445	55	29 069	471 545
自贡市	1110	157	729	21 385
泸州市			25	61 883
德阳市	7346	212	3111	116 753
绵阳市	2403	1115	3882	242 160
遂宁市		6	513	37 707
内江市			373	7994
乐山市	3521		307	24 999
南充市			16	78 676
眉山市			408	16 979
宜宾市	4047	517	28 655	370 017
广安市			652	2402
达州市	1157	21	3324	14 717
雅安市			1371	20 754
资阳市			27	1076

2022年数据

工业企业基本情况

类别	企业数（个）	# 有 R&D 活动	# 有研发机构	# 有新产品销售	营业收入（万元）	利润总额（万元）
川渝合计	**25 095**	**7933**	**3940**	**6317**	**817 586 522**	**68 038 688**
重庆	7606	3208	2268	3068	271 655 242	18 296 765
四川	17 489	4725	1672	3249	545 931 280	49 741 923
成渝地区双城经济圈	**22 716**	**7463**	**3779**	**6027**	**755 715 281**	**61 768 645**
# 占川渝比重（%）	**90.52**	**94.08**	**95.91**	**95.41**	**92.43**	**90.78**
重庆都市圈	6829	2869	1951	2696	260 527 663	17 097 234
成都都市圈	6975	2219	836	1670	250 833 069	17 213 206
川东北渝东北	2904	654	426	587	60 743 230	4 750 489
川南渝西地区	5328	1987	1036	1372	151 578 895	17 219 973
重庆						
渝中区	2	1			220 195	5592
大渡口区	80	42	27	39	3 949 149	581 534
江北区	140	57	29	69	17 543 670	189 750
沙坪坝区	227	54	30	59	25 977 348	437 969
九龙坡区	487	264	146	222	17 995 373	1 178 329
南岸区	174	88	72	91	9 969 962	626 669
北碚区	322	111	71	137	9 474 636	818 830
渝北区	437	205	128	217	39 842 008	969 903
巴南区	317	115	131	120	9 716 815	895 566
涪陵区	312	147	125	154	22 391 520	3 463 568
长寿区	280	120	67	119	15 287 439	1 140 772
江津区	576	213	142	206	18 181 039	1 395 418
合川区	260	74	42	87	4 183 953	174 995
永川区	348	147	113	107	16 476 547	1 869 840
南川区	140	83	93	92	2 705 644	147 065
綦江区	283	155	79	156	5 673 248	346 984
潼南区	207	117	15	46	1 354 695	77 411
铜梁区	390	202	155	176	7 291 279	405 014
大足区	385	168	130	73	4 328 806	274 992

续表

类别	企业数（个）	# 有 R&D 活动	# 有研发机构	# 有新产品销售	营业收入（万元）	利润总额（万元）
荣昌区	395	156	156	187	4 473 359	421 598
璧山区	466	240	156	268	11 432 863	707 094
万州区	184	56	87	63	5 083 359	425 029
梁平区	130	54	41	52	1 771 412	123 762
丰都县	82	18	19	9	1 054 622	75 502
垫江县	146	52	24	55	2 185 434	267 160
忠　县	85	32	21	18	1 913 098	253 741
开州区	161	56	44	71	2 828 012	111 437
云阳县	139	29	28	40	2 314 440	228 133
黔江区	48	13	9	10	1 521 139	118 124
四川						
成都市	4361	1482	615	1212	180 047 062	11 603 641
自贡市	611	160	64	97	5 708 826	365 676
泸州市	879	352	95	148	28 316 458	4 630 152
德阳市	1467	397	110	238	44 240 849	3 976 501
绵阳市	1293	393	169	318	38 323 131	1 643 974
遂宁市	633	157	55	124	17 344 882	2 335 221
内江市	542	154	37	79	13 197 174	883 018
乐山市	694	134	43	102	22 591 536	5 159 204
南充市	897	225	89	191	22 815 096	1 616 200
眉山市	841	299	98	192	22 572 029	1 478 796
宜宾市	919	280	65	143	47 932 159	6 627 281
广安市	601	110	44	71	12 058 113	968 341
达州市	1080	132	73	88	20 777 758	1 649 524
雅安市	389	78	29	53	8 676 014	945 066
资阳市	306	41	13	28	3 973 128	154 267

工业企业 R&D 人员

类别	R&D 人员（人）	# 女性	# 研究人员	# 全时人员	R&D 人员折合全时当量（人年）
川渝合计	**311 082**	**70 916**	**99 399**	**219 459**	**201 482**
重庆	123 872	27 795	38 910	90 630	83 623
四川	187 210	43 121	60 489	128 829	117 859
成渝地区双城经济圈	**300 973**	**68 988**	**97 042**	**213 428**	**195 797**
# 占川渝比重（%）	**96.75**	**97.28**	**97.63**	**97.25**	**97.18**
重庆都市圈	117 689	26 261	37 202	86 316	79 709
成都都市圈	100 635	24 146	35 093	71 826	65 555
川东北渝东北	13 983	3370	3631	9433	8367
川南渝西地区	59 430	13 257	16 550	39 209	37 773
重庆					
渝中区	127	35	69		96
大渡口区	2609	600	968	1881	1914
江北区	13 196	2706	6463	11 703	9624
沙坪坝区	6260	1796	2219	5389	4367
九龙坡区	10 575	2030	3265	6611	6529
南岸区	3591	709	1188	2672	2644
北碚区	6484	1436	1844	4684	4577
渝北区	13 128	2935	4424	9806	8239
巴南区	5755	1144	2143	4078	4481
涪陵区	5994	1528	1557	4053	4256
长寿区	6315	1657	1970	4383	4262
江津区	6911	1280	1890	4970	4337
合川区	1988	502	416	1342	1239
永川区	4777	1243	987	3318	3249
南川区	1751	348	445	1136	1140
綦江区	3421	729	854	2291	2126
潼南区	2409	675	586	2024	1651
铜梁区	4330	922	1009	3254	2926
大足区	3522	815	1128	2756	2609
荣昌区	3841	1030	1144	2603	2516
璧山区	7770	1456	2122	5556	5251
万州区	1932	437	529	1387	1214

续表

类别	R&D 人员（人）	# 女性	# 研究人员	# 全时人员	R&D 人员折合全时当量（人年）
梁平区	1298	366	353	847	778
丰都县	240	66	65	183	188
垫江县	990	199	260	748	690
忠　县	728	162	160	560	406
开州区	1111	339	278	709	620
云阳县	353	65	83	205	188
黔江区	298	75	73	221	177
四川					
成都市	74 796	18 352	27 149	53 946	49 404
自贡市	4657	994	1642	3385	2767
泸州市	8553	2017	2413	4561	5327
德阳市	15 042	3397	5182	10 453	9549
绵阳市	22 393	4558	7994	17 044	15 114
遂宁市	5153	1600	1397	3773	2736
内江市	4874	962	1186	2795	2597
乐山市	6204	1283	1611	3682	3196
南充市	4057	1074	1029	2858	2712
眉山市	9616	2099	2324	6509	5918
宜宾市	14 544	3265	4297	9276	9319
广安市	2935	685	511	1806	1676
达州市	3274	662	874	1936	1571
雅安市	1990	457	503	1116	933
资阳市	1181	298	438	918	684

工业企业 R&D 经费内部支出

单位：万元

类别	R&D 经费内部支出	按支出用途分				按资金来源分			
		日常性支出	# 人员劳务费	资产性支出	# 仪器和设备	政府资金	企业资金	境外资金	其他资金
川渝合计	**10 094 121**	**9 372 572**	**3 233 922**	**721 549**	**700 676**	**427 751**	**9 654 760**	**2334**	**9277**
重庆	4 793 346	4 547 776	1 495 321	245 570	239 392	129 533	4 657 477	1249	5088
四川	5 300 775	4 824 796	1 738 601	475 979	461 284	298 218	4 997 283	1085	4189
成渝地区双城经济圈	**9 862 162**	**9 148 393**	**3 182 454**	**713 777**	**693 313**	**424 121**	**9 426 550**	**2333**	**9163**
# 占川渝比重（%）	**97.70**	**97.61**	**98.41**	**98.92**	**98.95**	**99.15**	**97.64**	**99.96**	**98.77**
重庆都市圈	4 578 539	4 338 020	1 444 414	240 527	235 766	125 602	4 446 885	1248	4808
成都都市圈	2 923 542	2 610 516	979 469	313 025	306 119	214 694	2 704 713	1085	3050
川东北渝东北	414 255	396 665	104 003	17 590	16 171	8065	406 000		191
川南渝西地区	1 943 500	1 851 274	518 869	92 229	88 645	45 282	1 896 986	596	638
重庆									
渝中区	11 473	11 473	2124				11 473		
大渡口区	90 277	83 923	41 266	6355	6256	5712	84 565		
江北区	703 627	699 643	268 719	3984	3642	25 364	678 181		82
沙坪坝区	183 541	177 894	81 238	5647	5544	8106	175 435		
九龙坡区	332 507	317 532	117 763	14 975	14 091	45 379	285 215	456	1457
南岸区	99 362	95 415	45 549	3947	3784	3394	95 801	52	115
北碚区	238 179	207 421	81 351	30 758	30 674	1716	235 677	20	766
渝北区	613 235	561 705	187 829	51 530	51 231	10 137	601 792		1306
巴南区	269 292	249 262	82 198	20 031	19 738	4078	265 214		
涪陵区	304 086	288 946	67 294	15 140	14 969	1631	302 456		
长寿区	201 366	183 709	89 203	17 658	17 453	1421	199 946		
江津区	247 256	238 676	68 667	8581	7960	2424	243 780	596	456
合川区	42 249	40 765	14 891	1484	1395	11	42 238		
永川区	195 989	188 586	36 262	7403	7157	5086	190 725		179
南川区	54 993	49 818	13 207	5176	5090	298	54 695		
綦江区	130 257	126 322	25 401	3936	3722	2423	127 834		
潼南区	80 420	79 219	18 660	1202	1186	470	79 950		
铜梁区	163 734	159 599	36 989	4135	4103	728	163 006		
大足区	181 976	179 766	34 422	2210	2147	266	181 711		
荣昌区	145 639	138 400	29 281	7239	7071	393	145 246		

续表

类别	R&D 经费内部支出	按支出用途分				按资金来源分			
		日常性支出	# 人员劳务费	资产性支出	# 仪器和设备	政府资金	企业资金	境外资金	其他资金
璧山区	239 598	213 375	86 916	26 224	25 695	5788	233 239	124	447
万州区	38 111	37 582	13 212	529	505	367	37 744		
梁平区	44 071	41 578	12 848	2493	1366	441	43 438		191
丰都县	9231	9055	1859	176	174	36	9196		
垫江县	22 856	22 131	8712	725	705	264	22 592		
忠　县	36 839	36 224	4745	615	614	920	35 919		
开州区	29 595	28 899	7778	696	654	1678	27 917		
云阳县	21 131	20 762	1941	369	315	315	20 816		
黔江区	6168	6068	1831	99	99		6168		
四川									
成都市	2 254 268	1 990 656	761 099	263 613	258 482	199 906	2 050 782	1085	2496
自贡市	135 456	123 420	54 876	12 036	11 737	7270	128 183		3
泸州市	243 869	227 009	57 142	16 860	15 697	15 836	228 033		
德阳市	439 014	420 363	160 315	18 651	17 607	12 886	425 574		554
绵阳市	767 253	710 623	279 211	56 630	52 595	38 692	727 451		1110
遂宁市	116 032	106 793	37 201	9239	8544	794	115 238		
内江市	113 036	106 530	44 454	6506	6384	1031	112 005		
乐山市	129 004	112 697	34 697	16 307	16 082	996	128 008		
南充市	119 380	108 500	30 314	10 879	10 792	2674	116 706		
眉山市	215 112	184 622	49 087	30 489	29 764	1695	213 417		
宜宾市	386 288	362 966	131 374	23 323	22 667	9825	376 463		
广安市	49 483	46 571	15 184	2912	2858	777	48 706		
达州市	93 042	91 933	22 594	1108	1047	1370	91 672		
雅安市	48 721	47 087	13 782	1634	1451	1317	47 404		
资阳市	15 148	14 875	8969	273	267	208	14 940		

工业企业 R&D 经费外部支出

单位：万元

类别	R&D 经费外部支出	# 对境内研究机构支出	# 对境内高等学校支出
川渝合计	**586 094**	**107 336**	**50 101**
重庆	271 817	60 478	11 060
四川	314 277	46 858	39 041
成渝地区双城经济圈	**564 512**	**99 175**	**47 648**
# 占川渝比重（%）	**96.32**	**92.40**	**95.10**
重庆都市圈	267 738	59 799	10 859
成都都市圈	209 833	26 871	26 663
川东北渝东北	8354	2935	509
川南渝西地区	55 731	3986	5783
重庆			
渝中区	4170	1435	1045
大渡口区	22 599	20 286	410
江北区	103 127	11 352	2590
沙坪坝区	12 122	1895	285
九龙坡区	22 767	3232	1511
南岸区	8360	4099	231
北碚区	8849	22	48
渝北区	36 943	4651	1306
巴南区	209	183	
涪陵区	10 350	7520	935
长寿区	17 920	94	669
江津区	2359	86	593
合川区	2923		
永川区	583	8	35
南川区	81		25
綦江区	453		
潼南区	17		17
铜梁区	787	495	27
大足区	615	86	65
荣昌区	1631	195	
璧山区	10 656	4159	1067

续表

类别	R&D经费外部支出	#对境内研究机构支出	#对境内高等学校支出
万州区	425	46	33
梁平区	90		90
丰都县			
垫江县	715	8	65
忠　县	11	4	5
开州区			
云阳县	1330	531	
黔江区	8	1	
四川			
成都市	185 456	20 823	21 575
自贡市	16 036	201	1176
泸州市	13 134	1924	3377
德阳市	19 358	5605	3948
绵阳市	21 808	5469	2734
遂宁市	1382	46	362
内江市	1891	721	76
乐山市	4441	905	1178
南充市	1244	7	
眉山市	4637	332	998
宜宾市	18 242	270	434
广安市	217	1	
达州市	4539	2339	316
雅安市	1644	33	281
资阳市	383	111	141

工业企业办研发机构

类别	机构数（个）	机构人员数（人）		机构经费支出（万元）	机构仪器和设备原价（万元）
			#博士和硕士		
川渝合计	**4488**	**190 257**	**26 078**	**8 181 562**	**9 782 549**
重庆	2469	88 031	10 316	4 262 516	6 497 280
四川	2019	102 226	15 762	3 919 046	3 285 269
成渝地区双城经济圈	**4312**	**185 351**	**25 597**	**7 963 280**	**9 671 973**
#占川渝比重（%）	**96.08**	**97.42**	**98.16**	**97.33**	**98.87**
重庆都市圈	2132	82 702	9950	4 124 447	6 326 047
成都都市圈	992	57 055	10 570	2 059 681	2 104 632
川东北渝东北	458	9282	709	310 160	237 838
川南渝西地区	993	30 652	2960	1 479 667	987 422
重庆					
渝中区					
大渡口区	36	1852	450	97 229	56 326
江北区	45	9430	1908	687 965	300 334
沙坪坝区	45	3243	413	123 348	121 981
九龙坡区	163	5940	800	224 034	177 943
南岸区	88	3451	430	108 837	129 195
北碚区	81	4870	858	217 493	153 312
渝北区	147	10 502	1557	563 219	490 488
巴南区	143	4882	365	172 402	563 267
涪陵区	132	5301	241	338 895	3 304 762
长寿区	77	3648	760	159 892	104 965
江津区	159	5427	495	258 488	181 002
合川区	47	1544	89	49 379	39 663
永川区	114	3358	113	199 951	160 383
南川区	95	1538	94	65 863	29 254
綦江区	79	1811	138	90 572	50 579
潼南区	16	269	16	13 971	6407
铜梁区	157	3021	80	161 562	84 271
大足区	130	2367	85	200 241	102 463
荣昌区	166	3252	438	142 551	58 056
璧山区	162	5680	553	214 148	193 961
万州区	95	2111	122	52 757	44 002

续表

类别	机构数（个）	机构人员数（人）	# 博士和硕士	机构经费支出（万元）	机构仪器和设备原价（万元）
梁平区	45	1039	36	31 112	70 346
丰都县	19	223	18	3102	2189
垫江县	25	622	51	15 084	8134
忠　县	30	486	28	23 620	12 441
开州区	46	720	80	15 623	16 999
云阳县	29	298	35	7900	9910
黔江区	9	138		2858	2558
四川					
成都市	744	45 110	8972	1 606 304	1 629 979
自贡市	79	2907	433	93 203	81 776
泸州市	123	3762	652	159 054	112 767
德阳市	125	6788	1169	276 538	275 938
绵阳市	213	15 774	1853	599 502	376 086
遂宁市	61	1914	112	55 419	45 261
内江市	39	1673	344	51 902	46 311
乐山市	56	2910	220	203 387	145 085
南充市	90	1953	179	72 891	35 035
眉山市	108	4747	380	164 704	179 526
宜宾市	113	6326	620	264 695	167 870
广安市	50	1316	67	34 407	17 435
达州市	79	1830	160	88 072	38 782
雅安市	37	908	134	38 972	25 741
资阳市	15	410	49	12 135	19 188

工业企业新产品开发及销售

类别	新产品开发项目数（项）	新产品开发经费支出（万元）	新产品销售收入（万元）	
				# 出口
川渝合计	**50 730**	**11 640 815**	**136 276 188**	**20 511 027**
重庆	22 057	5 440 210	67 957 239	13 546 392
四川	28 673	6 200 605	68 318 949	6 964 635
成渝地区双城经济圈	**49 536**	**11 270 923**	**133 263 309**	**20 454 130**
# 占川渝比重（%）	**97.65**	**96.82**	**97.79**	**99.72**
重庆都市圈	21 120	5 157 152	64 859 911	13 522 622
成都都市圈	18 682	3 637 341	36 611 914	5 335 216
川东北渝东北	1908	455 678	4 822 449	56 875
川南渝西地区	8448	2 198 759	20 877 662	1 148 152
重庆				
渝中区	131	15 492		
大渡口区	604	93 591	1 689 511	48 694
江北区	1032	620 822	10 997 623	1 058 006
沙坪坝区	641	128 583	7 328 085	6 162 071
九龙坡区	1709	348 760	3 135 516	776 509
南岸区	1112	115 739	1 846 454	54 773
北碚区	1877	301 196	2 679 791	1 079 925
渝北区	3045	737 969	7 111 032	965 741
巴南区	1079	274 415	4 079 326	930 864
涪陵区	888	410 162	5 780 856	352 391
长寿区	824	285 002	4 004 996	964 893
江津区	1388	333 923	3 473 561	198 699
合川区	584	67 535	696 799	153 719
永川区	774	251 472	1 244 610	102 689
南川区	272	67 196	512 441	650
綦江区	435	126 400	2 068 823	15 866
潼南区	522	92 227	259 584	10 663
铜梁区	821	181 970	1 718 445	122 955
大足区	658	213 457	808 441	29 389
荣昌区	718	189 379	2 334 296	102 753
璧山区	1537	260 571	2 781 465	357 104
万州区	287	59 146	833 225	2433

续表

类别	新产品开发项目数（项）	新产品开发经费支出（万元）	新产品销售收入（万元）	
				# 出口
梁平区	163	60 342	453 616	17 980
丰都县	51	11 067	23 118	4240
垫江县	138	25 561	453 182	1745
忠　县	100	29 423	180 641	9667
开州区	236	38 796	996 045	3956
云阳县	58	21 739	156 324	276
黔江区	67	7029	72 588	4346
四川				
成都市	14 613	2 821 402	29 113 520	4 619 775
自贡市	898	135 124	1 448 554	125 152
泸州市	991	264 540	1 288 058	32 345
德阳市	2653	555 559	4 771 211	496 260
绵阳市	2523	712 029	8 797 032	859 918
遂宁市	639	159 261	2 457 678	42 294
内江市	588	125 398	416 978	14 049
乐山市	660	190 490	6 004 888	42 378
南充市	521	132 176	655 193	10 080
眉山市	1195	231 953	2 499 092	137 427
宜宾市	1177	377 097	6 075 896	404 255
广安市	469	41 291	308 256	34 268
达州市	354	77 428	1 071 104	6498
雅安市	283	49 785	407 364	14 680
资阳市	221	28 427	228 091	81 754

工业企业自主知识产权及相关情况

类别	专利申请量（件）	#发明专利	发明专利有效量（件）	拥有注册商标数（件）	形成国家或行业标准数（项）
川渝合计	**67 707**	**27 176**	**85 403**	**75 030**	**1666**
重庆	26 245	11 091	27 681	22 584	555
四川	41 462	16 085	57 722	52 446	1111
成渝地区双城经济圈	**65 627**	**26 613**	**82 802**	**74 032**	**1635**
#占川渝比重（%）	**96.93**	**97.93**	**96.95**	**98.67**	**98.14**
重庆都市圈	24 776	10 729	26 286	21 069	492
成都都市圈	26 165	11 071	36 753	26 373	810
川东北渝东北	3005	793	2629	2129	87
川南渝西地区	8314	2381	9530	16 200	164
重庆					
渝中区	413	218	704		
大渡口区	771	286	834	524	5
江北区	6164	4151	3345	3401	52
沙坪坝区	568	236	823	458	43
九龙坡区	2144	901	3239	1736	16
南岸区	997	379	1091	1316	20
北碚区	1091	411	1927	1743	125
渝北区	2694	1076	3583	4542	92
巴南区	1244	345	2082	1152	13
涪陵区	641	142	733	578	14
长寿区	1095	561	1474	952	16
江津区	1438	354	1224	983	23
合川区	588	169	687	1253	5
永川区	467	105	523	426	19
南川区	223	64	304	100	3
綦江区	395	92	361	439	9
潼南区	120	40	144	66	
铜梁区	724	144	699	380	11
大足区	222	62	226	73	9
荣昌区	360	114	346	357	2
璧山区	1860	745	1422	462	7
万州区	574	166	473	380	12

续表

类别	专利申请量（件）	#发明专利	发明专利有效量（件）	拥有注册商标数（件）	形成国家或行业标准数（项）
梁平区	279	112	231	106	4
丰都县	20	4	83	22	
垫江县	132	22	210	213	38
忠　县	67	13	111	80	1
开州区	382	68	223	349	
云阳县	78	18	119	132	6
黔江区	58	10	111	45	
四川					
成都市	22 007	9598	31 085	20 758	681
自贡市	894	266	1546	538	46
泸州市	1175	342	1740	6491	15
德阳市	2288	827	3610	4035	72
绵阳市	4531	1853	7630	7021	94
遂宁市	966	205	1124	2446	14
内江市	697	279	942	842	5
乐山市	899	255	1609	1153	43
南充市	848	241	649	460	6
眉山市	1653	568	1605	1513	55
宜宾市	1942	623	1923	5671	25
广安市	557	134	515	128	8
达州市	625	149	530	387	20
雅安市	519	187	509	254	4
资阳市	217	78	453	67	2

工业企业相关政策落实

单位：万元

类别	研究开发费用加计扣除减免税	高新技术企业减免税
川渝合计	**1 079 334**	**392 310**
重庆	361 216	119 546
四川	718 119	272 765
成渝地区双城经济圈	**1 051 872**	**361 787**
# 占川渝比重（%）	**97.46**	**92.22**
重庆都市圈	349 326	116 290
成都都市圈	429 007	134 624
川东北渝东北	53 373	22 586
川南渝西地区	148 606	78 584
重庆		
渝中区		
大渡口区	11 191	1756
江北区	12 880	236
沙坪坝区	19 894	6018
九龙坡区	32 642	10 200
南岸区	12 866	15 453
北碚区	37 732	3635
渝北区	62 193	13 913
巴南区	15 935	2231
涪陵区	31 652	18 257
长寿区	13 155	17 371
江津区	16 346	10 647
合川区	5203	2705
永川区	8675	1593
南川区	2493	760
綦江区	4645	2637
潼南区	6263	369
铜梁区	5242	1484
大足区	4380	1018
荣昌区	14 598	363
璧山区	23 723	3813
万州区	3957	584

续表

类别	研究开发费用加计扣除减免税	高新技术企业减免税
梁平区	3772	780
丰都县	103	1
垫江县	2563	767
忠　县	1478	51
开州区	3906	1181
云阳县	1012	343
黔江区	713	534
四川		
成都市	358 471	104 719
自贡市	10 632	12 736
泸州市	30 536	11 970
德阳市	39 962	24 729
绵阳市	91 236	13 841
遂宁市	9463	3246
内江市	16 450	1866
乐山市	13 989	8040
南充市	14 560	5596
眉山市	29 797	5050
宜宾市	37 103	34 269
广安市	7619	1831
达州市	22 022	13 284
雅安市	10 046	1784
资阳市	776	126

工业企业技术获取和技术改造

单位：万元

类别	引进境外技术经费支出	引进境外技术消化吸收经费支出	购买境内技术经费支出	技术改造经费支出
川渝合计	**188 926**	**7194**	**125 956**	**2 083 925**
重庆	173 812	5196	46 680	626 258
四川	15 114	1998	79 276	1 457 667
成渝地区双城经济圈	**188 926**	**7194**	**125 627**	**1 989 609**
# 占川渝比重（%）	**100.00**	**100.00**	**99.74**	**95.47**
重庆都市圈	173 702	5196	45 919	493 103
成都都市圈	13 225	486	27 158	499 019
川东北渝东北	123	12	14 504	226 685
川南渝西地区	5156	480	34 508	463 136
重庆				
渝中区				
大渡口区		3938		7964
江北区				23 233
沙坪坝区	8930		650	30 510
九龙坡区		1258	46	16 664
南岸区			60	17 932
北碚区			2300	19 423
渝北区	157 099		5381	78 580
巴南区	14		40	12 066
涪陵区	2820		21 620	30 660
长寿区	76		233	181 247
江津区	3876		1061	16 112
合川区			11 418	10 632
永川区			674	6379
南川区				118
綦江区			155	13 623
潼南区				626
铜梁区	17		146	5838
大足区				244
荣昌区			885	2131
璧山区	870		850	17 400
万州区			1081	101 403

续表

类别	引进境外技术经费支出	引进境外技术消化吸收经费支出	购买境内技术经费支出	技术改造经费支出
梁平区	110		10	134
丰都县				73
垫江县			26	3269
忠　县				2696
开州区				7116
云阳县				9674
黔江区				1202
四川				
成都市	5988	274	16 395	366 659
自贡市	729	54	33	44 357
泸州市			66	25 964
德阳市	7237	213	9627	116 203
绵阳市	614	1019	6323	235 784
遂宁市			120	13 335
内江市			606	6414
乐山市			17	85 939
南充市			9	81 501
眉山市			1119	15 489
宜宾市	534	427	30 882	342 074
广安市			400	1721
达州市	13	12	13 377	20 819
雅安市				15 734
资阳市			17	668

高等院校（2021—2022 年）

2021 年数据

高等院校科技活动情况

类别	学校数（个）	设立 R&D 机构（个）	R&D 人员（人）	R&D 人员折合全时当量（人年）	R&D 经费内部支出（万元）	R&D 经费外部支出（万元）
全国	**2756**	**22 859**	**1 407 976**	**671 766**	**21 804 934**	**1 498 004**
川渝合计	**317**	**1511**	**106 733**	**47 038**	**1 543 781**	**78 488**
重庆	69	574	38 505	14 918	588 804	19 653
四川	248	937	68 228	32 120	954 977	58 835
川渝占全国比重（%）	**11.50**	**6.61**	**7.58**	**7.00**	**7.08**	**5.24**
成渝地区双城经济圈	**292**	**1477**	**103 912**	**46 142**	**1 531 016**	**78 416**
# 占全国比重（%）	**10.60**	**6.46**	**7.38**	**6.87**	**7.02**	**5.23**
# 占川渝比重（%）	**92.11**	**97.75**	**97.36**	**98.10**	**99.17**	**99.91**
重庆都市圈	62	558	36 789	14 191	551 280	19 550
成都都市圈	139	577	44 570	22 220	767 251	54 570
川东北渝东北	28	111	7847	2791	86 748	225
川南渝西地区	47	138	10 662	4628	88 212	521
重庆						
渝中区	2	26	2545	1726	58 039	420
大渡口区						
江北区	1		74	27	3544	
沙坪坝区	11	146	11 285	4759	238 585	8285
九龙坡区	2		403	99	1651	
南岸区	5	157	7082	2413	95 497	2181
北碚区	2	101	4103	1789	64 072	8522
渝北区	4	22	3715	741	11 594	
巴南区	5	43	2280	870	31 622	77
涪陵区	2	23	1551	533	12 655	

续表

类别	学校数（个）	设立 R&D 机构（个）	R&D 人员（人）	R&D 人员折合全时当量（人年）	R&D 经费内部支出（万元）	R&D 经费外部支出（万元）
长寿区	1	1	95	29	531	
江津区	5	3	836	259	6034	
合川区	6	1	448	163	2408	1
永川区	7	32	1811	663	23 142	64
南川区						
綦江区						
潼南区						
铜梁区	2		53	9	549	
大足区	3		183	27	329	
荣昌区						
璧山区	2		66	25	266	
万州区	7	19	1844	760	37 478	102
梁平区						
丰都县						
垫江县						
忠　县						
开州区						
云阳县						
黔江区	2		131	29	807	
四川						
成都市	108	556	43 603	21 815	760 033	53 628
自贡市	4	29	1733	703	17 606	165
泸州市	14	41	3329	1834	21 405	246
德阳市	15	21	708	342	6709	943
绵阳市	19	61	3744	1599	26 614	1137
遂宁市	2	2	133	27	440	4
内江市	8	10	1401	528	8692	10
乐山市	6	51	953	368	7773	
南充市	15	72	4908	1690	46 114	1
眉山市	11		207	51	456	
宜宾市	4	23	1316	605	10 454	37
广安市	2	3	259	59	762	
达州市	6	20	1095	340	3155	122
雅安市	4	14	1966	1249	31 946	2472
资阳市	5		52	11	54	

高等院校 R&D 人员

单位：人

类别	R&D 人员合计	# 女性	# 研究人员	# 全时人员	按学历分 博士毕业	硕士毕业	本科毕业	其他学历
全国	**1 407 976**	**538 511**	**599 515**	**601 316**	**537 080**	**562 325**	**279 411**	**29 160**
川渝合计	**106 733**	**39 549**	**86 642**	**39 985**	**35 661**	**42 621**	**25 952**	**2499**
重庆	38 505	14 231	30 813	11 595	13 423	14 886	9654	542
四川	68 228	25 318	55 829	28 390	22 238	27 735	16 298	1957
川渝占全国比重（%）	**7.58**	**7.34**	**14.45**	**6.65**	**6.64**	**7.58**	**9.29**	**0.42**
成渝地区双城经济圈	**103 912**	**38 239**	**84 374**	**39 440**	**35 353**	**41 032**	**25 144**	**2383**
# 占全国比重（%）	**7.38**	**7.10**	**14.07**	**6.56**	**6.58**	**7.30**	**9.00**	**0.40**
# 占川渝比重（%）	**97.36**	**96.69**	**97.38**	**98.64**	**99.14**	**96.27**	**96.89**	**95.36**
重庆都市圈	36 789	13 553	29 369	10 916	13 217	13 958	9115	499
成都都市圈	44 570	14 712	37 371	20 355	17 532	16 380	9839	819
川东北渝东北	7847	3550	6123	1883	1189	4332	2203	123
川南渝西地区	10 662	5179	7950	4302	1923	4875	3214	650
重庆								
渝中区	2545	1254	1609	1992	659	603	1084	199
大渡口区								
江北区	74	36	59	27	3	38	30	3
沙坪坝区	11 285	3796	9549	3276	4571	4395	2275	44
九龙坡区	403	257	326	32	16	298	88	1
南岸区	7082	2512	5994	1835	2990	2708	1369	15
北碚区	4103	1254	3884	1587	2533	1190	365	15
渝北区	3715	860	1954	227	898	924	1890	3
巴南区	2280	955	1696	614	608	1021	647	4
涪陵区	1551	714	1311	387	527	685	216	123
长寿区	95	49	80	26	7	60	26	2
江津区	836	395	623	232	37	544	250	5
合川区	448	250	369	129	19	342	86	1
永川区	1811	878	1533	510	338	977	421	75
南川区								
綦江区								
潼南区								
铜梁区	53	26	44		1	21	29	2

续表

类别	R&D 人员合计	# 女性	# 研究人员	# 全时人员	按学历分：博士毕业	硕士毕业	本科毕业	其他学历
大足区	183	98	67	5	5	33	140	5
荣昌区								
璧山区	66	34	54	24	3	33	28	2
万州区	1844	800	1549	676	199	931	673	41
梁平区								
丰都县								
垫江县								
忠　县								
开州区								
云阳县								
黔江区	131	63	112	16	9	83	37	2
四川								
成都市	43 603	14 260	36 653	20 051	17 460	15 872	9462	809
自贡市	1733	816	1343	699	407	738	557	31
泸州市	3329	1644	2238	2022	716	1077	1076	460
德阳市	708	297	544	284	65	380	259	4
绵阳市	3744	1499	2961	1293	810	1809	915	210
遂宁市	133	69	129	1	4	52	73	4
内江市	1401	669	1151	352	154	766	426	55
乐山市	953	438	791	188	182	560	188	23
南充市	4908	2254	3702	1087	939	2707	1202	60
眉山市	207	128	152	18	7	104	90	6
宜宾市	1316	653	951	482	265	719	315	17
广安市	259	185	217	13	2	86	171	
达州市	1095	496	872	120	51	694	328	22
雅安市	1966	573	1835	1233	868	558	400	140
资阳市	52	27	22	2		24	28	

高等院校 R&D 人员折合全时当量

单位：人年

类别	R&D 人员折合全时当量		按活动类型分		
		# 研究人员	基础研究	应用研究	试验发展
全国	**671 766**	**599 515**	**319 323**	**306 813**	**45 630**
川渝合计	**47 038**	**40 508**	**19 086**	**23 211**	**4741**
重庆	14 918	12 728	6253	7585	1080
四川	32 120	27 780	12 833	15 626	3661
川渝占全国比重（%）	**7.00**	**6.76**	**5.98**	**7.57**	**10.39**
成渝地区双城经济圈	**46 142**	**39 779**	**18 766**	**22 646**	**4735**
# 占全国比重（%）	**6.87**	**6.64**	**5.88**	**7.38**	**10.38**
# 占川渝比重（%）	**98.10**	**98.20**	**98.32**	**97.57**	**99.87**
重庆都市圈	14 191	12 107	6061	7179	956
成都都市圈	22 220	19 983	8292	10 700	3228
川东北渝东北	2791	2276	1041	1583	167
川南渝西地区	4628	3435	1850	2526	253
重庆					
渝中区	1726	1104	1277	360	89
大渡口区					
江北区	27	21	6	21	1
沙坪坝区	4759	4303	1780	2577	402
九龙坡区	99	78	27	72	1
南岸区	2413	2110	966	1319	128
北碚区	1789	1709	1044	734	10
渝北区	741	549	185	554	1
巴南区	870	719	211	413	246
涪陵区	533	472	281	215	38
长寿区	29	27	7	22	
江津区	259	222	57	186	17
合川区	163	135	23	138	4
永川区	663	569	155	490	18
南川区					
綦江区					
潼南区					

续表

类别	R&D 人员折合全时当量	# 研究人员	按活动类型分 基础研究	应用研究	试验发展
铜梁区	9	7	3	6	
大足区	27	12	9	18	
荣昌区					
璧山区	25	21	10	16	
万州区	760	644	203	432	126
梁平区					
丰都县					
垫江县					
忠　县					
开州区					
云阳县					
黔江区	29	25	11	18	
四　川					
成都市	21 815	19 689	8172	10 489	3155
自贡市	703	557	69	580	54
泸州市	1834	1177	1222	606	7
德阳市	342	254	99	171	72
绵阳市	1599	1252	860	695	44
遂宁市	27	26	10	16	
内江市	528	453	170	354	5
乐山市	368	310	179	187	1
南充市	1690	1370	691	958	41
眉山市	51	35	18	33	1
宜宾市	605	438	165	286	154
广安市	59	49	20	38	1
达州市	340	263	147	193	
雅安市	1249	1175	685	441	122
资阳市	11	5	4	7	

高等院校 R&D 经费内部支出

单位：万元

类别	R&D 经费内部支出	按活动类型分		
		基础研究	应用研究	试验发展
全国	**21 804 934**	**9 045 181**	**10 540 645**	**2 219 108**
川渝合计	**1 543 781**	**473 710**	**801 257**	**268 814**
重庆	588 804	213 282	308 365	67 157
四川	954 977	260 428	492 892	201 657
川渝占全国比重（%）	**7.08**	**5.24**	**7.60**	**12.11**
成渝地区双城经济圈	**1 531 016**	**470 073**	**792 196**	**268 749**
# 占全国比重（%）	**7.02**	**5.20**	**7.52**	**12.11**
# 占川渝比重（%）	**99.17**	**99.23**	**98.87**	**99.98**
重庆都市圈	551 280	205 784	289 669	55 829
成都都市圈	767 251	190 356	391 261	185 634
川东北渝东北	86 748	24 773	48 003	13 972
川南渝西地区	88 212	20 195	60 785	7232
重庆				
渝中区	58 039	45 973	9885	2182
大渡口区				
江北区	3544	489	2958	97
沙坪坝区	238 585	82 900	133 081	22 605
九龙坡区	1651	39	1589	23
南岸区	95 497	26 631	59 337	9529
北碚区	64 072	31 702	31 828	542
渝北区	11 594	3796	7789	7
巴南区	31 622	3217	10 663	17 742
涪陵区	12 655	4707	6211	1738
长寿区	531	115	417	
江津区	6034	557	5111	366
合川区	2408	152	2251	5
永川区	23 142	4991	17 166	985
南川区				
綦江区				
潼南区				
铜梁区	549	304	244	

续表

类别	R&D 经费内部支出	按活动类型分		
		基础研究	应用研究	试验发展
大足区	329	98	232	
荣昌区				
璧山区	266	107	159	
万州区	37 478	7230	18 912	11 336
梁平区				
丰都县				
垫江县				
忠　县				
开州区				
云阳县				
黔江区	807	272	535	
四　川				
成都市	760 033	189 581	386 737	183 714
自贡市	17 606	574	14 382	2650
泸州市	21 405	9017	12 205	183
德阳市	6709	643	4223	1843
绵阳市	26 614	15 128	11 072	414
遂宁市	440	307	133	
内江市	8692	3008	5648	36
乐山市	7773	5456	2314	3
南充市	46 114	15 824	27 655	2635
眉山市	456	122	257	77
宜宾市	10 454	1647	5796	3012
广安市	762	6	748	8
达州市	3155	1719	1436	
雅安市	31 946	13 751	11 177	7018
资阳市	54	10	44	

按支出用途和资金来源分高等院校 R&D 经费内部支出

单位：万元

类别	R&D 经费内部支出	按支出用途分				按资金来源分			
		日常性支出	# 人员劳务费	资产性支出	# 仪器和设备	政府资金	企业资金	境外资金	其他资金
全国	**21 804 934**	**17 568 408**	**5 364 503**	**4 236 525**	**2 925 507**	**12 491 896**	**7 103 852**	**63 150**	**2 146 036**
川渝合计	**1 543 781**	**1 307 342**	**389 006**	**236 439**	**158 921**	**696 061**	**600 664**	**659**	**246 397**
重庆	588 804	474 814	152 640	113 990	67 840	273 077	217 415	476	97 836
四川	954 977	832 528	236 366	122 449	91 081	422 984	383 249	183	148 561
川渝占全国比重（%）	**7.08**	**7.44**	**7.25**	**5.58**	**5.43**	**5.57**	**8.46**	**1.04**	**11.48**
成渝地区双城经济圈	**1 531 016**	**1 296 241**	**382 087**	**234 780**	**157 282**	**688 510**	**598 284**	**659**	**243 567**
# 占全国比重（%）	**7.02**	**7.38**	**7.12**	**5.54**	**5.38**	**5.51**	**8.42**	**1.04**	**11.35**
# 占川渝比重（%）	**99.17**	**99.15**	**98.22**	**99.30**	**98.97**	**98.92**	**99.60**	**100.00**	**98.85**
重庆都市圈	551 280	447 643	145 795	103 641	62 687	261 120	206 295	476	83 390
成都都市圈	767 251	683 746	179 942	83 505	57 118	316 037	342 212	183	108 819
川东北渝东北	86 748	61 081	29 971	25 667	18 837	37 287	14 891		34 570
川南渝西地区	88 212	65 784	19 173	22 428	16 673	42 680	31 498		14 031
重庆									
渝中区	58 039	34 424	12 602	23 615	12 127	42 929	8306		6804
大渡口区									
江北区	3544	1696	668	1848	75	1395	2030		119
沙坪坝区	238 585	214 738	71 503	23 847	17 659	97 468	101 590	101	39 426
九龙坡区	1651	1476	604	175	155	726	703		223
南岸区	95 497	69 634	22 510	25 863	16 803	39 504	38 981	366	16 648
北碚区	64 072	53 643	14 733	10 430	4524	39 561	16 010	9	8492
渝北区	11 594	10 612	3475	982	894	8188	2396		1010
巴南区	31 622	27 157	7928	4467	2310	9380	17 562		4680
涪陵区	12 655	11 012	3491	1643	1200	6168	6108		379
长寿区	531	514	276	18	18	389	126		17
江津区	6034	4403	1364	1631	1221	1369	3721		943
合川区	2408	1687	720	721	721	1531	450		427
永川区	23 142	15 570	5173	7572	4186	11 089	8280		3772
南川区									
綦江区									

续表

类别	R&D经费内部支出	按支出用途分				按资金来源分			
		日常性支出	#人员劳务费	资产性支出	#仪器和设备	政府资金	企业资金	境外资金	其他资金
潼南区									
铜梁区	549	194	51	355	320	186	16		346
大足区	329	241	193	88	88	274			55
荣昌区									
璧山区	266	215	106	51	51	230	16		20
万州区	37 478	27 212	7054	10 266	5067	12 508	10 653		14 318
梁平区									
丰都县									
垫江县									
忠　县									
开州区									
云阳县									
黔江区	807	386	190	421	421	181	469		159
四川									
成都市	760 033	679 401	177 510	80 632	54 272	313 739	338 246	183	107 865
自贡市	17 606	13 890	1836	3716	3608	6899	10 132		576
泸州市	21 405	14 794	4702	6612	5091	16 329	566		4511
德阳市	6709	3836	2166	2873	2846	2067	3966		676
绵阳市	26 614	20 251	5113	6364	6132	15 314	8419		2881
遂宁市	440	369	226	71	71	342			98
内江市	8692	8310	1892	382	380	3312	4216		1164
乐山市	7773	6654	3544	1119	666	4194	3176		403
南充市	46 114	30 758	21 053	15 356	13 733	22 472	3973		19 669
眉山市	456	456	219			229			227
宜宾市	10 454	8382	3962	2072	1779	3221	4568		2665
广安市	762	427	398	335	335	733			29
达州市	3155	3110	1864	45	37	2307	266		583
雅安市	31 946	30 735	4913	1211	491	24 273	3341		4332
资阳市	54	54	47			3			51

高等院校 R&D 经费外部支出

单位：万元

类别	R&D 经费外部支出	# 对境内研究机构支出	# 对境内高等学校支出	# 对境内企业支出	# 对境外支出
全国	**1 498 004**	**433 993**	**481 793**	**477 130**	**92 613**
川渝合计	**78 488**	**29 081**	**26 609**	**21 305**	**1037**
重庆	19 653	9488	7962	2069	2
四川	58 835	19 593	18 647	19 236	1035
川渝占全国比重（%）	**5.24**	**6.70**	**5.52**	**4.47**	**1.12**
成渝地区双城经济圈	**78 416**	**29 082**	**26 597**	**21 280**	**1024**
# 占全国比重（%）	**5.23**	**6.70**	**5.52**	**4.46**	**1.11**
# 占川渝比重（%）	**99.91**	**100.00**	**99.95**	**99.88**	**98.75**
重庆都市圈	19 550	9489	7877	2051	2
成都都市圈	54 570	18 798	17 572	17 221	764
川东北渝东北	225	5	89	18	111
川南渝西地区	521	55	221	160	
重庆					
渝中区	420	128	292		
大渡口区					
江北区					
沙坪坝区	8285	3643	4356	245	2
九龙坡区					
南岸区	2181	492	662	1027	
北碚区	8522	5200	2505	726	
渝北区					
巴南区	77	26	14	37	
涪陵区					
长寿区					
江津区					
合川区	1		1		
永川区	64		47	16	
南川区					
綦江区					
潼南区					
铜梁区					

续表

类别	R&D 经费外部支出	# 对境内研究机构支出	# 对境内高等学校支出	# 对境内企业支出	# 对境外支出
大足区					
荣昌区					
璧山区					
万州区	102		84	18	
梁平区					
丰都县					
垫江县					
忠　县					
开州区					
云阳县					
黔江区					
四川					
成都市	53 628	18 374	17 375	17 125	537
自贡市	165	40	7	118	
泸州市	246	8	151	12	
德阳市	943	424	196	96	227
绵阳市	1137	263	390	336	148
遂宁市	4			4	
内江市	10		2		
乐山市					
南充市	1				
眉山市					
宜宾市	37	7	15	15	
广安市					
达州市	122	5	5		111
雅安市	2472	472	495	1506	
资阳市					

高等院校 R&D 项目（课题）

类别	项目（课题）数（项）	项目（课题）参加人员折合全时当量（人年）	项目（课题）经费内部支出（万元）
全国	**1 436 251**	**671 733**	**13 435 734**
川渝合计	**116 763**	**47 029**	**1 078 546**
重庆	37 486	14 920	280 030
四川	79 277	32 109	798 515
川渝占全国比重（%）	**8.13**	**7.00**	**8.03**
成渝地区双城经济圈	**113 784**	**46 130**	**1 074 513**
# 占全国比重（%）	**7.92**	**6.87**	**8.00**
# 占川渝比重（%）	**97.45**	**98.09**	**99.63**
重庆都市圈	35 878	14 190	278 556
成都都市圈	50 844	22 206	689 019
川东北渝东北	8657	2791	15 197
川南渝西地区	11 792	4627	44 042
重庆			
渝中区	2441	1726	207 933
大渡口区			
江北区	68	27	14
沙坪坝区	11 744	4759	36 906
九龙坡区	270	99	221
南岸区	7307	2414	11 080
北碚区	4918	1788	9365
渝北区	2789	740	2669
巴南区	2034	871	4103
涪陵区	1048	533	3177
长寿区	119	29	23
江津区	546	259	788
合川区	427	163	137
永川区	1855	662	1914
南川区			
綦江区			
潼南区			
铜梁区	34	9	143
大足区	83	27	15

续表

类别	项目（课题）数（项）	项目（课题）参加人员折合全时当量（人年）	项目（课题）经费内部支出（万元）
荣昌区			
璧山区	45	25	11
万州区	1557	760	1476
梁平区			
丰都县			
垫江县			
忠　县			
开州区			
云阳县			
黔江区	201	29	57
四川			
成都市	49 780	21 802	684 681
自贡市	2417	703	19 454
泸州市	3399	1834	11 659
德阳市	846	342	4230
绵阳市	5581	1601	21 624
遂宁市	100	27	20
内江市	1717	528	4843
乐山市	1477	368	1271
南充市	6218	1691	12 811
眉山市	189	51	102
宜宾市	1741	605	5228
广安市	150	59	59
达州市	882	340	910
雅安市	1772	1249	27 585
资阳市	29	11	7

高等院校 R&D 活动产出

类别	专利申请量（件）	# 发明专利	专利授权量（件）	# 发明专利	发明专利有效量（件）	专利所有权转让及许可数（件）	专利所有权转让及许可收入（万元）	形成国家或行业标准数（项）	发表科技论文（篇）	# 国外发表	出版科技著作（种）
全国	**381 565**	**220 640**	**319 514**	**145 352**	**600 653**	**16 293**	**334 172**	**1297**	**1 577 932**	**683 991**	**44 039**
川渝合计	**24 202**	**13 668**	**25 068**	**10 370**	**37 487**	**1057**	**13 778**	**52**	**125 763**	**48 172**	**3458**
重庆	8180	5235	8798	3335	12 573	513	2932	8	39 984	15 569	1512
四川	16 022	8433	16 270	7035	24 914	544	10 846	44	85 779	32 603	1946
川渝占全国比重（%）	**6.34**	**6.19**	**7.85**	**7.13**	**6.24**	**6.49**	**4.12**	**4.01**	**7.97**	**7.04**	**7.85**
成渝地区双城经济圈	**23 597**	**13 531**	**24 585**	**10 332**	**37 208**	**1037**	**13 756**	**52**	**123 932**	**48 081**	**3346**
# 占全国比重（%）	**6.18**	**6.13**	**7.69**	**7.11**	**6.19**	**6.36**	**4.12**	**4.01**	**7.85**	**7.03**	**7.60**
# 占川渝比重（%）	**97.50**	**99.00**	**98.07**	**99.63**	**99.26**	**98.11**	**99.84**	**100.00**	**98.54**	**99.81**	**96.76**
重庆都市圈	7770	5121	8260	3267	12 426	505	2852	8	38 043	15 516	1429
成都都市圈	11 406	7199	12 257	6316	22 101	381	10 224	36	65 910	27 679	1224
川东北渝东北	643	195	746	107	451	13	87		6347	763	163
川南渝西地区	3607	1112	3872	480	1346	120	559	4	9725	2373	447
重庆											
渝中区	373	178	442	98	247	2	351		4636	1995	25
大渡口区											
江北区	69	15	87	5	10	4	2		99	1	9
沙坪坝区	2614	1924	2515	1318	5532	118	1097	6	14 579	7915	446
九龙坡区	63	19	28		40				341	1	11
南岸区	1805	1600	1334	911	3311	255	873		5028	1842	232
北碚区	446	292	372	224	1033	13	216	1	4569	2561	170
渝北区	172	97	309	71	189	6			1701	57	159
巴南区	342	248	304	189	604	45	41		1779	340	56
涪陵区	23	4	216	130	703				1086	251	37
长寿区	73		242	18	38				251	20	18
江津区	775	464	1133	164	332	17	59		1301	92	78
合川区	78	19	129	32	106	19	166		719	29	70
永川区	862	245	1027	102	273	18	42		1600	404	105
南川区											
綦江区											
潼南区											

续表

类别	专利申请量（件）	# 发明专利	专利授权量（件）	# 发明专利	发明专利有效量（件）	专利所有权转让及许可数（件）	专利所有权转让及许可收入（万元）	形成国家或行业标准数（项）	发表科技论文（篇）	# 国外发表	出版科技著作（种）
铜梁区	9	7	5	3	3	5		1	51		
大足区	7	1	9	1	1				37		7
荣昌区											
璧山区	22	4	56		1				80		4
万州区	337	118	500	69	150	11	86		2002	58	77
梁平区											
丰都县											
垫江县											
忠　县											
开州区											
云阳县											
黔江区	111		90						125	3	8
四川											
成都市	11 131	7152	11 962	6272	21 939	373	10 014	36	63 874	27 450	1150
自贡市	425	153	405	141	537	45	156	3	749	450	42
泸州市	1030	175	889	25	84	12	7		4564	1180	168
德阳市	263	46	283	43	156	8	210		1758	219	66
绵阳市	674	339	654	205	242	33	87		2496	893	123
遂宁市	127	3	90	3	4				686	41	10
内江市	164	42	145	23	58	3	4		735	100	14
乐山市	221	18	208	21	60	3	3		909	187	23
南充市	258	70	214	36	293	2	1		3581	641	67
眉山市	6	1	6	1	1				273	10	8
宜宾市	335	25	259	21	58	20	291		688	147	33
广安市	37	4	52	1	3	3	5		186	8	2
达州市	48	7	32	2	8				764	64	19
雅安市	691	261	582	203	1187	22	45	5	2680	1122	109
资阳市	6		6		5				5		

2022 年数据

高等院校科技活动情况

类别	学校数（个）	设立 R&D 机构（个）	R&D 人员（人）	R&D 人员折合全时当量（人年）	R&D 经费内部支出（万元）	R&D 经费外部支出（万元）
川渝合计	**321**	**1544**	**114 847**	**49 122**	**1 727 664**	**95 841**
重庆	70	592	41 711	16 261	675 483	22 572
四川	251	952	73 136	32 861	1 052 181	73 269
成渝地区双城经济圈	**295**	**1513**	**111 536**	**48 074**	**1 711 679**	**95 749**
# 占川渝比重（%）	**91.90**	**97.99**	**97.12**	**97.87**	**99.07**	**99.90**
重庆都市圈	63	576	39 885	15 421	626 476	22 568
成都都市圈	139	620	47 565	22 384	840 463	60 804
川东北渝东北	28	97	9101	3278	100 120	47
川南渝西地区	51	132	10 292	4351	101 519	8062
重庆						
渝中区	2	24	2885	1925	61 968	922
大渡口区						
江北区	1		77	22	3822	
沙坪坝区	10	147	12 435	5247	287 092	10 466
九龙坡区	4	7	693	301	6156	
南岸区	5	170	7775	2754	107 061	1806
北碚区	2	102	4661	1845	64 202	9151
渝北区	3	20	3907	662	8319	
巴南区	6	42	2340	908	33 997	86
涪陵区	2	19	1554	552	15 334	
长寿区	1	1	104	30	761	
江津区	5		573	184	8107	
合川区	6	1	563	184	2659	
永川区	7	41	1798	665	25 395	137
南川区						
綦江区						
潼南区						
铜梁区	2		65	15	659	
大足区	3		71	25	157	

续表

类别	学校数（个）	设立 R&D 机构（个）	R&D 人员（人）	R&D 人员折合全时当量（人年）	R&D 经费内部支出（万元）	R&D 经费外部支出（万元）
荣昌区						
璧山区	2		76	25	82	
万州区	7	18	1960	874	48 314	4
梁平区						
丰都县						
垫江县						
忠　县						
开州区						
云阳县						
黔江区	2		174	46	1396	
四川						
成都市	108	593	45 801	21 720	830 971	59 769
自贡市	6	29	1615	582	15 813	98
泸州市	16	26	3262	1747	33 767	275
德阳市	15	24	1207	549	8758	1035
绵阳市	17	62	3413	1574	32 299	961
遂宁市	2	2	237	40	342	
内江市	8	12	1551	553	9189	9
乐山市	6	50	1092	402	8247	
南充市	15	65	5801	2028	48 151	4
眉山市	11		473	101	640	
宜宾市	4	24	1357	580	8431	7543
广安市	2	2	308	77	705	
达州市	6	14	1340	376	3655	39
雅安市	4	15	2284	1467	35 133	3444
资阳市	5	3	84	15	94	

高等院校 R&D 人员

单位：人

类别	R&D 人员合计	# 女性	# 研究人员	# 全时人员	按学历分			
					博士毕业	硕士毕业	本科毕业	其他学历
川渝合计	**114 847**	**43 358**	**94 124**	**41 048**	**40 058**	**45 818**	**26 167**	**2804**
重庆	41 711	15 464	33 976	12 752	15 106	16 130	9790	685
四川	73 136	27 894	60 148	28 296	24 952	29 688	16 377	2119
成渝地区双城经济圈	**111 536**	**41 846**	**91 434**	**40 379**	**39 629**	**43 948**	**25 305**	**2654**
# 占川渝比重（%）	**97.12**	**96.51**	**97.14**	**98.37**	**98.93**	**95.92**	**96.71**	**94.65**
重庆都市圈	39 885	14 805	32 470	11 941	14 884	15 164	9170	667
成都都市圈	47 565	16 524	40 255	20 077	19 162	17 120	10 033	1250
川东北渝东北	9101	4126	7032	2230	1418	5144	2442	97
川南渝西地区	10 292	4754	7537	3834	1961	4848	2821	662
重庆								
渝中区	2885	1401	1844	2215	892	668	1269	56
大渡口区								
江北区	77	44	67	19	2	44	30	1
沙坪坝区	12 435	4255	10 937	3656	4995	4994	2188	258
九龙坡区	693	338	560	265	74	450	168	1
南岸区	7775	2656	6580	2127	3385	2779	1498	113
北碚区	4661	1480	4365	1642	3016	1240	385	20
渝北区	3907	954	2099	54	960	1091	1851	5
巴南区	2340	1079	1857	652	660	1003	595	82
涪陵区	1554	765	1269	403	502	827	179	46
长寿区	104	59	85	27	8	68	25	3
江津区	573	288	438	165	30	384	148	11
合川区	563	331	456	142	22	433	108	
永川区	1798	836	1518	524	329	987	415	67
南川区								
綦江区								
潼南区								
铜梁区	65	27	57		1	32	32	
大足区	71	37	38	3	2	21	47	1
荣昌区								

续表

类别	R&D 人员合计	# 女性	# 研究人员	# 全时人员	按学历分			
					博士毕业	硕士毕业	本科毕业	其他学历
璧山区	76	39	61	23	4	38	32	2
万州区	1960	787	1602	814	215	945	783	17
梁平区								
丰都县								
垫江县								
忠　县								
开州区								
云阳县								
黔江区	174	88	143	21	9	126	37	2
四川								
成都市	45 801	15 622	38 920	19 600	19 046	16 303	9299	1153
自贡市	1615	517	1209	531	444	756	390	25
泸州市	3262	1580	2083	1897	593	1148	1034	487
德阳市	1207	538	901	450	106	598	422	81
绵阳市	3413	1337	2785	1354	1144	1555	694	20
遂宁市	237	130	208	9	5	89	132	11
内江市	1551	737	1255	346	249	795	451	56
乐山市	1092	558	899	182	231	679	162	20
南充市	5801	2727	4277	1295	1111	3374	1262	54
眉山市	473	320	391	24	9	189	260	15
宜宾市	1357	732	939	368	313	725	304	15
广安市	308	216	239	24	2	105	200	1
达州市	1340	612	1153	121	92	825	397	26
雅安市	2284	712	2156	1423	1177	647	456	4
资阳市	84	44	43	3	1	30	52	1

高等院校 R&D 人员折合全时当量

单位：人年

类别	R&D 人员折合全时当量	# 研究人员	按活动类型分 基础研究	应用研究	试验发展
川渝合计	**49 122**	**42 262**	**21 537**	**24 624**	**2962**
重庆	16 261	13 924	6465	8688	1109
四川	32 861	28 338	15 072	15 936	1853
成渝地区双城经济圈	**48 074**	**41 387**	**21 139**	**23 974**	**2959**
# 占川渝比重（%）	**97.87**	**97.93**	**98.15**	**97.36**	**99.90**
重庆都市圈	15 421	13 220	6112	8325	985
成都都市圈	22 384	20 090	10 195	10 798	1392
川东北渝东北	3278	2623	1393	1735	148
川南渝西地区	4351	3133	1794	2396	161
重庆					
渝中区	1925	1237	1346	508	71
大渡口区					
江北区	22	17	5	17	1
沙坪坝区	5247	4789	1619	3232	396
九龙坡区	301	233	35	248	19
南岸区	2754	2477	1209	1408	136
北碚区	1845	1736	972	863	10
渝北区	662	469	203	459	
巴南区	908	770	201	426	281
涪陵区	552	476	231	284	37
长寿区	30	28	7	25	
江津区	184	153	55	121	8
合川区	184	153	27	152	4
永川区	665	575	156	491	18
南川区					
綦江区					
潼南区					
铜梁区	15	13	5	10	
大足区	25	14	7	17	
荣昌区					

续表

类别	R&D 人员折合全时当量	# 研究人员	按活动类型分		
			基础研究	应用研究	试验发展
璧山区	25	20	8	17	
万州区	874	726	363	382	128
梁平区					
丰都县					
垫江县					
忠　县					
开州区					
云阳县					
黔江区	46	38	17	28	
四川					
成都市	21 720	19 603	9985	10 375	1360
自贡市	582	470	79	500	3
泸州市	1747	1040	1092	650	5
德阳市	549	401	170	348	31
绵阳市	1574	1279	931	593	50
遂宁市	40	35	14	25	
内江市	553	468	213	336	4
乐山市	402	332	159	222	22
南充市	2028	1577	881	1127	20
眉山市	101	80	36	65	1
宜宾市	580	400	187	271	122
广安市	77	60	26	47	4
达州市	376	320	149	226	
雅安市	1467	1393	747	491	229
资阳市	15	7	5	10	

高等院校 R&D 经费内部支出

单位：万元

类别	R&D 经费内部支出	按活动类型分		
		基础研究	应用研究	试验发展
川渝合计	**1 727 664**	**680 522**	**879 154**	**167 988**
重庆	675 483	262 282	343 643	69 558
四川	1 052 181	418 240	535 511	98 430
成渝地区双城经济圈	**1 711 679**	**676 321**	**867 399**	**167 965**
# 占川渝比重（%）	**99.07**	**99.38**	**98.66**	**99.99**
重庆都市圈	626 476	248 326	322 200	55 957
成都都市圈	840 463	338 821	415 650	85 992
川东北渝东北	100 120	32 841	51 933	15 346
川南渝西地区	101 519	28 917	68 540	4060
重庆				
渝中区	61 968	46 852	8735	6382
大渡口区				
江北区	3822	240	3362	221
沙坪坝区	287 092	107 641	159 800	19 652
九龙坡区	6156	196	5362	597
南岸区	107 061	34 682	62 181	10 198
北碚区	64 202	34 755	29 167	281
渝北区	8319	3376	4944	
巴南区	33 997	3367	14 264	16 368
涪陵区	15 334	5443	8900	991
长寿区	761	108	653	
江津区	8107	2807	4892	408
合川区	2659	700	1941	19
永川区	25 395	7639	17 051	705
南川区				
綦江区				
潼南区				
铜梁区	659	365	294	
大足区	157	72	84	
荣昌区				
璧山区	82	48	34	

续表

类别	R&D 经费内部支出	按活动类型分		
		基础研究	应用研究	试验发展
万州区	48 314	13 245	21 331	13 738
梁平区				
丰都县				
垫江县				
忠　县				
开州区				
云阳县				
黔江区	1396	748	648	
四川				
成都市	830 971	337 367	408 227	85 377
自贡市	15 813	805	14 888	121
泸州市	33 767	13 238	20 129	401
德阳市	8758	1352	6794	611
绵阳市	32 299	19 171	12 509	620
遂宁市	342	222	120	
内江市	9189	3181	5986	23
乐山市	8247	2168	5542	537
南充市	48 151	18 315	28 231	1605
眉山市	640	54	583	3
宜宾市	8431	810	5217	2404
广安市	705	35	536	135
达州市	3655	1281	2371	3
雅安市	35 133	15 989	12 578	6566
资阳市	94	48	45	

按支出用途和资金来源分高等院校 R&D 经费内部支出

单位：万元

类别	R&D 经费内部支出	按支出用途分				按资金来源分			
		日常性支出	# 人员劳务费	资产性支出	# 仪器和设备	政府资金	企业资金	境外资金	其他资金
川渝合计	**1 727 664**	**1 427 437**	**431 114**	**300 227**	**194 576**	**787 193**	**688 548**	**1458**	**250 464**
重庆	675 483	528 648	160 370	146 836	87 383	316 751	250 922	559	107 251
四川	1 052 181	898 789	270 744	153 391	107 193	470 442	437 626	899	143 213
成渝地区双城经济圈	**1 711 679**	**1 412 607**	**422 382**	**299 080**	**193 512**	**778 459**	**684 338**	**1458**	**247 426**
# 占川渝比重（%）	**99.07**	**98.96**	**97.97**	**99.62**	**99.45**	**98.89**	**99.39**	**100.00**	**98.79**
重庆都市圈	626 476	494 253	147 742	132 230	79 450	299 252	239 772	559	86 897
成都都市圈	840 463	721 033	199 406	119 430	78 951	354 781	390 833	899	93 950
川东北渝东北	100 120	73 926	38 343	26 194	18 542	45 126	17 638		37 355
川南渝西地区	101 519	74 450	22 154	27 068	17 507	48 399	31 266		21 852
重庆									
渝中区	61 968	37 255	13 012	24 714	11 748	50 056	5892		6020
大渡口区									
江北区	3822	1801	732	2023	175	2196	1588		39
沙坪坝区	287 092	247 505	68 586	39 587	23 128	109 386	126 855	31	50 820
九龙坡区	6156	4147	2120	2009	2009	1781	2334		2042
南岸区	107 061	72 656	22 458	34 405	23 899	49 152	44 902	428	12 579
北碚区	64 202	54 734	16 030	9469	4730	47 843	12 995	73	3291
渝北区	8319	8211	3224	109	109	6445	1292		582
巴南区	33 997	30 142	7960	3855	3821	9114	18 920	27	5938
涪陵区	15 334	13 357	4592	1979	1479	4481	10 606		248
长寿区	761	633	340	129	129	318	421		22
江津区	8107	6380	1402	1726	1479	1573	5363		1170
合川区	2659	1797	749	862	850	1499	598		562
永川区	25 395	14 821	6049	10 574	5562	14 343	7828		3224
南川区									
綦江区									
潼南区									
铜梁区	659	261	65	398	35	214	175		270
大足区	157	73	41	84	20	92	1		63
荣昌区									

续表

类别	R&D 经费内部支出	按支出用途分				按资金来源分			
		日常性支出	# 人员劳务费	资产性支出	# 仪器和设备	政府资金	企业资金	境外资金	其他资金
璧山区	82	76	45	6	6	60	2		20
万州区	48 314	33 816	12 601	14 498	7793	17 371	11 133		19 810
梁平区									
丰都县									
垫江县									
忠　县									
开州区									
云阳县									
黔江区	1396	985	364	412	412	828	18		550
四川									
成都市	830 971	714 932	196 128	116 039	75 692	352 045	387 076	899	90 951
自贡市	15 813	11 721	1677	4093	4020	5444	9235		1135
泸州市	33 767	24 935	6106	8832	5260	19 353	906		13 508
德阳市	8758	5386	2819	3372	3240	2464	3757		2538
绵阳市	32 299	27 508	12 030	4791	4615	15 782	11 470		5047
遂宁市	342	334	228	9	9	297			45
内江市	9189	8552	3225	637	437	2881	4981		1328
乐山市	8247	8043	4499	204	202	4520	2895		832
南充市	48 151	36 569	23 562	11 582	10 694	25 423	5585		17 142
眉山市	640	640	394			273			368
宜宾市	8431	7707	3589	724	693	4499	2777		1155
广安市	705	404	337	301	271	699			7
达州市	3655	3541	2180	114	55	2332	920		404
雅安市	35 133	33 610	5174	1523	921	25 696	3813		5625
资阳市	94	74	64	20	20				94

高等院校 R&D 经费外部支出

单位：万元

类别	R&D 经费外部支出	# 对境内研究机构支出	# 对境内高等学校支出	# 对境内企业支出	# 对境外支出
川渝合计	**95 841**	**33 170**	**26 643**	**35 169**	**303**
重庆	22 572	11 494	5364	5569	
四川	73 269	21 676	21 279	29 600	302
成渝地区双城经济圈	**95 749**	**33 171**	**26 590**	**35 170**	**302**
# 占川渝比重（%）	**99.90**	**100.00**	**99.80**	**100.00**	**99.67**
重庆都市圈	22 568	11 495	5365	5566	
成都都市圈	60 804	19 301	19 969	20 946	299
川东北渝东北	47	14	25	4	
川南渝西地区	8062	54	319	7609	
重庆					
渝中区	922	106	570	247	
大渡口区					
江北区					
沙坪坝区	10 466	5084	1448	3908	
九龙坡区					
南岸区	1806	673	522	611	
北碚区	9151	5572	2685	777	
渝北区					
巴南区	86	60	26		
涪陵区					
长寿区					
江津区					
合川区					
永川区	137		114	23	
南川区					
綦江区					
潼南区					
铜梁区					
大足区					
荣昌区					
璧山区					

续表

类别	R&D经费外部支出	#对境内研究机构支出	#对境内高等学校支出	#对境内企业支出	#对境外支出
万州区	4			4	
梁平区					
丰都县					
垫江县					
忠　县					
开州区					
云阳县					
黔江区					
四川					
成都市	59 769	18 723	19 643	20 816	297
自贡市	98	17	15	66	
泸州市	275	21	180	2	
德阳市	1035	577	326	130	2
绵阳市	961	161	442	355	4
遂宁市					
内江市	9		2		
乐山市					
南充市	4				
眉山市					
宜宾市	7543	16	9	7518	
广安市					
达州市	39	14	25		
雅安市	3444	2147	583	713	
资阳市					

高等院校 R&D 项目（课题）

类别	项目（课题）数（项）	项目（课题）参加人员折合全时当量（人年）	项目（课题）经费内部支出（万元）
川渝合计	**125 067**	**49 113**	**1 076 168**
重庆	40 271	16 260	341 303
四川	84 796	32 853	734 865
成渝地区双城经济圈	**121 696**	**48 062**	**1 070 908**
# 占川渝比重（%）	**97.30**	**97.86**	**99.51**
重庆都市圈	38 667	15 418	335 590
成都都市圈	54 857	22 375	632 497
川东北渝东北	9503	3277	15 503
川南渝西地区	11 710	4351	41 252
重庆			
渝中区	2772	1925	20 796
大渡口区			
江北区	69	22	414
沙坪坝区	12 519	5246	181 635
九龙坡区	506	300	1969
南岸区	8106	2754	63 465
北碚区	4598	1845	32 909
渝北区	2906	661	2899
巴南区	2487	908	17 815
涪陵区	1199	551	6837
长寿区	158	31	124
江津区	701	184	1794
合川区	553	184	544
永川区	1762	665	4079
南川区			
綦江区			
潼南区			
铜梁区	38	15	204
大足区	70	25	26
荣昌区			
璧山区	52	25	39
万州区	1545	874	5555

续表

类别	项目（课题）数（项）	项目（课题）参加人员折合全时当量（人年）	项目（课题）经费内部支出（万元）
梁平区			
丰都县			
垫江县			
忠　县			
开州区			
云阳县			
黔江区	230	45	200
四川			
成都市	53 464	21 710	628 652
自贡市	2270	582	14 534
泸州市	3647	1747	15 756
德阳市	1018	549	3779
绵阳市	5875	1576	20 232
遂宁市	126	40	42
内江市	1796	553	2343
乐山市	1209	403	1293
南充市	6895	2028	8718
眉山市	320	101	61
宜宾市	1426	580	2517
广安市	171	77	43
达州市	1063	376	1230
雅安市	2090	1467	30 401
资阳市	55	15	5

高等院校 R&D 活动产出

类别	专利申请量（件）	# 发明专利	专利授权量（件）	# 发明专利	发明专利有效量（件）	专利所有权转让及许可数（件）	专利所有权转让及许可收入（万元）	形成国家或行业标准数（项）	发表科技论文（篇）	# 国外发表	出版科技著作（种）
川渝合计	**24 423**	**16 095**	**23 338**	**13 244**	**48 570**	**1182**	**13 321**	**53**	**139 822**	**65 422**	**3385**
重庆	8202	6146	7430	4791	16 694	472	2717	22	44 741	22 967	1528
四川	16 221	9949	15 908	8453	31 876	710	10 603	31	95 081	42 455	1857
成渝地区双城经济圈	**23 947**	**15 958**	**22 999**	**13 195**	**48 270**	**1145**	**13 064**	**53**	**138 198**	**65 281**	**3324**
# 占川渝比重（%）	**98.05**	**99.15**	**98.55**	**99.63**	**99.38**	**96.87**	**98.07**	**100.00**	**98.84**	**99.78**	**98.20**
重庆都市圈	7842	6021	7110	4755	16 530	465	2658	21	42 913	22 605	1443
成都都市圈	12 406	8479	12 217	7458	26 784	577	9862	29	75 339	36 954	1319
川东北渝东北	689	250	572	138	863	15	74	1	6205	1193	167
川南渝西地区	2468	1157	2519	670	3123	82	278	2	9960	2728	367
重庆											
渝中区	405	269	438	132	378	7	74		8452	4532	44
大渡口区											
江北区	173	26	75	12	22	5	3		100		11
沙坪坝区	2869	2376	2078	1558	6772	111	963	13	16 732	11 808	434
九龙坡区	194	115	219	75	341	6	1		398	91	17
南岸区	2031	1832	1998	1729	4929	235	1094	2	5133	2160	209
北碚区	493	371	644	443	1378	10	266	5	4309	2441	160
渝北区	17	5	13	6	18				1469	22	135
巴南区	441	376	417	342	741	21	65		1765	567	54
涪陵区	72	37	48	21	749				703	291	42
长寿区	226	74	201	23	41	7	4		192	43	62
江津区	442	258	461	210	525	15	22		1404	110	89
合川区	72	33	105	44	136	10	66		572	66	70
永川区	346	223	322	152	487	36	99	1	1314	464	93
南川区											
綦江区											
潼南区											
铜梁区	5	5							91		6
大足区	2		4						51	1	8
荣昌区											

续表

类别	专利申请量（件）	# 发明专利	专利授权量（件）	# 发明专利	发明专利有效量（件）	专利所有权转让及许可数（件）	专利所有权转让及许可收入（万元）	形成国家或行业标准数（项）	发表科技论文（篇）	# 国外发表	出版科技著作（种）
璧山区	20	11	61	1	2				66		6
万州区	334	133	255	41	175	9	61	1	1880	363	85
梁平区											
丰都县											
垫江县											
忠　县											
开州区											
云阳县											
黔江区	60	2	91	2					110	8	3
四川											
成都市	12 139	8439	12 017	7439	26 714	547	9543	27	73 049	36 651	1273
自贡市	455	255	419	166	1710	19	118	1	1176	520	15
泸州市	704	306	949	72	183	2	3		4620	1400	100
德阳市	167	35	121	18	61	30	319		1721	234	39
绵阳市	551	241	734	330	572	48	287		2316	933	91
遂宁市	95	17	82	4	8			1	313	4	5
内江市	110	30	105	27	114	6	10		634	80	22
乐山市	99	30	124	20	35				1052	323	39
南充市	296	108	273	91	681	6	13		3851	781	62
眉山市	98	5	78	1	8			2	545	69	7
宜宾市	404	80	259	43	104	4	26		670	153	34
广安市	34	10	26	7	11	2	2		162	9	3
达州市	59	9	44	6	7				474	49	20
雅安市	532	247	337	180	1367	9	27		2850	1108	86
资阳市	2		1		1				24		

科研机构（2021—2022 年）

2021 年数据

科学研究和技术服务业非企业单位 R&D 人员

类别	单位数（个）	R&D 人员合计（人）	# 女性	# 全时人员	按学历分 # 博士	# 硕士	# 本科
全国	**2962**	**529 118**	**178 651**	**415 063**	**123 328**	**201 858**	**142 991**
川渝合计	**616**	**28 417**	**10 545**	**18 912**	**4034**	**9513**	**11 382**
重庆	339	14 964	5620	10 070	1666	4613	6887
四川	277	13 453	4925	8842	2368	4900	4495
川渝占全国比重（%）	**20.80**	**5.37**	**5.90**	**4.56**	**3.27**	**4.71**	**7.96**
成渝地区双城经济圈	**527**	**27 415**	**10 216**	**18 247**	**4014**	**9366**	**10 763**
# 占全国比重（%）	**17.79**	**5.18**	**5.72**	**4.40**	**3.25**	**4.64**	**7.53**
# 占川渝比重（%）	**85.55**	**96.47**	**96.88**	**96.48**	**99.50**	**98.45**	**94.56**
重庆都市圈	229	13 663	5200	9208	1663	4396	6117
成都都市圈	169	11 139	4292	7191	2147	4322	3454
川东北渝东北	72	1413	441	981	16	292	682
川南渝西地区	97	2371	749	1933	221	595	1152
重庆							
渝中区	5	310	101	239	10	81	127
大渡口区							
江北区	9	2604	1428	1200	163	870	1452
沙坪坝区	12	808	306	457	222	207	322
九龙坡区	8	716	262	673	84	308	288
南岸区	3	390	191	290	41	88	213
北碚区	10	1296	321	1112	232	376	533
渝北区	45	4536	1492	2717	742	1721	1690
巴南区	10	120	48	72	36	47	30
涪陵区	14	438	189	278	7	88	230

续表

类别	单位数（个）	R&D 人员合计（人）	# 女性	# 全时人员	按学历分 # 博士	# 硕士	# 本科
长寿区	6	44	10	31	12	10	21
江津区	3	51	14	45		16	35
合川区	11	152	57	137	8	45	81
永川区	11	191	44	156	2	55	108
南川区	8	236	92	224	21	72	73
綦江区	17	240	85	237	1	36	164
潼南区	13	242	81	214	2	46	141
铜梁区	14	380	124	337	13	59	256
大足区	14	337	144	269	3	53	176
荣昌区	4	332	134	324	29	143	97
璧山区	9	212	72	173	33	62	76
万州区	16	470	136	243	3	103	234
梁平区	3	24	5	19		2	20
丰都县	11	24	10	24		7	16
垫江县	5	36	11	34		3	21
忠　县	6	45	19	20		9	30
开州区	3	8	2	8		2	5
云阳县	10	129	30	113		14	85
黔江区	8	62	28	57	1	23	38
四川							
成都市	161	10 905	4254	7029	2133	4260	3339
自贡市	8	13	4	13		5	5
泸州市	6	99	25	37	3	19	67
德阳市	5	213	30	143	13	57	104
绵阳市	6	106	19	76	13	38	45
遂宁市	1						
内江市	4	243	39	243	2	76	100
乐山市	4	192	32	169	1	62	111
南充市	13	566	188	409	12	126	227
眉山市	1	11	4	9	1	3	3
宜宾市	16	485	136	272	168	133	144
广安市	3	28	5	23	2	13	4
达州市	5	111	40	111	1	26	44
雅安市	4						
资阳市	2	10	4	10		2	8

科学研究和技术服务业非企业单位 R&D 人员折合全时当量

单位：人年

类别	R&D 人员折合全时当量	# 研究人员	按活动类型分 基础研究	应用研究	试验发展
全国	**461 030**	**334 892**	**109 120**	**161 008**	**190 902**
川渝合计	**23 157**	**16 851**	**3531**	**8632**	**10 994**
重庆	12 407	8910	1604	4409	6394
四川	10 750	7941	1927	4223	4600
川渝占全国比重（%）	**5.02**	**5.03**	**3.24**	**5.36**	**5.76**
成渝地区双城经济圈	**22 379**	**16 253**	**3448**	**8357**	**10 574**
# 占全国比重（%）	**4.85**	**4.85**	**3.16**	**5.19**	**5.54**
# 占川渝比重（%）	**96.64**	**96.45**	**97.65**	**96.81**	**96.18**
重庆都市圈	11 355	8148	1556	4078	5721
成都都市圈	8862	6528	1804	3803	3255
川东北渝东北	1183	869	44	259	880
川南渝西地区	2098	1616	166	506	1426
重庆					
渝中区	268	228	63	157	48
大渡口区					
江北区	2108	1271	681	935	492
沙坪坝区	640	464	148	197	295
九龙坡区	701	515	36	134	531
南岸区	315	208	48	145	122
北碚区	1194	921	141	433	620
渝北区	3426	2460	207	1170	2049
巴南区	88	75	29	24	35
涪陵区	352	224	12	158	182
长寿区	40	39	15	9	16
江津区	45	38		23	22
合川区	142	94	6	81	55
永川区	176	110		107	69
南川区	224	153	44	62	118
綦江区	238	224	9	43	186
潼南区	219	198		44	175
铜梁区	355	311			355

续表

类别	R&D 人员折合全时当量	# 研究人员	按活动类型分		
			基础研究	应用研究	试验发展
大足区	296	220	33	94	169
荣昌区	327	234	80	98	149
璧山区	176	139	1	148	27
万州区	351	206	4	88	259
梁平区	20	20			20
丰都县	24	24			24
垫江县	35	17		2	33
忠　县	33	18	4	18	11
开州区	8	8	8		
云阳县	118	111	7	38	73
黔江区	58	52		18	40
四川					
成都市	8678	6369	1763	3778	3137
自贡市	13	6		7	6
泸州市	56	48	13	23	20
德阳市	165	140	38	25	102
绵阳市	79	79		52	27
遂宁市					
内江市	243	219	15	50	178
乐山市	181	98		6	175
南充市	483	359	15	95	373
眉山市	9	9	3		6
宜宾市	349	206	16	61	272
广安市	25	22	3	16	6
达州市	111	106	6	18	87
雅安市					
资阳市	10	10			10

科学研究和技术服务业非企业单位 R&D 经费支出

单位：万元

类别	R&D 经费内部支出	按活动类型分			按支出用途分				按经费来源分				R&D 经费外部支出
		基础研究	应用研究	试验发展	日常性支出	# 人员劳务费	资产性支出	# 仪器和设备	政府资金	企业资金	国外资金	其他资金	
全国	**37 179 336**	**6 461 090**	**11 963 472**	**18 774 446**	**31 765 671**	**9 930 656**	**5 401 974**	**3 510 927**	**30 070 999**	**2 038 944**	**43 402**	**5 025 992**	**2 547 546**
川渝合计	**995 993**	**110 402**	**442 067**	**443 524**	**829 862**	**436 069**	**166 130**	**102 433**	**758 568**	**87 196**	**786**	**149 442**	**17 884**
重庆	484 852	52 604	159 271	272 978	386 571	222 751	98 281	47 017	351 611	35 071		98 170	9444
四川	511 140	57 798	282 796	170 547	443 291	213 318	67 849	55 416	406 958	52 125	786	51 271	8440
川渝占全国比重（%）	**2.68**	**1.71**	**3.70**	**2.36**	**2.61**	**4.39**	**3.08**	**2.92**	**2.52**	**4.28**	**1.81**	**2.97**	**0.70**
成渝地区双城经济圈	**966 773**	**108 189**	**432 249**	**426 335**	**806 427**	**424 389**	**160 346**	**99 870**	**731 607**	**86 807**	**786**	**147 572**	**16 640**
# 占全国比重（%）	**2.60**	**1.67**	**3.61**	**2.27**	**2.54**	**4.27**	**2.97**	**2.84**	**2.43**	**4.26**	**1.81**	**2.94**	**0.65**
# 占川渝比重（%）	**97.07**	**98.00**	**97.78**	**96.12**	**97.18**	**97.32**	**96.52**	**97.50**	**96.45**	**99.55**	**100.00**	**98.75**	**93.05**
重庆都市圈	439 099	49 900	144 967	244 232	349 240	201 998	89 859	44 009	309 072	34 640		95 387	8107
成都都市圈	465 901	55 647	269 921	140 333	403 165	187 608	62 736	51 658	367 735	51 792	786	45 588	8159
川东北渝东北	38 249	1555	10 389	26 305	33 562	22 854	4688	1658	34 055	42		4152	323
川南渝西地区	92 884	4132	25 088	63 664	72 111	34 170	20 773	8361	87 098	4251		1536	75
重庆													
渝中区	8228	3739	3790	699	6892	4550	1336	877	4864	826		2537	96
大渡口区													
江北区	43 940	13 693	22 700	7547	37 427	28 667	6513	3143	14 207	529		29 205	42
沙坪坝区	27 918	9280	8242	10 395	19 407	14 205	8512	5594	9772	45		18 102	581

续表

类别	R&D 经费内部支出	按活动类型分			按支出用途分				按经费来源分				R&D 经费外部支出
		基础研究	应用研究	试验发展	日常性支出	# 人员劳务费	资产性支出	# 仪器和设备	政府资金	企业资金	国外资金	其他资金	
九龙坡区	49 925	1352	5924	42 649	40 532	23 317	9393	4440	26 703	5239		17 983	1795
南岸区	17 077	2652	8072	6353	14 384	7711	2693	1027	11 584	691		4802	
北碚区	40 672	4237	15 078	21 356	35 359	21 071	5313	1864	34 919	4067		1686	1121
渝北区	118 246	3887	33 526	80 833	93 924	54 457	24 322	18 292	91 785	8490		17 971	2712
巴南区	12 435	5290	6369	777	3753	679	8682	164	3305	8701		429	525
涪陵区	11 230	234	4895	6101	9472	6598	1758	229	11 080	128		22	137
长寿区	1132	672	100	360	887	413	245	238	959			173	
江津区	1310		630	680	1080	600	230	230	1310				
合川区	4252	101	1968	2184	4123	2271	130	127	3950	10		292	
永川区	6489		4449	2040	6275	2431	214	166	6083			406	
南川区	8081	1580	2068	4433	6755	4069	1326	855	5876	1725		480	121
綦江区	6149	160	1302	4687	5894	3667	255	248	5445	136		568	
潼南区	5873		662	5212	5476	4338	398	147	4950	273		650	469
铜梁区	22 229			22 229	17 949	6611	4280	2408	18 744	3486			24
大足区	12 766	814	5554	6398	11 206	5064	1560	1032	12 651	35		80	
荣昌区	28 406	2071	8375	17 961	16 268	8955	12 139	2381	28 145	261			
璧山区	11 134	130	9785	1219	10 607	1906	527	527	11 134				300
万州区	13 894	69	4080	9745	11 463	8643	2431	305	13 252	42		600	128

续表

类别	R&D 经费内部支出	按活动类型分			按支出用途分				按经费来源分				R&D 经费外部支出
		基础研究	应用研究	试验发展	日常性支出	# 人员劳务费	资产性支出	# 仪器和设备	政府资金	企业资金	国外资金	其他资金	
梁平区	691			691	684	566	7	7	691				45
丰都县	396			396	396	356			396				
垫江县	1868		5	1863	1767	771	101	101	1868				
忠　县	1179	217	619	344	659	580	520	371	599			580	151
开州区	108	108			102	89	6	6	108				
云阳县	4171	853	2030	1288	3956	1633	215	25	4114			57	
黔江区	1835		678	1157	1199	884	636	347	1835				
四川													
成都市	457 655	54 532	269 219	133 904	395 100	183 139	62 555	51 477	362 218	51 792	786	42 859	8159
自贡市	499		187	312	499	405			499				
泸州市	1339	102	726	511	1236	721	104	98	858			481	8
德阳市	8105	1094	702	6309	7924	4405	181	181	5385			2721	
绵阳市	2494		1431	1063	2209	1276	285	255	2183			312	
遂宁市													
内江市	6719	357	1290	5072	6583	4041	135	135	6700	19			
乐山市	3662		86	3576	3615	2926	48	48	2009			1653	
南充市	13 462	277	3190	9996	12 078	8115	1384	820	10 546			2916	
眉山市	119	20		98	119	61			110			8	
宜宾市	6977	628	2576	3774	5121	1675	1856	1663	6663	314			43

续表

类别	R&D经费内部支出	按活动类型分			按支出用途分				按经费来源分				R&D经费外部支出
		基础研究	应用研究	试验发展	日常性支出	#人员劳务费	资产性支出	#仪器和设备	政府资金	企业资金	国外资金	其他资金	
广安市	1606	9	1478	118	1571	420	35	18	1606				185
达州市	2481	32	465	1984	2458	2102	23	23	2481				
雅安市													
资阳市	22			22	22	3			22				

科学研究和技术服务业非企业单位课题

类别	R&D 课题数（个）	R&D 课题经费（万元）	R&D 课题人员折合全时当量（人年）
全国	**135 867**	**2 569 774**	**407 035**
川渝合计	**8706**	**445 487**	**18 394**
重庆	4770	227 019	10 209
四川	3936	218 467	8185
川渝占全国比重（%）	**6.41**	**17.34**	**4.52**
成渝地区双城经济圈	**8448**	**428 882**	**17 768**
# 占全国比重（%）	**6.22**	**16.69**	**4.37**
# 占川渝比重（%）	**97.04**	**96.27**	**96.60**
重庆都市圈	4420	201 129	9262
成都都市圈	3381	195 650	6664
川东北渝东北	381	19 318	1052
川南渝西地区	695	59 042	1790
重庆			
渝中区	40	716	146
大渡口区			
江北区	619	16 761	1578
沙坪坝区	352	5724	556
九龙坡区	530	14 851	627
南岸区	200	5654	261
北碚区	618	35 746	1086
渝北区	1134	38 709	2728
巴南区	31	3181	66
涪陵区	118	6357	314
长寿区	6	520	33
江津区	8	664	38
合川区	28	2932	129
永川区	41	6489	168
南川区	131	2868	152
綦江区	61	5253	211
潼南区	87	5130	190
铜梁区	51	17 241	260
大足区	93	12 715	294

续表

类别	R&D 课题数（个）	R&D 课题经费（万元）	R&D 课题人员折合全时当量（人年）
荣昌区	250	7538	233
璧山区	16	10 534	170
万州区	126	4992	315
梁平区	8	645	18
丰都县	4	396	24
垫江县	9	1737	34
忠　县	7	521	27
开州区	1	102	8
云阳县	8	3204	110
黔江区	20	1187	57
四川			
成都市	3324	192 228	6496
自贡市	2	8	6
泸州市	21	760	54
德阳市	51	3377	151
绵阳市	43	1989	59
遂宁市			
内江市	86	6542	241
乐山市	12	467	88
南充市	199	5263	425
眉山市	4	23	6
宜宾市	82	1831	285
广安市	6	1544	22
达州市	19	2458	92
雅安市			
资阳市	2	22	10

研究与开发机构科技产出情况

类别	专利申请量（件）	# 发明专利	发明专利有效量（件）	专利所有权转让及许可数（件）	专利所有权转让及许可收入（万元）
全国	**81 879**	**64 132**	**211 737**	**4720**	**300 286**
川渝合计	**3089**	**2022**	**6074**	**136**	**3004**
重庆	1326	894	2051	62	1922
四川	1763	1128	4023	74	1082
川渝占全国比重（%）	**3.77**	**3.15**	**2.87**	**2.88**	**1.00**
成渝地区双城经济圈	**3018**	**2008**	**5867**	**130**	**3004**
# 占全国比重（%）	**3.69**	**3.13**	**2.77**	**2.75**	**1.00**
# 占川渝比重（%）	**97.70**	**99.31**	**96.59**	**95.59**	**100.00**
重庆都市圈	1321	891	2037	62	1922
成都都市圈	1522	1033	3668	66	1080
川东北渝东北	75	27	69		
川南渝西地区	132	84	208	6	7
重庆					
渝中区					
大渡口区					
江北区	109	44	155	4	35
沙坪坝区	78	51	127	9	138
九龙坡区	112	55	144	6	5
南岸区	18	16	196	1	5
北碚区	287	211	547	8	257
渝北区	609	442	657	28	1475
巴南区	9	5	2		
涪陵区	11	8	18		
长寿区	1		1		
江津区					
合川区	4				
永川区	3	2	2		
南川区	13	13	43	2	3
綦江区	1	1	1		
潼南区	2	2	2		
铜梁区	4	2	7		
大足区	2	1	1		

续表

类别	专利申请量（件）	#发明专利	发明专利有效量（件）	专利所有权转让及许可数（件）	专利所有权转让及许可收入（万元）
荣昌区	40	26	120	4	5
璧山区	3				
万州区	9	4	15		
梁平区	1	1			
丰都县	1	1			
垫江县					
忠　县					
开州区					
云阳县					
黔江区					
四川					
成都市	1495	1013	3620	64	1070
自贡市					
泸州市	3	3	8		
德阳市	11	9	19		
绵阳市	12	1	14		
遂宁市					
内江市	9		6		
乐山市	6	4	2		
南充市	51	21	44		
眉山市	16	11	29	2	10
宜宾市	70	49	63	2	2
广安市	15	12	14		
达州市	13		10		
雅安市					
资阳市					

研究与开发机构论文、著作及其他科技产出

类别	科技论文（篇）	# 国外发表	出版科技著作（种）	形成国家或行业标准数（项）
全国	**195 668**	**81 106**	**5619**	**5344**
川渝合计	**10 123**	**2425**	**374**	**206**
重庆	4122	952	138	85
四川	6001	1473	236	121
川渝占全国比重（%）	**5.17**	**2.99**	**6.66**	**3.85**
成渝地区双城经济圈	**9813**	**2414**	**368**	**201**
# 占全国比重（%）	**5.02**	**2.98**	**6.55**	**3.76**
# 占川渝比重（%）	**96.94**	**99.55**	**98.40**	**97.57**
重庆都市圈	3934	948	133	86
成都都市圈	5153	1413	216	105
川东北渝东北	281	12	13	4
川南渝西地区	525	72	20	8
重庆				
渝中区	197	5	7	
大渡口区				
江北区	768	71	33	6
沙坪坝区	398	149	19	10
九龙坡区	216	13	8	11
南岸区	168	36	6	1
北碚区	507	428	9	15
渝北区	1092	170	32	24
巴南区	28	17		
涪陵区	109		2	
长寿区	6		1	
江津区	2			
合川区	108	3		1
永川区	21	3		
南川区	88	22		
綦江区	43		3	
潼南区				
铜梁区	8			
大足区	43	1	6	

续表

类别	科技论文（篇）	# 国外发表	出版科技著作（种）	形成国家或行业标准数（项）
荣昌区	126	30	6	7
璧山区	4			7
万州区	65	4	2	
梁平区				
丰都县	3			
垫江县	4			
忠　县	3		1	
开州区	21			
云阳县	10		2	2
黔江区	23			
四川				
成都市	5055	1401	210	103
自贡市	22	5		
泸州市	33			
德阳市	85	8	6	2
绵阳市	79	3	1	5
遂宁市				
内江市	67	5	2	1
乐山市	58			
南充市	139	3	5	
眉山市	9	4		
宜宾市	160	28	3	
广安市	2		1	4
达州市	36	5	3	2
雅安市	3			
资阳市	4			

2022年数据

科学研究和技术服务业非企业单位 R&D 人员

类别	单位数（个）	R&D 人员合计（人）	# 女性	# 全时人员	按学历分 # 博士	# 硕士	# 本科
川渝合计	**663**	**28 085**	**9874**	**18 805**	**4616**	**9964**	**10 394**
重庆	354	14 174	4732	9832	2032	4529	6027
四川	309	13 911	5142	8973	2584	5435	4367
成渝地区双城经济圈	**569**	**27 129**	**9531**	**18 086**	**4569**	**9779**	**9810**
# 占川渝比重（%）	**85.82**	**96.60**	**96.53**	**96.18**	**98.98**	**98.14**	**94.38**
重庆都市圈	223	12 632	4219	8717	2028	4247	5079
成都都市圈	191	11 032	4225	6902	2156	4664	3167
川东北渝东北	86	1700	573	1206	17	368	857
川南渝西地区	102	2650	905	2144	398	659	1201
重庆							
渝中区	5	504	134	276	14	134	279
大渡口区							
江北区	7	505	166	331	38	193	241
沙坪坝区	13	840	240	489	190	215	404
九龙坡区	13	1009	407	799	231	386	356
南岸区	4	459	223	315	38	117	279
北碚区	8	1219	286	1027	306	344	416
渝北区	50	5599	1820	3439	1065	2239	1883
巴南区	10	129	42	89	29	48	33
涪陵区	13	356	157	263	3	77	183
长寿区	6	96	19	76	12	23	50
江津区	11	124	43	96		32	85
合川区	13	143	50	107	10	47	77
永川区	11	162	42	109	6	45	92
南川区	8	228	92	213	19	42	83
綦江区	17	220	76	219	1	35	153
潼南区	2	79	20	47	21	41	10
铜梁区	8	157	66	138	7	24	108
大足区	14	333	149	255	2	50	171

续表

类别	单位数（个）	R&D 人员合计（人）	# 女性	# 全时人员	按学历分 # 博士	# 硕士	# 本科
荣昌区	4	398	164	383	29	137	165
璧山区	3	40	15	20	4	3	6
万州区	18	529	192	306	2	136	265
梁平区	9	26	6	21		6	16
丰都县	12	125	37	116	1	24	71
垫江县	7	64	21	33		6	44
忠　县	13	46	11	33		3	37
开州区							
云阳县	10	132	36	125		17	96
黔江区	12	156	48	110	1	31	106
四川							
成都市	182	10 810	4186	6750	2142	4606	3059
自贡市	7	28	6	28	1	10	12
泸州市	6	38	6	30	3	11	19
德阳市	5	200	30	130	13	51	96
绵阳市	6	185	43	104	13	76	87
遂宁市	2						
内江市	7	288	90	268	6	89	110
乐山市	8	168	58	103	1	57	87
南充市	12	652	223	463	13	137	286
眉山市	2	12	5	12	1	5	4
宜宾市	17	902	263	618	343	226	286
广安市	3	32	8	26	3	15	5
达州市	5	126	47	109	1	39	42
雅安市	4						
资阳市	2	10	4	10		2	8

科学研究和技术服务业非企业单位 R&D 人员折合全时当量

单位：人年

类别	R&D 人员折合全时当量		按活动类型分		
		# 研究人员	基础研究	应用研究	试验发展
川渝合计	**22 719**	**16 837**	**2744**	**7899**	**12 076**
重庆	11 723	8603	1255	4245	6223
四川	10 996	8234	1489	3654	5853
成渝地区双城经济圈	**21 909**	**16 244**	**2717**	**7709**	**11 483**
# 占川渝比重（%）	**96.43**	**96.48**	**99.02**	**97.59**	**95.09**
重庆都市圈	10 406	7587	1249	3861	5296
成都都市圈	8631	6490	1408	3251	3972
川东北渝东北	1425	1102	39	279	1107
川南渝西地区	2302	1737	298	469	1535
重庆					
渝中区	343	267	28	195	120
大渡口区					
江北区	363	261	9	284	70
沙坪坝区	665	414	33	333	299
九龙坡区	912	647	72	268	572
南岸区	422	256	28	254	140
北碚区	1152	906	180	631	341
渝北区	4363	3135	488	1281	2594
巴南区	100	89	57	30	13
涪陵区	297	212	2	132	163
长寿区	87	77		40	47
江津区	98	77		63	35
合川区	117	82	6	71	40
永川区	129	97	16	58	55
南川区	213	150	29	50	134
綦江区	219	219			219
潼南区	74	74	34		40
铜梁区	139	123		14	125
大足区	275	198	37	67	171
荣昌区	388	266	226	71	91
璧山区	22	16			22

续表

类别	R&D 人员折合全时当量		按活动类型分		
		# 研究人员	基础研究	应用研究	试验发展
万州区	425	292	5	131	289
梁平区	22	22			22
丰都县	117	112		14	103
垫江县	45	20		14	31
忠　县	34	22		19	15
开州区					
云阳县	125	120		8	117
黔江区	139	121		77	62
四川					
成都市	8452	6346	1389	3202	3861
自贡市	28	7			28
泸州市	33	33		11	22
德阳市	157	127	17	44	96
绵阳市	134	121	2	45	87
遂宁市					
内江市	276	252	8	48	220
乐山市	120	66			120
南充市	544	405	27	88	429
眉山市	12	7	2		10
宜宾市	717	465	11	137	569
广安市	28	21	4	19	5
达州市	113	109	7	5	101
雅安市					
资阳市	10	10		5	5

科学研究和技术服务业非企业单位 R&D 经费支出

单位：万元

类别	R&D 经费内部支出	按活动类型分			按支出用途分				按经费来源分				R&D 经费外部支出
		基础研究	应用研究	试验发展	日常性支出	# 人员劳务费	资产性支出	# 仪器和设备	政府资金	企业资金	国外资金	其他资金	
川渝合计	**1 114 804**	**110 891**	**484 312**	**519 602**	**858 129**	**403 488**	**256 673**	**196 274**	**870 427**	**108 411**	**208**	**135 758**	**63 779**
重庆	485 077	48 163	160 947	275 967	378 148	206 970	106 928	68 207	371 927	40 167		72 983	9208
四川	629 727	62 728	323 365	243 635	479 981	196 518	149 745	128 067	498 500	68 244	208	62 775	54 571
成渝地区双城经济圈	**1 084 810**	**109 782**	**477 142**	**497 888**	**832 442**	**390 371**	**252 367**	**193 836**	**841 327**	**108 146**	**208**	**135 129**	**62 308**
# 占川渝比重（%）	**97.31**	**99.00**	**98.52**	**95.82**	**97.01**	**96.75**	**98.32**	**98.76**	**96.66**	**99.76**	**100.00**	**99.54**	**97.69**
重庆都市圈	433 014	47 332	148 524	237 159	332 640	181 729	100 374	65 177	321 957	39 772		71 285	8613
成都都市圈	576 306	60 498	309 840	205 968	432 400	164 206	143 906	122 928	449 985	67 718	208	58 395	53 111
川东北渝东北	46 315	1592	10 940	33 785	43 244	28 212	3071	2298	42 576	130		3610	424
川南渝西地区	80 785	7112	18 143	55 532	65 230	33 640	15 555	6149	76 668	2201		1916	222
重庆													
渝中区	9568	3773	4528	1267	9240	5732	328	216	8168	1339		61	12
大渡口区													
江北区	15 515	1913	8641	4961	13 866	8929	1650	1482	8634			6881	207
沙坪坝区	25 976	6076	10 146	9754	13 907	8539	12 069	10 013	23 090	478		2408	1147
九龙坡区	57 984	10 631	8797	38 555	43 944	18 545	14 040	12 287	23 825	7430		26 730	1440
南岸区	19 336	2148	10 227	6961	14 167	9273	5169	1191	11 242	3025		5068	65

续表

类别	R&D 经费内部支出	按活动类型分			按支出用途分				按经费来源分				R&D 经费外部支出
		基础研究	应用研究	试验发展	日常性支出	# 人员劳务费	资产性支出	# 仪器和设备	政府资金	企业资金	国外资金	其他资金	
北碚区	40 047	4680	25 064	10 303	32 575	21 210	7472	3328	31 080	5143		3824	1976
渝北区	166 916	6669	53 357	106 890	127 321	71 441	39 594	29 848	126 410	17 314		23 191	3409
巴南区	3775	2006	1563	206	2894	846	881	92	2793	974		9	26
涪陵区	11 292	218	3852	7222	8131	5563	3161	684	11 126			166	223
长寿区	1741		732	1009	1494	939	247	244	1492	20		228	
江津区	1971		1168	804	1864	1348	108	108	1711			260	
合川区	5193	201	2972	2020	4907	1977	286	270	4361	432		400	
永川区	2267	147	981	1139	2198	1099	70	46	1851			416	
南川区	9612	1350	2448	5815	8248	4240	1364	728	7210	1573		830	47
綦江区	7098			7098	6814	4535	284	260	6774	301		24	
潼南区	1780	540		1240	1466	1113	314	265	1142	370		268	
铜梁区	6259		870	5389	4473	2037	1785	1267	4679	1058		521	24
大足区	12 964	1047	3838	8079	12 403	4998	560	357	12 958	5			39
荣昌区	31 177	5740	7348	18 089	20 895	8641	10 282	1834	30 866	311			
璧山区	245			245	146	73	99	67	245				
万州区	16 786	76	4805	11 905	15 720	10 491	1066	689	16 268	130		389	174

续表

类别	R&D经费内部支出	按活动类型分			按支出用途分				按经费来源分				R&D经费外部支出
		基础研究	应用研究	试验发展	日常性支出	#人员劳务费	资产性支出	#仪器和设备	政府资金	企业资金	国外资金	其他资金	
梁平区	964			964	788	360	176	28	964				
丰都县	2692		201	2491	2574	2056	118	98	2692				
垫江县	2023		286	1737	1941	776	81	81	2023				
忠　县	617		429	188	532	462	85	85	328			289	100
开州区													
云阳县	3999		169	3830	3930	1763	69		3999				
黔江区	4613		2697	1916	2974	1862	1639	397	4190			423	
四川													
成都市	565 680	60 059	308 307	197 314	423 909	159 340	141 771	122 117	442 007	67 718	208	55 747	53 111
自贡市	549			549	544	525	5	5	549				
泸州市	610		55	555	564	337	46	46	353			257	
德阳市	10 074	436	1310	8328	8302	4701	1772	449	7429			2645	
绵阳市	3114	183	1204	1727	2232	1270	881	731	2976			138	
遂宁市													
内江市	8117	124	2628	5366	7913	6340	205	205	8016			101	
乐山市	2398			2398	2369	2112	29	29	1815			583	
南充市	16 067	1414	2284	12 369	14 668	10 159	1399	1240	13 135			2932	

续表

类别	R&D 经费内部支出	按活动类型分			按支出用途分				按经费来源分				R&D 经费外部支出
		基础研究	应用研究	试验发展	日常性支出	# 人员劳务费	资产性支出	# 仪器和设备	政府资金	企业资金	国外资金	其他资金	
眉山市	88	3		85	85	65	3	2	85			3	
宜宾市	9773	53	1255	8465	7561	3779	2211	2021	8910	526		337	160
广安市	2299	191	1993	115	1688	653	611	589	2299				
达州市	3168	102	2766	301	3091	2146	77	77	3168				150
雅安市													
资阳市	464		223	241	104	100	360	360	464				

科学研究和技术服务业非企业单位课题

类别	R&D 课题数（个）	R&D 课题经费（万元）	R&D 课题人员折合全时当量（人年）
川渝合计	**8282**	**460 581**	**18 191**
重庆	4694	203 656	9935
四川	3588	256 925	8256
成渝地区双城经济圈	**8008**	**445 212**	**17 530**
# 占川渝比重（%）	**96.69**	**96.66**	**96.37**
重庆都市圈	4258	173 812	8718
成都都市圈	3012	234 630	6447
川东北渝东北	436	20 423	1264
川南渝西地区	692	39 807	1992
重庆			
渝中区	89	1538	294
大渡口区			
江北区	116	4600	265
沙坪坝区	154	10 137	546
九龙坡区	556	18 326	785
南岸区	305	5636	341
北碚区	708	33 659	1100
渝北区	1530	53 915	3478
巴南区	29	2092	74
涪陵区	108	5594	275
长寿区	13	855	59
江津区	16	1113	89
合川区	24	2739	97
永川区	24	1841	114
南川区	107	3845	145
綦江区	59	7018	217
潼南区	19	1497	73
铜梁区	35	3803	121
大足区	81	7986	242
荣昌区	277	6466	370
璧山区	3	87	15
万州区	176	6760	410

续表

类别	R&D 课题数（个）	R&D 课题经费（万元）	R&D 课题人员折合全时当量（人年）
梁平区	7	699	21
丰都县	13	2692	117
垫江县	5	1360	45
忠　县	10	204	31
开州区			
云阳县	13	3509	117
黔江区	41	3379	122
四川			
成都市	2954	229 868	6292
自贡市	2	70	12
泸州市	13	214	25
德阳市	50	4645	139
绵阳市	43	911	80
遂宁市			
内江市	52	7348	218
乐山市	18	477	59
南充市	198	4745	444
眉山市	6	54	7
宜宾市	133	3948	585
广安市	5	1065	22
达州市	14	454	79
雅安市			
资阳市	2	64	10

研究与开发机构科技产出情况

类别	专利申请量（件）		发明专利有效量（件）	专利所有权转让及许可数（件）	专利所有权转让及许可收入（万元）
		#发明专利			
川渝合计	**3211**	**2094**	**6906**	**122**	**2518**
重庆	1360	942	2365	42	697
四川	1851	1152	4541	80	1821
成渝地区双城经济圈	**3127**	**2079**	**6844**	**122**	**2518**
#占川渝比重（%）	**97.38**	**99.28**	**99.10**	**100.00**	**100.00**
重庆都市圈	1336	942	2334	42	697
成都都市圈	1535	1030	4203	80	1821
川东北渝东北	101	26	105		
川南渝西地区	187	102	248	2	2
重庆					
渝中区	4	2	5		
大渡口区					
江北区	23	17	57		
沙坪坝区	103	93	135	3	103
九龙坡区	128	63	285	2	39
南岸区	31	17	212	7	23
北碚区	190	162	656	5	220
渝北区	732	511	792	21	309
巴南区	4	3	4		
涪陵区	13	7	17		
长寿区	3	3	3		
江津区	2	2			
合川区	6		1		
永川区	2		3		
南川区	22	17	54	2	2
綦江区	10	5	10		
潼南区	10	10	5		
铜梁区	5	2	7		
大足区	4	1			
荣昌区	37	20	81	2	2
璧山区					
万州区	8	4	17		

续表

类别	专利申请量（件）	#发明专利	发明专利有效量（件）	专利所有权转让及许可数（件）	专利所有权转让及许可收入（万元）
梁平区			14		
丰都县					
垫江县					
忠　县					
开州区					
云阳县	8	1	1		
黔江区					
四川					
成都市	1508	1011	4145	80	1821
自贡市					
泸州市	8	7	11		
德阳市	15	7	27		
绵阳市	15	4	45		
遂宁市					
内江市	14	2	12		
乐山市	13	5	10		
南充市	77	21	62		
眉山市	12	12	31		
宜宾市	105	63	124		
广安市	7	7	7		
达州市	8		11		
雅安市					
资阳市					

研究与开发机构论文、著作及其他科技产出

类别	科技论文（篇）	# 国外发表	出版科技著作（种）	形成国家或行业标准数（项）
川渝合计	**9251**	**2610**	**374**	**226**
重庆	3107	966	152	82
四川	6144	1644	222	144
成渝地区双城经济圈	**8909**	**2588**	**367**	**218**
占川渝比重（%）	**96.30**	**99.16**	**98.13**	**96.46**
重庆都市圈	2948	964	150	80
成都都市圈	5175	1494	210	102
川东北渝东北	226	13	2	9
川南渝西地区	601	171	24	11
重庆				
渝中区	201	7	78	
大渡口区				
江北区	227	5	1	6
沙坪坝区	77	20	2	2
九龙坡区	224	46	6	18
南岸区	124	21	10	
北碚区	585	472	2	16
渝北区	1043	295	26	27
巴南区	25	20		
涪陵区	63	4	5	3
长寿区	19			
江津区	16		2	
合川区	20			
永川区	13			
南川区	68	14		2
綦江区	28		9	
潼南区	12	1		1
铜梁区	8			
大足区	42		3	1
荣昌区	150	59	6	
璧山区	3			4
万州区	68	2	1	1

续表

类别	科技论文（篇）	# 国外发表	出版科技著作（种）	形成国家或行业标准数（项）
梁平区	1			
丰都县	1			
垫江县	2			
忠　县	8		1	
开州区				
云阳县	5			1
黔江区	13			
四川				
成都市	5072	1485	201	101
自贡市	19			
泸州市	26	2		2
德阳市	76	4	9	
绵阳市	109	2		13
遂宁市	6			
内江市	69	2	3	8
乐山市	86	3	1	4
南充市	112	11		2
眉山市	14	4		1
宜宾市	230	108	1	
广安市				
达州市	29			5
雅安市	2			
资阳市	13	1		

国家级高新区（2021—2022 年）

2021 年数据

国家级高新区企业基本情况（1）

类别	工商注册企业数（个）	入统企业数（个）	# 高新技术企业数	年末从业人员（人）	# 留学归国人员	# 外籍常驻人员	# 大专以上
全国	**4 279 940**	**181 541**	**114 921**	**25 067 653**	**245 342**	**70 373**	**15 608 369**
川渝合计	**346 305**	**9045**	**5900**	**1 420 288**	**7423**	**2083**	**778 451**
重庆	120 705	2992	1852	521 880	1680	792	209 633
四川	225 600	6053	4048	898 408	5743	1291	568 818
川渝占全国比重（%）	**8.09**	**4.98**	**5.13**	**5.67**	**3.03**	**2.96**	**4.99**
成渝地区双城经济圈	**345 527**	**8875**	**5869**	**1 398 869**	**7418**	**2052**	**768 582**
# 占全国比重（%）	**8.07**	**4.89**	**5.11**	**5.58**	**3.02**	**2.92**	**4.92**
# 占川渝比重（%）	**99.78**	**98.12**	**99.47**	**98.49**	**99.93**	**98.51**	**98.73**
重庆							
重庆市	93 368	1896	1285	298 781	479	379	130 102
璧山区	19 703	420	288	80 814	1129	309	40 416
荣昌区	5636	336	117	58 577	61	49	15 721
永川区	1998	340	162	83 708	11	55	23 394
四川							
成都市	178 887	3899	3301	515 972	5338	940	411 163
自贡市	10 685	384	88	56 764	28	42	23 512
攀枝花市	778	170	31	21 419	5	31	9869
泸州市	5401	460	139	59 146	73	84	25 568
德阳市	3525	274	103	45 814	30	3	18 984
绵阳市	12 376	398	235	120 441	117	90	52 152
内江市	2044	172	69	25 828	59	52	9692
乐山市	11 904	296	82	53 024	93	49	17 878

国家级高新区企业基本情况（2）

单位：万元

类别	工业总产值	净利润	上缴税费	出口总额	营业收入	# 技术收入	# 产品销售收入	# 商品销售收入
全国	**2 934 328 165**	**358 619 777**	**212 675 062**	**521 200 008**	**4 950 960 839**	**691 996 561**	**3 414 217 206**	**468 489 264**
川渝合计	**203 847 262**	**20 523 066**	**9 661 584**	**50 760 577**	**249 800 749**	**28 242 649**	**198 543 891**	**15 027 351**
重庆	78 980 959	4 868 135	2 438 030	14 108 239	79 126 805	5 131 497	68 788 331	2 838 263
四川	124 866 303	15 654 930	7 223 554	36 652 338	170 673 944	23 111 153	129 755 559	12 189 087
川渝占全国比重（%）	**6.95**	**5.72**	**4.54**	**9.74**	**5.05**	**4.08**	**5.82**	**3.21**
成渝地区双城经济圈	**198 062 350**	**20 003 386**	**9 485 605**	**50 701 642**	**244 407 803**	**28 193 400**	**193 549 096**	**14 765 131**
# 占全国比重（%）	**6.75**	**5.58**	**4.46**	**9.73**	**4.94**	**4.07**	**5.67**	**3.15**
# 占川渝比重（%）	**97.16**	**97.47**	**98.18**	**99.88**	**97.84**	**99.83**	**97.48**	**98.26**
重庆								
重庆市	51 062 616	2 347 629	1 191 689	12 413 626	50 544 915	4 235 882	41 827 794	2 567 639
璧山区	7 947 309	564 350	212 074	836 652	8 041 486	223 478	7 609 324	62 615
荣昌区	7 001 172	681 579	419 107	281 227	6 940 415	93 076	6 690 793	120 430
永川区	12 969 862	1 274 578	615 160	576 735	13 599 988	579 061	12 660 421	87 580
四川								
成都市	70 636 760	10 388 466	4 642 103	32 283 109	106 338 639	22 154 880	73 832 438	6 124 311
自贡市	7 598 707	398 392	242 813	269 156	7 452 923	51 660	6 862 909	195 879
攀枝花市	5 784 912	519 680	175 979	58 935	5 392 947	49 249	4 994 795	262 220
泸州市	9 152 092	1 455 543	977 612	188 287	11 198 738	317 530	10 125 017	431 958
德阳市	6 544 400	361 832	252 679	75 040	7 360 111	83 898	7 074 828	107 839
绵阳市	10 630 813	330 351	441 286	2 927 214	18 043 907	240 769	13 281 536	4 288 289
内江市	4 375 649	451 816	125 034	130 675	4 335 731	171 284	3 918 557	89 961
乐山市	10 142 969	1 748 851	366 049	719 923	10 550 949	41 883	9 665 481	688 632

国家级高新区企业基本情况（3）

类别	研究开发人员合计（人）	#R&D 人员	R&D 人员折合全时当量（人年）	研究开发经费内部支出（万元）	#R&D 经费内部支出
全国	**5 634 021**	**2 766 138**	**1 863 768**	**205 714 272**	**103 590 454**
川渝合计	**255 044**	**147 199**	**95 619**	**8 326 829**	**5 215 336**
重庆	74 652	46 948	27 034	2 269 777	1 432 287
四川	180 392	100 251	68 585	6 057 052	3 783 049
川渝占全国比重（%）	**4.53**	**5.32**	**5.13**	**4.05**	**5.03**
成渝地区双城经济圈	**253 124**	**146 688**	**95 319**	**8 225 351**	**5 192 397**
# 占全国比重（%）	**4.49**	**5.30**	**5.11**	**4.00**	**5.01**
# 占川渝比重（%）	**99.25**	**99.65**	**99.69**	**98.78**	**99.56**
重庆					
重庆市	51 663	32 519	17 577	1 512 905	920 867
璧山区	10 471	6254	3678	309 536	185 986
荣昌区	4760	4329	3112	165 612	152 662
永川区	7758	3846	2667	281 724	172 771
四川					
成都市	136 755	76 386	53 318	4 626 059	3 003 482
自贡市	5916	2952	1738	165 867	56 753
攀枝花市	1920	511	300	101 477	22 939
泸州市	5357	3147	1828	151 237	94 536
德阳市	4513	2731	1655	119 164	72 513
绵阳市	18 941	10 502	7520	626 011	383 370
内江市	3291	1889	1094	89 278	50 107
乐山市	3699	2133	1132	177 959	99 350

2022 年数据

国家级高新区企业基本情况（1）

类别	工商注册企业数（个）	入统企业数（个）	# 高新技术企业数	年末从业人员（人）	# 留学归国人员	# 外籍常驻人员	# 大专以上
川渝合计	**404 927**	**10 701**	**7443**	**1 463 183**	**7115**	**1602**	**808 056**
重庆	140 599	3343	2200	516 877	1870	747	223 874
四川	264 328	7358	5243	946 306	5245	855	584 182
成渝地区双城经济圈	**400 241**	**10 471**	**7384**	**1 420 283**	**7052**	**1574**	**786 919**
# 占川渝比重（%）	**98.84**	**97.85**	**99.21**	**97.07**	**99.11**	**98.25**	**97.38**
重庆							
重庆市	110 889	2126	1512	283 239	494	318	134 412
璧山区	20 184	479	351	88 779	1279	310	44 626
荣昌区	7239	374	148	59 754	65	64	17 751
永川区	2287	364	189	85 105	32	55	27 085
四川							
成都市	205 395	4854	4269	512 469	4664	414	402 297
自贡市	13 535	499	125	65 264	74	80	27 442
攀枝花市	4686	230	59	42 900	63	28	21 137
泸州市	6358	444	166	60 326	139	128	27 018
德阳市	5342	295	120	49 616	42	8	20 789
绵阳市	13 713	489	318	121 820	126	97	51 833
内江市	2783	206	84	29 644	57	62	10 930
乐山市	12 516	341	102	64 267	80	38	22 736

国家级高新区企业基本情况（2）

单位：万元

类别	工业总产值	净利润	上缴税费	出口总额	营业收入	# 技术收入	# 产品销售收入	# 商品销售收入
川渝合计	**186 880 497**	**23 672 511**	**10 506 574**	**56 366 951**	**250 008 058**	**25 996 405**	**199 656 066**	**15 082 442**
重庆	69 297 527	4 795 560	2 446 323	12 974 185	80 381 202	4 918 490	70 224 630	2 422 342
四川	117 582 970	18 876 951	8 060 250	43 392 767	169 626 857	21 077 915	129 431 436	12 660 100
成渝地区双城经济圈	**179 077 916**	**22 854 307**	**10 184 059**	**56 283 848**	**239 835 557**	**24 466 750**	**192 063 849**	**14 868 425**
# 占川渝比重（%）	**95.82**	**96.54**	**96.93**	**99.85**	**95.93**	**94.12**	**96.20**	**98.58**
重庆								
重庆市	39 031 685	1 962 915	1 217 900	11 259 095	48 165 443	4 023 872	39 734 493	2 180 390
璧山区	8 718 066	711 755	262 019	940 504	9 963 466	251 364	9 426 857	60 944
荣昌区	7 733 308	753 731	379 962	306 480	7 804 320	97 827	7 502 225	111 474
永川区	13 814 468	1 367 158	586 443	468 106	14 447 973	545 427	13 561 055	69 534
四川								
成都市	53 068 024	10 821 597	4 159 946	38 042 913	92 314 467	18 549 257	61 818 342	7 767 666
自贡市	7 392 278	530 145	229 748	265 544	7 747 493	57 913	7 055 482	273 499
攀枝花市	7 802 581	818 204	322 515	83 104	10 172 501	1 529 655	7 592 217	214 017
泸州市	9 683 902	1 595 158	1 368 021	238 886	11 922 428	329 038	10 846 660	479 951
德阳市	7 533 638	609 422	239 890	110 557	8 672 604	139 506	8 326 937	95 738
绵阳市	11 837 501	134 546	547 641	3 596 990	18 993 144	280 413	15 003 895	3 506 081
内江市	3 853 545	330 591	110 590	128 870	3 872 761	137 063	3 575 836	77 439
乐山市	16 411 500	4 037 289	1 081 901	925 903	15 931 458	55 071	15 212 068	245 708

国家级高新区企业基本情况（3）

类别	研究开发人员合计（人）	#R&D 人员	R&D 人员折合全时当量（人年）	研究开发经费内部支出（万元）	#R&D 经费内部支出
川渝合计	**266 211**	**140 953**	**94 360**	**8 674 006**	**4 627 687**
重庆	78 520	48 732	29 211	2 437 470	1 370 554
四川	187 691	92 221	65 149	6 236 536	3 257 133
成渝地区双城经济圈	**261 297**	**137 910**	**92 517**	**8 475 034**	**4 524 811**
# 占川渝比重（%）	**98.15**	**97.84**	**98.05**	**97.71**	**97.78**
重庆					
重庆市	54 566	28 781	16 598	1 644 272	788 622
璧山区	10 771	9491	5696	316 752	228 662
荣昌区	5354	4553	3010	209 963	156 617
永川区	7829	5907	3907	266 483	196 654
四川					
成都市	137 351	63 150	46 900	4 479 529	2 248 227
自贡市	6288	2646	1651	181 206	57 849
攀枝花市	4914	3043	1843	198 972	102 876
泸州市	5759	2650	1762	182 246	78 018
德阳市	4816	3261	1978	135 388	95 816
绵阳市	19 634	11 660	7714	656 440	411 647
内江市	3444	2551	1529	90 178	60 780
乐山市	5485	3260	1772	312 578	201 920

高技术产业（制造业）（2021—2022 年）

2021 年数据

高技术产业（制造业）生产经营情况

类别	企业数（个）	从业人员平均人数（人）	营业收入（亿元）	利润总额（亿元）
全国	**45 646**	**14 668 409**	**209 896**	**18 435**
川渝合计	**2629**	**1 021 004**	**19 230**	**1139**
重庆	865	393 435	7788	506
四川	1764	627 569	11 442	633
川渝占全国比重（%）	**5.76**	**6.96**	**9.16**	**6.18**
成渝地区双城经济圈	**2528**	**1 008 263**	**19 006**	**1116**
# 占全国比重（%）	**5.54**	**6.87**	**9.05**	**6.06**
# 占川渝比重（%）	**96.16**	**98.75**	**98.84**	**97.98**
重庆都市圈	795	381 448	7736	499
成都都市圈	910	424 227	7483	396
川东北渝东北	224	39 988	581	49
川南渝西地区	458	143 555	1739	163
重庆				
渝中区				
大渡口区	12	7191	135	22
江北区	10	7180	68	2
沙坪坝区	37	56 461	2578	38
九龙坡区	57	15 228	126	11
南岸区	28	13 270	387	15
北碚区	94	43 496	732	148
渝北区	65	74 209	1821	53
巴南区	38	7784	231	48
涪陵区	17	9780	167	16
长寿区	30	6219	91	14

续表

类别	企业数（个）	从业人员平均人数（人）	营业收入（亿元）	利润总额（亿元）
江津区	26	12 907	116	9
合川区	29	7504	54	4
永川区	44	21 483	227	31
南川区	3	489	3	
綦江区	18	8761	68	9
潼南区	35	5579	99	9
铜梁区	42	14 078	111	7
大足区	23	10 623	54	4
荣昌区	44	16 114	133	17
璧山区	80	32 781	282	19
万州区	21	5417	21	1
梁平区	8	2707	49	4
丰都县	9	320	3	
垫江县	10	1962	13	1
忠　县	22	2571	83	7
开州区	18	3659	58	4
云阳县	11	1556	25	2
黔江区	3	292	3	
四川				
成都市	722	382 542	6970	361
自贡市	33	4753	102	12
泸州市	75	11 495	212	17
德阳市	109	26 727	295	23
绵阳市	164	67 918	1715	52
遂宁市	117	23 108	292	22
内江市	39	13 563	91	12
乐山市	29	8532	123	9
南充市	63	10 692	213	17
眉山市	55	11 487	186	11
宜宾市	114	29 778	626	46
广安市	63	10 311	254	22
达州市	62	11 104	115	13
雅安市	25	3161	44	4
资阳市	24	3471	31	2

高技术产业（制造业）R&D 人员

类别	有 R&D 活动的企业数（个）	R&D 人员（人）			R&D 人员折合全时当量（人年）
			# 研究人员	# 全时人员	
全国	**27 075**	**1 535 736**	**532 901**	**1 203 982**	**1 119 630**
川渝合计	**1555**	**85 303**	**50 451**	**46 520**	**56 351**
重庆	534	32 369	10 486	24 658	21 772
四川	1021	52 934	39 965	21 862	34 579
川渝占全国比重（%）	**5.74**	**5.55**	**9.47**	**3.86**	**5.03**
成渝地区双城经济圈	**1505**	**84 303**	**49 893**	**46 155**	**55 691**
# 占全国比重（%）	**5.56**	**5.49**	**9.36**	**3.83**	**4.97**
# 占川渝比重（%）	**96.78**	**98.83**	**98.89**	**99.22**	**98.83**
重庆都市圈	493	30 773	10 602	23 020	20 784
成都都市圈	537	30 619	22 683	13 705	19 464
川东北渝东北	134	3403	1313	2100	2135
川南渝西地区	279	10 622	5446	5285	6617
重庆					
渝中区					
大渡口区	10	864	450	762	606
江北区	7	1075	306	963	875
沙坪坝区	17	4851	1883	4313	3366
九龙坡区	46	1795	550	1365	1238
南岸区	20	1335	497	967	885
北碚区	57	4950	1542	3447	3267
渝北区	39	3609	1300	2865	2216
巴南区	20	1510	689	896	1279
涪陵区	14	786	306	524	639
长寿区	21	1421	610	1168	715
江津区	8	247	54	152	160
合川区	12	252	74	190	167
永川区	25	1098	186	683	698
南川区	2	36	20	24	25
綦江区	11	541	193	478	299
潼南区	15	328	57	238	217
铜梁区	36	1338	175	1029	1039
大足区	15	458	60	301	295

续表

类别	有 R&D 活动的企业数（个）	R&D 人员（人）	# 研究人员	# 全时人员	R&D 人员折合全时当量（人年）
荣昌区	37	1389	430	978	901
璧山区	44	1970	501	1466	1343
万州区	16	756	145	579	368
梁平区	7	475	151	406	376
丰都县	4	24	7	18	21
垫江县	5	249	78	202	206
忠　县	11	305	69	228	141
开州区	15	392	76	267	243
云阳县	3	39	15	25	24
黔江区	3	66	14	25	26
四川					
成都市	447	27 065	20 107	12 571	17 345
自贡市	19	379	266	170	201
泸州市	48	1049	687	285	483
德阳市	61	2315	1721	698	1478
绵阳市	103	11 399	9129	5024	8470
遂宁市	50	1513	1080	316	979
内江市	25	887	664	390	520
乐山市	17	445	298	139	297
南充市	34	447	303	146	310
眉山市	21	989	780	342	460
宜宾市	55	3236	2731	819	2022
广安市	37	920	719	211	554
达州市	39	716	469	229	446
雅安市	21	534	426	162	311
资阳市	8	250	75	94	181

高技术产业（制造业）R&D 经费支出

单位：万元

类别	R&D 经费内部支出	按支出用途分		按资金来源分		R&D 经费外部支出
		# 人员劳务费	# 仪器和设备	# 政府资金	# 企业资金	
全国	**56 845 724**	**21 461 238**	**4 475 932**	**3 066 844**	**53 622 834**	**7 817 973**
川渝合计	**3 076 299**	**936 032**	**293 585**	**295 240**	**2 778 077**	**197 633**
重庆	1 055 375	329 473	70 177	45 193	1 007 938	60 790
四川	2 020 924	606 558	223 408	250 047	1 770 139	136 843
川渝占全国比重（%）	**5.41**	**4.36**	**6.56**	**9.63**	**5.18**	**2.53**
成渝地区双城经济圈	**3 045 033**	**928 322**	**292 175**	**282 601**	**2 759 450**	**196 676**
# 占全国比重（%）	**5.36**	**4.33**	**6.53**	**9.21**	**5.15**	**2.52**
# 占川渝比重（%）	**98.98**	**99.18**	**99.52**	**95.72**	**99.33**	**99.52**
重庆都市圈	1 006 197	316 891	69 041	43 389	960 563	59 499
成都都市圈	1 187 711	394 185	118 467	204 366	982 652	98 288
川东北渝东北	111 054	21 802	3610	2124	108 930	2339
川南渝西地区	318 240	65 464	20 561	3911	314 285	24 573
重庆						
渝中区						
大渡口区	47 830	5813	3191	436	47 394	822
江北区	30 672	7663	886	579	30 092	545
沙坪坝区	136 205	64 417	6000	4997	131 209	10 359
九龙坡区	41 580	12 765	3046	81	41 453	1910
南岸区	28 037	13 551	1440	1545	25 418	6420
北碚区	183 091	67 768	14 327	26 857	156 234	2476
渝北区	95 762	34 397	4003	4314	90 635	10 737
巴南区	116 391	22 566	8477	2189	114 201	65
涪陵区	32 293	10 459	57	1030	31 263	821
长寿区	38 460	11 592	8915	168	38 292	16 835
江津区	4837	2318	248	21	4817	1364
合川区	6724	2068	181		6724	234
永川区	38 234	6926	2559		38 234	132
南川区	1686	255	214	6	1680	
綦江区	12 813	4900	552	4	12 810	648
潼南区	10 544	2357	1228		10 544	
铜梁区	33 271	7119	580	258	33 012	

续表

类别	R&D经费内部支出	按支出用途分		按资金来源分		R&D经费外部支出
		#人员劳务费	#仪器和设备	#政府资金	#企业资金	
大足区	15 379	3265	1262	50	15 329	294
荣昌区	36 117	9091	726	468	35 649	3005
璧山区	73 562	22 745	10 094	265	72 986	2469
万州区	9130	4635	21	66	9064	90
梁平区	20 972	4674	193	1149	19 823	
丰都县	623	170	16		623	
垫江县	5746	2272	245	161	5585	834
忠　县	12 931	1674	424		12 931	572
开州区	12 778	2477	90	498	12 281	
云阳县	2829	347	198	30	2799	13
黔江区	619	209	74		619	84
四川						
成都市	1 104 221	369 867	108 700	200 492	903 035	90 996
自贡市	10 761	2224	703	448	10 313	375
泸州市	33 903	4279	4782	104	33 799	9360
德阳市	52 624	15 742	4235	2943	49 681	4726
绵阳市	509 972	150 955	84 489	28 185	481 788	15 040
遂宁市	26 391	7944	952	216	26 176	642
内江市	32 941	8497	1121	412	32 485	12
乐山市	13 246	2015	518		13 246	983
南充市	23 079	1878	2057	200	22 879	454
眉山市	28 188	7814	4981	883	27 305	2485
宜宾市	99 984	16 844	8028	2146	97 838	9383
广安市	22 710	4855	1056	121	22 589	365
达州市	22 966	3674	366	20	22 946	375
雅安市	12 254	2477	390	1212	11 042	672
资阳市	2679	762	551	47	2632	81

高技术产业（制造业）新产品

类别	新产品开发项目数（项）	新产品开发经费支出（万元）	新产品销售收入（万元）	
				# 出口
全国	**224 577**	**75 100 172**	**817 425 738**	**292 251 793**
川渝合计	**13 880**	**3 582 586**	**43 416 954**	**15 477 851**
重庆	4772	1 179 269	19 233 545	11 439 864
四川	9108	2 403 316	24 183 410	4 037 987
川渝占全国比重（%）	**6.18**	**4.77**	**5.31**	**5.30**
成渝地区双城经济圈	**13 720**	**3 545 926**	**43 305 385**	**15 464 872**
# 占全国比重（%）	**6.11**	**4.72**	**5.30**	**5.29**
# 占川渝比重（%）	**98.85**	**98.98**	**99.74**	**99.92**
重庆都市圈	4585	1 109 814	18 574 733	11 428 462
成都都市圈	6526	1 509 499	14 567 531	2 872 964
川东北渝东北	488	136 633	1 093 477	31 367
川南渝西地区	1500	358 677	3 130 548	547 275
重庆				
渝中区				
大渡口区	189	51 685	140 650	9869
江北区	110	49 242	147 786	93 108
沙坪坝区	273	118 550	7 238 026	6 766 206
九龙坡区	237	31 848	515 645	254 898
南岸区	348	29 601	445 413	14 175
北碚区	1085	205 311	3 035 811	1 877 874
渝北区	701	117 721	1 435 677	713 148
巴南区	127	130 579	1 647 337	857 534
涪陵区	145	35 056	464 661	19 924
长寿区	143	35 069	380 874	231 038
江津区	71	11 891	83 534	3123
合川区	112	17 405	128 411	983
永川区	138	47 737	280 214	141 989
南川区	6	1385	356	
綦江区	46	13 189	492 016	570
潼南区	72	15 466	127 546	544
铜梁区	141	38 978	312 090	62 705
大足区	39	14 589	80 609	29 403

续表

类别	新产品开发项目数（项）	新产品开发经费支出（万元）	新产品销售收入（万元）	
				#出口
荣昌区	200	38 654	555 745	65 786
璧山区	211	83 156	938 274	259 532
万州区	79	9063	61 925	3630
梁平区	36	34 359	161 581	17 232
丰都县	4	440	6108	
垫江县	79	6183	83 316	844
忠　县	33	12 783	168 215	8203
开州区	81	13 115	211 306	1419
云阳县	10	6696	52 721	
黔江区	22	683	10 209	
四川				
成都市	5913	1 408 660	13 807 798	2 795 684
自贡市	57	8724	75 363	1290
泸州市	245	41 932	210 644	14 250
德阳市	404	63 695	606 279	72 141
绵阳市	868	536 476	7 157 208	810 926
遂宁市	213	29 543	344 753	64 549
内江市	237	44 641	34 772	1168
乐山市	76	12 966	53 836	1035
南充市	88	29 015	135 333	40
眉山市	169	33 945	110 378	2139
宜宾市	326	98 343	1 005 562	226 994
广安市	191	22 703	124 059	26 054
达州市	78	24 980	212 973	
雅安市	77	16 673	177 298	11 869
资阳市	40	3199	43 078	3000

高技术产业（制造业）专利

单位：件

类别	专利申请量	#发明专利	发明专利有效量
全国	**397 524**	**197 462**	**685 428**
川渝合计	**18 907**	**9049**	**26 182**
重庆	4493	1718	6314
四川	14 414	7331	19 868
川渝占全国比重（%）	**4.76**	**4.58**	**3.82**
成渝地区双城经济圈	**18 779**	**8998**	**26 047**
# 占全国比重（%）	**4.72**	**4.56**	**3.80**
# 占川渝比重（%）	**99.32**	**99.44**	**99.48**
重庆都市圈	4102	1609	6065
成都都市圈	10 287	5511	14 388
川东北渝东北	687	187	475
川南渝西地区	1179	359	1379
重庆			
渝中区			
大渡口区	242	123	235
江北区	88	19	38
沙坪坝区	240	155	608
九龙坡区	275	80	410
南岸区	200	74	228
北碚区	629	225	899
渝北区	755	268	1434
巴南区	345	208	896
涪陵区	73	29	95
长寿区	116	62	308
江津区	56	6	49
合川区	115	47	128
永川区	93	6	85
南川区			11
綦江区	33	18	41
潼南区	40	21	54
铜梁区	150	39	119

续表

类别	专利申请量	# 发明专利	发明专利有效量
大足区	23	4	16
荣昌区	70	34	76
璧山区	431	155	196
万州区	171	50	78
梁平区	34	17	49
丰都县	32	1	7
垫江县	62	18	48
忠　县	39	6	53
开州区	128	26	87
云阳县	4	1	12
黔江区	16	4	12
四川			
成都市	9666	5315	13 658
自贡市	78	22	197
泸州市	184	46	176
德阳市	310	101	499
绵阳市	2486	1261	3458
遂宁市	268	123	307
内江市	130	68	260
乐山市	42	2	105
南充市	118	31	69
眉山市	281	92	229
宜宾市	362	116	360
广安市	128	36	139
达州市	99	37	72
雅安市	137	49	244
资阳市	30	3	2

高技术产业（制造业）技术获取和技术改造

单位：万元

类别	技术改造经费支出	购买境内技术经费支出	引进境外技术经费支出	引进境外技术消化吸收经费支出
全国	**7 988 271**	**2 274 900**	**1 163 637**	**102 936**
川渝合计	**506 304**	**39 867**	**28 538**	**1127**
重庆	67 073	12 842	10 873	
四川	439 231	27 024	17 665	1127
川渝占全国比重（%）	**6.34**	**1.75**	**2.45**	**1.09**
成渝地区双城经济圈	**504 486**	**39 867**	**28 538**	**1127**
# 占全国比重（%）	**6.32**	**1.75**	**2.45**	**1.09**
# 占川渝比重（%）	**99.64**	**100.00**	**100.00**	**100.00**
重庆都市圈	65 646	13 358	10 790	
成都都市圈	301 909	22 236	16 724	
川东北渝东北	2815	176	83	12
川南渝西地区	17 984	2875	60	
重庆				
渝中区				
大渡口区				
江北区	300			
沙坪坝区	3765	1078	9756	
九龙坡区	256	23		
南岸区	8665	3		
北碚区	5679	306		
渝北区	13 099	6876	1034	
巴南区	13 655			
涪陵区	282	1000		
长寿区	551	90		
江津区	25			
合川区	1723	543		
永川区				
南川区				
綦江区	13 093			
潼南区	171			
铜梁区	157			
大足区	806	2786		

续表

类别	技术改造经费支出	购买境内技术经费支出	引进境外技术经费支出	引进境外技术消化吸收经费支出
荣昌区	205			
璧山区	2318			
万州区				
梁平区	125	10	83	
丰都县				
垫江县				
忠　县	581			
开州区	239			
云阳县	971			
黔江区	270	126		
四川				
成都市	281 526	21 570	16 724	
自贡市	82	8	60	
泸州市	2127			
德阳市	14 311	666		
绵阳市	120 325	3882	622	1115
遂宁市	1793			
内江市	461			
乐山市	1924		260	
南充市	317	16		
眉山市	6022			
宜宾市	1028	81		
广安市	897	652		
达州市	582	150		12
雅安市	6108			
资阳市	49			

高技术产业（制造业）企业办研发机构

类别	有研发机构的企业数（个）	机构数（个）	机构人员数（人）	机构经费支出（万元）	机构仪器和设备原价（万元）
全国	**19 806**	**23 041**	**1 349 583**	**61 727 626**	**32 731 954**
川渝合计	**705**	**816**	**51 928**	**1 843 268**	**1 636 491**
重庆	302	346	19 011	744 746	381 767
四川	403	470	32 917	1 098 522	1 254 724
川渝占全国比重（%）	**3.56**	**3.54**	**3.85**	**2.99**	**5.00**
成渝地区双城经济圈	**688**	**799**	**51 494**	**1 821 122**	**1 617 636**
# 占全国比重（%）	**3.47**	**3.47**	**3.82**	**2.95**	**4.94**
# 占川渝比重（%）	**97.59**	**97.92**	**99.16**	**98.80**	**98.85**
重庆都市圈	275	318	18 181	735 718	347 396
成都都市圈	236	279	24 176	781 181	943 539
川东北渝东北	57	62	1705	42 196	48 240
川南渝西地区	122	136	6312	210 492	133 656
重庆					
渝中区					
大渡口区	4	4	212	7633	3156
江北区	4	4	187	5215	1377
沙坪坝区	11	20	2499	113 656	62 128
九龙坡区	23	27	964	33 811	19 235
南岸区	17	19	1197	33 350	28 856
北碚区	21	27	2464	125 198	44 079
渝北区	33	35	2617	105 715	40 553
巴南区	15	18	817	47 701	9185
涪陵区	12	14	685	23 324	14 232
长寿区	8	10	1076	35 107	24 855
江津区	3	3	129	4086	2469
合川区	5	6	164	6689	2335
永川区	6	7	363	14 181	3777
南川区	2	2	33	367	387
綦江区	4	4	463	10 424	3290
潼南区	8	10	275	7314	3255
铜梁区	21	22	840	27 809	8919
大足区	7	7	206	9185	6037

续表

类别	有研发机构的企业数（个）	机构数（个）	机构人员数（人）	机构经费支出（万元）	机构仪器和设备原价（万元）
荣昌区	28	32	1025	33 144	22 804
璧山区	25	26	1481	73 192	37 930
万州区	5	5	112	2448	5744
梁平区	5	6	445	6443	11 992
丰都县	3	3	15	192	493
垫江县	5	5	248	5417	5408
忠　县	5	7	164	5178	3435
开州区	9	9	173	5352	9784
云阳县	4	5	54	1012	4453
黔江区	1	1	10	120	18
四川					
成都市	199	239	21 871	725 196	818 194
自贡市	13	13	391	10 475	18 407
泸州市	11	11	254	10 105	15 326
德阳市	22	24	1553	33 621	104 594
绵阳市	39	50	3217	130 806	166 607
遂宁市	15	15	466	10 175	12 434
内江市	10	10	647	28 708	16 987
乐山市	5	5	195	4176	8655
南充市	10	11	152	8167	1803
眉山市	11	12	698	20 275	20 081
宜宾市	19	27	1994	62 377	35 640
广安市	18	21	484	18 620	8537
达州市	11	11	342	7987	5127
雅安市	7	8	258	5087	4388
资阳市	4	4	54	2090	670

2022年数据

高技术产业（制造业）生产经营情况

类别	企业数（个）	从业人员平均人数（人）	营业收入（亿元）	利润总额（亿元）
川渝合计	**2797**	**1 046 107**	**18 903**	**1042**
重庆	910	385 940	7639	448
四川	1887	660 167	11 264	594
成渝地区双城经济圈	**2685**	**1 032 653**	**18 689**	**1023**
# 占川渝比重（%）	**96.00**	**98.71**	**98.87**	**98.18**
重庆都市圈	822	372 131	7415	420
成都都市圈	986	435 198	6835	373
川东北渝东北	240	41 129	615	50
川南渝西地区	488	151 832	2305	184
重庆				
渝中区				
大渡口区	16	13 420	190	39
江北区	14	9573	94	–2
沙坪坝区	30	51 647	2251	29
九龙坡区	60	16 300	122	10
南岸区	29	12 235	291	12
北碚区	101	41 884	605	72
渝北区	70	63 204	1820	40
巴南区	36	7847	260	42
涪陵区	23	11 455	116	17
长寿区	31	8526	163	32
江津区	35	12 639	118	12
合川区	24	6715	52	5
永川区	48	19 593	218	29
南川区	4	554	3	
綦江区	22	9483	95	8
潼南区	31	4754	82	7
铜梁区	48	13 974	116	7
大足区	23	9418	51	4
荣昌区	46	14 444	151	17

续表

类别	企业数（个）	从业人员平均人数（人）	营业收入（亿元）	利润总额（亿元）
璧山区	79	35 314	494	31
万州区	23	5206	20	
梁平区	8	2995	57	5
丰都县	8	250	2	
垫江县	9	1877	16	1
忠　县	17	2854	107	15
开州区	19	3405	45	2
云阳县	16	1992	35	3
黔江区	3	305	3	
四川				
成都市	778	389 222	6263	326
自贡市	32	4500	27	1
泸州市	71	12 485	221	24
德阳市	114	29 089	335	37
绵阳市	192	74 362	1604	17
遂宁市	121	25 907	538	44
内江市	45	13 461	98	11
乐山市	29	8156	82	7
南充市	70	11 562	191	14
眉山市	67	13 184	204	7
宜宾市	118	41 835	1211	71
广安市	52	9152	124	10
达州市	70	10 988	142	10
雅安市	26	3184	41	4
资阳市	27	3703	33	2

高技术产业（制造业）R&D 人员

类别	有 R&D 活动的企业数（个）	R&D 人员（人）	# 研究人员	# 全时人员	R&D 人员折合全时当量（人年）
川渝合计	**1576**	**97 358**	**34 374**	**75 031**	**66 133**
重庆	536	32 136	10 550	25 172	21 883
四川	1040	65 222	23 824	49 859	44 250
成渝地区双城经济圈	**1519**	**95 847**	**34 063**	**73 999**	**65 236**
# 占川渝比重（%）	**96.38**	**98.45**	**99.10**	**98.62**	**98.64**
重庆都市圈	479	30 306	10 050	23 824	20 865
成都都市圈	601	38 542	15 080	29 085	26 415
川东北渝东北	94	2911	799	2258	1670
川南渝西地区	295	11 832	3099	8591	7996
重庆					
渝中区					
大渡口区	10	1068	563	953	899
江北区	10	1229	367	1100	1033
沙坪坝区	16	5016	1828	4345	3550
九龙坡区	41	1814	656	1301	1274
南岸区	19	1029	399	826	762
北碚区	51	4472	1358	3394	3181
渝北区	41	3745	1542	3204	1995
巴南区	15	1553	702	1205	1401
涪陵区	15	582	164	392	433
长寿区	21	1997	793	1494	1426
江津区	12	395	91	304	155
合川区	7	113	36	101	70
永川区	26	1313	187	664	851
南川区	3	118	37	54	58
綦江区	16	271	71	221	171
潼南区	21	439	91	372	303
铜梁区	40	1127	225	878	773
大足区	15	438	79	331	346
荣昌区	34	1363	374	941	795
璧山区	46	1552	358	1225	972
万州区	15	767	148	584	378

续表

类别	有 R&D 活动的企业数（个）	R&D 人员（人）			R&D 人员折合全时当量（人年）
			# 研究人员	# 全时人员	
梁平区	6	427	159	339	298
丰都县					
垫江县	4	210	69	182	167
忠　县	9	305	79	239	152
开州区	13	323	94	255	182
云阳县	6	65	18	49	28
黔江区	3	37	11	24	20
四川					
成都市	495	33 889	13 647	25 688	23 079
自贡市	17	425	138	303	305
泸州市	44	1225	360	735	836
德阳市	55	2731	879	2118	2043
绵阳市	104	14 322	5403	11 512	9721
遂宁市	51	1788	371	1409	1042
内江市	28	1178	459	924	701
乐山市	17	575	142	404	352
南充市	27	381	111	291	277
眉山市	42	1839	522	1233	1239
宜宾市	63	4097	1115	3290	3063
广安市	20	672	129	519	417
达州市	14	433	121	319	188
雅安市	18	441	135	231	247
资阳市	9	83	32	46	54

高技术产业（制造业）R&D 经费支出

单位：万元

类别	R&D 经费内部支出	按支出用途分		按资金来源分		R&D 经费外部支出
		# 人员劳务费	# 仪器和设备	# 政府资金	# 企业资金	
川渝合计	**3 414 948**	**1 152 354**	**355 684**	**252 786**	**3 158 838**	**232 652**
重庆	1 181 175	400 747	81 155	21 125	1 158 375	84 259
四川	2 233 774	751 607	274 529	231 661	2 000 463	148 394
成渝地区双城经济圈	**3 383 441**	**1 142 557**	**354 873**	**251 757**	**3 128 361**	**232 232**
# 占川渝比重（%）	**99.08**	**99.15**	**99.77**	**99.59**	**99.04**	**99.82**
重庆都市圈	1 103 718	384 299	80 397	18 704	1 083 340	82 653
成都都市圈	1 345 115	449 741	224 000	191 825	1 151 989	122 784
川东北渝东北	108 049	24 908	2298	2452	105 597	1758
川南渝西地区	367 759	94 601	19 030	4375	363 381	12 007
重庆						
渝中区						
大渡口区	42 608	19 961	403	3045	39 563	20 921
江北区	60 303	20 963	1586	547	59 756	688
沙坪坝区	139 668	65 048	3280	6424	133 244	7883
九龙坡区	64 504	21 563	4979	621	63 883	3797
南岸区	26 823	12 047	1017	2179	24 592	6447
北碚区	203 709	64 706	30 088	992	202 697	8232
渝北区	91 020	45 850	2319	2629	87 085	11 221
巴南区	127 486	32 378	12 997	1180	126 306	170
涪陵区	33 110	7177	3967	253	32 858	1081
长寿区	72 118	30 066	11 807	311	71 807	15 861
江津区	8643	2706	190	65	8577	444
合川区	3471	1429	7	11	3460	26
永川区	41 037	8107	287		41 037	27
南川区	2144	376	190		2144	
綦江区	10 782	2421	363	16	10 766	453
潼南区	17 152	3176	980		17 152	
铜梁区	43 052	10 262	1342	76	42 976	570
大足区	14 429	3713	938		14 429	
荣昌区	38 747	9948	889	332	38 415	1424
璧山区	49 567	17 679	2207	24	49 246	3193

续表

类别	R&D 经费内部支出	按支出用途分		按资金来源分		R&D 经费外部支出
		# 人员劳务费	# 仪器和设备	# 政府资金	# 企业资金	
万州区	10 602	4654	60	88	10 514	227
梁平区	20 390	6446	172		20 390	
丰都县						
垫江县	5464	2342		126	5338	699
忠　县	26 379	2106	196	734	25 645	5
开州区	10 841	2519	281	1044	9798	
云阳县	4919	493	213	245	4674	815
黔江区	1252	401	99		1252	6
四川						
成都市	1 247 724	417 418	213 178	189 800	1 056 623	115 928
自贡市	6779	2636		421	6356	500
泸州市	43 277	5845	1808	1085	42 192	3721
德阳市	58 929	21 494	3324	1745	57 185	4445
绵阳市	543 227	205 164	27 157	33 571	509 311	14 427
遂宁市	49 655	13 677	5420	266	49 388	312
内江市	45 032	15 728	4033	657	44 375	1379
乐山市	10 900	3742	64		10 900	422
南充市	20 413	3555	1010	200	20 213	7
眉山市	37 188	9972	7471	267	36 921	2282
宜宾市	115 982	33 236	9180	1723	114 258	3489
广安市	13 346	4723	563		13 346	216
达州市	9042	2792	367	15	9027	6
雅安市	10 456	3181	418	1055	9402	781
资阳市	1274	856	26	14	1260	130

高技术产业（制造业）新产品

类别	新产品开发项目数（项）	新产品开发经费支出（万元）	新产品销售收入（万元）	
				# 出口
川渝合计	**15 761**	**3 976 596**	**43 395 216**	**13 876 051**
重庆	5584	1 256 662	18 656 311	10 162 142
四川	10 177	2 719 934	24 738 904	3 713 909
成渝地区双城经济圈	**15 578**	**3 937 530**	**43 249 293**	**13 856 568**
# 占川渝比重（%）	**98.84**	**99.02**	**99.66**	**99.86**
重庆都市圈	5378	1 173 966	17 968 217	10 132 244
成都都市圈	7493	1 873 460	16 142 987	2 876 131
川东北渝东北	404	115 856	908 788	29 057
川南渝西地区	1786	384 281	3 197 506	436 987
重庆				
渝中区				
大渡口区	219	38 717	915 691	10 599
江北区	175	68 761	196 635	148 855
沙坪坝区	254	71 413	6 829 267	6 143 067
九龙坡区	406	61 453	324 293	147 421
南岸区	446	34 279	436 849	14 218
北碚区	1223	244 043	1 961 619	1 036 863
渝北区	849	125 119	1 577 478	823 967
巴南区	150	131 427	1 689 467	665 919
涪陵区	130	34 242	415 192	54 220
长寿区	154	73 790	876 011	670 140
江津区	99	10 784	79 556	8384
合川区	128	14 220	159 013	55
永川区	168	48 757	248 279	88 803
南川区	5	1539	17 619	
綦江区	62	19 280	601 606	3162
潼南区	103	17 225	73 173	3578
铜梁区	175	41 170	384 571	44 296
大足区	44	14 435	59 349	17 204
荣昌区	279	42 919	534 590	62 256
璧山区	176	68 973	527 393	182 422
万州区	78	9971	28 699	1949

续表

类别	新产品开发项目数（项）	新产品开发经费支出（万元）	新产品销售收入（万元）	
				#出口
梁平区	24	30 248	158 655	17 115
丰都县	4	345	484	
垫江县	30	3007	97 669	1558
忠　县	46	17 166	159 897	7590
开州区	74	11 342	167 641	845
云阳县	19	8512	71 164	
黔江区	9	279		
四川				
成都市	6709	1 763 949	15 282 906	2 802 093
自贡市	65	5331	36 167	2646
泸州市	262	44 579	177 283	12 268
德阳市	519	66 551	639 032	69 801
绵阳市	896	502 589	6 340 680	558 246
遂宁市	229	39 330	311 309	37 296
内江市	239	43 225	105 100	3977
乐山市	119	10 987	116 305	587
南充市	83	23 883	111 219	
眉山市	229	41 039	213 931	1878
宜宾市	393	113 803	971 005	193 991
广安市	133	11 420	60 567	6816
达州市	46	11 380	113 360	
雅安市	91	14 127	171 452	10 126
资阳市	36	1921	7118	2358

高技术产业（制造业）专利

单位：件

类别	专利申请量		发明专利有效量
		# 发明专利	
川渝合计	**20 089**	**10 076**	**32 418**
重庆	5477	2300	8524
四川	14 612	7776	23 894
成渝地区双城经济圈	**19 913**	**10 048**	**32 233**
# 占川渝比重（%）	**99.12**	**99.72**	**99.43**
重庆都市圈	5045	2215	8154
成都都市圈	10 241	5856	16 955
川东北渝东北	654	179	642
川南渝西地区	1316	433	1701
重庆			
渝中区			
大渡口区	462	173	414
江北区	87	28	97
沙坪坝区	261	151	490
九龙坡区	698	481	1071
南岸区	177	81	300
北碚区	632	261	1159
渝北区	808	270	1813
巴南区	270	167	1219
涪陵区	165	38	156
长寿区	151	70	337
江津区	61	18	64
合川区	85	32	145
永川区	95	3	63
南川区			11
綦江区	73	34	63
潼南区	37	7	24
铜梁区	152	36	125
大足区	14	4	1
荣昌区	92	33	123
璧山区	633	293	334

续表

类别	专利申请量	#发明专利	发明专利有效量
万州区	194	51	78
梁平区	15	7	76
丰都县	4	2	37
垫江县	22	3	44
忠　县	26	6	69
开州区	134	30	105
云阳县	12	4	36
黔江区	20	6	28
四川			
成都市	9498	5580	16 122
自贡市	43	19	154
泸州市	159	46	308
德阳市	356	141	639
绵阳市	2543	1317	4541
遂宁市	379	113	377
内江市	206	91	297
乐山市	63	9	117
南充市	117	45	143
眉山市	334	125	177
宜宾市	421	149	503
广安市	92	35	145
达州市	130	31	54
雅安市	139	48	157
资阳市	53	10	17

高技术产业（制造业）技术获取和技术改造

单位：万元

类别	技术改造经费支出	购买境内技术经费支出	引进境外技术经费支出	引进境外技术消化吸收经费支出
川渝合计	**454 175**	**38 879**	**18 708**	**1027**
重庆	57 625	20 684	12 960	
四川	396 549	18 195	5748	1027
成渝地区双城经济圈	**451 682**	**38 875**	**18 708**	**1027**
# 占川渝比重（%）	**99.45**	**99.99**	**100.00**	**100.00**
重庆都市圈	54 013	21 070	12 878	
成都都市圈	260 775	14 840	5134	
川东北渝东北	3870	153	83	8
川南渝西地区	20 773	875		
重庆				
渝中区				
大渡口区				
江北区	136			
沙坪坝区	6331	400	8668	
九龙坡区	1675			
南岸区	2291	60		
北碚区	7439	2265		
渝北区	4445	5334	520	
巴南区	1252	40		
涪陵区	2817	1000	2820	
长寿区	886	154		
江津区	35			
合川区	1316	10 366		
永川区	3800			
南川区				
綦江区	11 025			
潼南区				
铜梁区	1895	84		
大足区				
荣昌区		780		
璧山区	8071	189	870	
万州区				

续表

类别	技术改造经费支出	购买境内技术经费支出	引进境外技术经费支出	引进境外技术消化吸收经费支出
梁平区	134	10	83	
丰都县	14			
垫江县				
忠　县	4			
开州区	311			
云阳县	1745			
黔江区	387			
四川				
成都市	242 570	14 085	5134	
自贡市	102	11		
泸州市	1066			
德阳市	16 311	755		
绵阳市	123 960	2800	614	1019
遂宁市	2887			
内江市	1095			
乐山市	942			
南充市	264			
眉山市	1894			
宜宾市	1756			
广安市	600	400		
达州市	1396	143		8
雅安市	830			
资阳市				

高技术产业（制造业）企业办研发机构

类别	有研发机构的企业数（个）	机构数（个）	机构人员数（人）	机构经费支出（万元）	机构仪器和设备原价（万元）
川渝合计	**848**	**1004**	**65 529**	**2 606 160**	**2 517 232**
重庆	387	443	22 987	978 030	1 023 896
四川	461	561	42 542	1 628 130	1 493 337
成渝地区双城经济圈	**818**	**974**	**64 919**	**2 583 642**	**2 492 081**
# 占川渝比重（%）	**96.46**	**97.01**	**99.07**	**99.14**	**99.00**
重庆都市圈	323	376	21 354	934 178	976 766
成都都市圈	281	335	25 892	964 378	1 156 285
川东北渝东北	77	84	2405	63 785	52 928
川南渝西地区	162	181	6298	274 990	165 613
重庆					
渝中区					
大渡口区	5	5	959	60 914	14 208
江北区	5	5	333	7822	3903
沙坪坝区	9	19	2293	86 362	104 780
九龙坡区	18	27	1260	50 716	27 580
南岸区	20	22	1316	39 905	37 232
北碚区	34	43	3607	183 658	79 568
渝北区	29	30	2870	93 870	33 893
巴南区	20	28	1310	66 240	480 505
涪陵区	15	17	546	30 609	21 664
长寿区	10	14	1518	69 810	38 142
江津区	7	7	167	6458	3456
合川区	5	6	220	9313	4328
永川区	17	17	603	32 861	21 423
南川区	3	3	45	899	534
綦江区	5	5	300	19 008	7831
潼南区	4	4	98	7359	2449
铜梁区	33	33	854	39 242	19 143
大足区	12	12	276	13 641	7040
荣昌区	32	35	1202	37 873	23 352
璧山区	28	28	1168	66 862	40 812
万州区	19	21	652	8447	8772

续表

类别	有研发机构的企业数（个）	机构数（个）	机构人员数（人）	机构经费支出（万元）	机构仪器和设备原价（万元）
梁平区	5	6	438	9474	12 233
丰都县	2	2	13	157	347
垫江县	4	4	249	5905	5166
忠　县	6	9	236	16 461	3762
开州区	12	12	197	6903	11 659
云阳县	7	8	63	1675	5356
黔江区	1	1		307	75
四川					
成都市	242	293	23 426	898 993	1 062 930
自贡市	12	14	367	6851	8228
泸州市	15	18	475	24 670	6693
德阳市	18	18	1385	38 445	50 730
绵阳市	48	68	11 327	468 754	187 252
遂宁市	19	19	513	14 520	23 160
内江市	11	11	773	35 800	24 539
乐山市	7	7	253	5213	4063
南充市	12	12	151	7570	1215
眉山市	19	22	1045	25 658	42 469
宜宾市	18	29	1281	58 586	43 908
广安市	12	16	409	10 758	4923
达州市	10	10	406	7191	4417
雅安市	6	12	279	6600	8183
资阳市	2	2	36	1281	157

大事记

2020 年

1 月 3 日，中央财经委员会第六次会议作出推动成渝地区双城经济圈建设重大决策部署。

1 月 6 日，重庆市委常委会、四川省委常委会分别召开扩大会议，传达学习中央财经委员会第六次会议精神，研究贯彻落实意见。

1 月 7 日，川渝两省市发展改革委在重庆市潼南区联合召开“推进川渝合作毗邻地区一体化发展座谈会”。

1 月 8 日，四川省科学技术厅召开成渝地区双城经济圈建设具有全国影响力科技创新中心专家座谈会。

1 月 10 日，四川召开省委财经委员会第四次会议，强调抓住用好重大战略机遇，高质量谋划推动成渝地区双城经济圈建设。

1 月 17 日，川渝两省市发展改革委在重庆召开“推动成渝地区双城经济圈建设联合办公室 2020 年第一次主任调度会”（后分别于 2 月、4 月、7 月、9 月、11 月召开第二、第三、第四、第五、第六次主任调度会）。

1 月 22 日，四川省人民政府批复同意设立四川广安川渝合作高滩园区，实行现行省级开发区政策。

2 月 28 日，四川省委编委批复设立四川省推进成德眉资同城化发展领导小组办公室。

3 月 11 日，四川省科学技术厅与重庆市科学技术局在成都召开工作对接会，共谋科技创新中心建设。

3 月 12 日，推动成渝地区双城经济圈建设重庆四川常务副省市长协调会议第一次会议在成都召开。

3 月 17 日，推动成渝地区双城经济圈建设四川重庆党政联席会议第一次会议以视频会议形式召开。

3 月 23 日，重庆市召开推动成渝地区双城经济圈建设动员大会。

4 月 13 日，重庆市委书记、市推动成渝地区双城经济圈建设领导小组组长陈敏尔主持召开推动成渝地区双城经济圈建设领导小组会议。

4 月 14 日，川渝签署《进一步深化川渝科技创新合作 增强协同创新发展能力 共建具有全国影响力的科技创新中心框架协议》。

4 月 15 日至 17 日，四川省委书记彭清华主持召开川东北经济区工作座谈会并讲话。

4月15日，中共重庆市第五届委员会第八次全体会议召开，审议通过中共重庆市委加快推动成渝地区双城经济圈建设的决定。

4月17日，四川省科学技术厅与重庆市科学技术局召开推进川渝地区协同创新发展专题座谈会。

4月21日，成渝地区双城经济圈人才协同发展联席会议第一次会议暨战略合作协议签署仪式在重庆举行。

4月22日，四川省财政厅、重庆市财政局召开成渝地区双城经济圈建设财政协作推进会议，签署成渝地区双城经济圈建设工作财政协作推进机制备忘录。

4月29日，成都高新区、重庆高新区召开共同推进成渝地区双城经济圈建设第二次联席会议，签署《重庆高新区　成都高新区“双区联动”共建具有全国影响力的科技创新中心战略合作协议》。

5月25日，推动成渝地区双城经济圈建设联合办公室印发《推动成渝地区双城经济圈建设联合办公室组织架构》《推动成渝地区双城经济圈建设联合办公室工作规则》。

5月28日，四川省科学技术厅与重庆市科学技术局在重庆召开川渝协同创新专项工作组第二次会议，商定《川渝两地科技部门共同争取国家支持的重大事项清单（第一批）》和《2020年川渝两地科技部门协同创新工作清单》。

6月3日，四川省科学技术厅与重庆市科学技术局在成都召开应用数学中心建设工作座谈会。

6月22日，四川省科学技术厅、重庆市科学技术局在绵阳召开推动成渝地区双城经济圈建设科技协同创新专项工作组第四次会议。成立成渝地区双城经济圈科研院所联盟和大学科技园协同创新战略联盟。

7月10日，中共四川省第十一届委员会第七次全体会议在成都举行，审议通过《中共四川省委关于深入贯彻习近平总书记重要讲话精神 加快推动成渝地区双城经济圈建设的决定》。

7月13日，四川省推动成渝地区双城经济圈建设暨推进区域协同发展领导小组第一次会议召开。

7月27日，川渝两省市政府办公厅联合印发《川渝毗邻地区合作共建区域发展功能平台推进方案》。

同日，推动成渝地区双城经济圈建设联合办公室印发《关于做好2020年川渝共同实施的重大项目有关工作的通知》。

8月13日，川渝两省市首次联合实施重点研发项目申报工作启动。

9月12日，广安市人民政府与重庆市科学技术局在经贸合作座谈会暨合作备忘录签字仪式上签订了科技合作协议，标志着广安市与重庆市科技合作与交流工作取得了实质性进展。

9月16日，四川、重庆两省市互派首批101名优秀年轻干部挂职（顶岗）工作。

9月19日，中共中央政治局委员、国务院副总理刘鹤出席绵阳科技城建设部际协调小组会议。

10月16日，中共中央总书记习近平主持召开中共中央政治局会议，审议《成渝地区双城经济圈建设规划纲要》。

10月18日，中共重庆市委常委会召开会议，传达学习贯彻中央政治局会议精神，研究部署推动成渝地区双城经济圈建设工作。

10 月 19 日，中共四川省委召开省委常委会会议，传达学习贯彻中央政治局会议精神，研究部署推动成渝地区双城经济圈建设工作。

10 月 30 日，四川、重庆两省市政府办公厅联合印发《川渝通办事项清单（第一批）》，要求 95 个高频政务服务事项年底前实现线上“全网通办”、线下“异地可办”。

12 月 7 日，四川省委副书记、代省长黄强主持召开省政府第 59 次常务会议，研究部署川渝毗邻地区部分合作共建区域发展功能平台建设等工作。会议审议通过《遂潼川渝毗邻地区一体化发展先行区总体方案》《川渝高竹新区总体方案》。

12 月 10 日，首届川渝科技学术大会暨四川科技学术大会在成都举行。中国科协党组书记、常务副主席怀进鹏，四川省委副书记、代省长黄强出席开幕式并讲话。四川省委副书记邓小刚出席开幕式。

12 月 14 日，推动成渝地区双城经济圈建设重庆四川党政联席会议第二次会议以电视电话会议形式召开。

12 月 29 日，四川省人民政府和重庆市人民政府联合发文，批复同意设立遂潼川渝毗邻地区一体化发展先行区。

12 月 31 日，四川、重庆两省市政府批复设立川渝高竹新区、遂潼川渝毗邻地区一体化发展先行区。

同日，川南渝西融合发展试验区规划建设启动会在自贡召开。

2021 年

1 月 4 日，四川省召开推动成渝地区双城经济圈建设暨推进区域协同发展领导小组第二次会议。

同日，川渝两省市政府办公厅联合印发《推动成渝地区双城经济圈建设重点规划编制工作方案》《成渝地区双城经济圈便捷生活行动方案》。

1 月 8 日，四川省经济和信息化厅、重庆市经济和信息化委员会公布首批成渝地区双城经济圈产业合作示范园区名单。

1 月 9 日，四川、重庆两省市政府办公厅联合印发《关于协同推进成渝地区双城经济圈“放管服”改革的指导意见》。

2 月 10 日，重庆市人民政府印发《重庆市国民经济和社会发展第十四个五年规划和二〇三五年远景目标纲要》。

2 月 26 日，四川省高级人民法院、重庆市高级人民法院、四川省知识产权局、重庆市知识产权局共同签署《关于建立成渝地区双城经济圈知识产权保护合作机制备忘录》。

3 月 16 日，四川省人民政府发布《四川省国民经济和社会发展第十四个五年规划和二〇三五年远景目标纲要》。

3 月 28 日，科技部批复支持重庆建设国家生猪技术创新中心，这是我国农业领域首个国家技术创新中心。

3 月 30 日，工业和信息化部批复支持重庆市和四川省建设成渝地区工业互联网一体化发展示范区。

3 月 31 日，四川、重庆首个协同立法项目《四川省优化营商环境条例》《重庆市优化营商环境条例》先后于 3 月 26 日、3 月 31 日经四川省人大常委会、重庆市人大常委会通过，自 2021 年 7 月 1 日起施行。条例明确了协同推进成渝科技创新中心建设等规定。

4 月 2 日，四川省科学技术厅和重庆市科学技术局联合推动、四川省技术转移中心和重庆技术评估与转移服务中心联合发起的成渝地区双城经济圈技术转移联盟第一次会员大会召开。

4 月 23 日，四川省科学技术厅与重庆市科学技术局在重庆召开川渝协同创新专项工作组第三次会议。会议议定了《2021 年成渝地区协同创新工作要点》，签署了《川渝大型科研仪器设备数据开放共享合作协议》，成立成渝地区双城经济圈高新技术产业开发区协同创新战略联盟、技术转移联盟。

同日，川渝科技资源共享服务平台正式开通。

4 月 24 日，成渝地区双城经济圈人才协同发展联席会议第二次会议暨人才合作协议签署仪式在成都举行。四川省科学技术厅与重庆市科学技术局签署了《外国高端人才工作许可互认和资源共享合作协议》。

4 月 25 日，推动成渝地区双城经济圈建设联合办公室印发《成渝地区双城经济圈建设 2021 年川渝合作共建重大项目名单》。

5 月 13 日，国家发改委、科技部发布《关于深入推进全面创新改革工作的通知》，重庆新增入选国家“全面创新改革试验区”。

5 月 15 日，推动成渝地区双城经济圈建设重庆四川常务副省市长协调会议第三次会议在成都召开。

5 月 23 日，国家川藏铁路技术创新中心在成都揭牌。

5 月 27 日，推动成渝地区双城经济圈建设重庆四川党政联席会议第三次会议在永川召开。

同日，重庆市•四川省共建具有全国影响力的科技创新中心 2021 年重大项目集中开工。

同日，2021 重庆四川技术转移转化大会在重庆举行。

5 月 30 日，川渝高竹新区科技创新基地签约仪式在成都举行。

6 月 7 日，西部（成都）科学城、天府实验室在成都正式揭牌，四川省委书记彭清华出席揭牌活动并讲话。

6 月 8 日至 11 日，川渝全国人大代表联合开展万达开川渝统筹发展示范区建设专题调研。

6 月 25 日，川渝两省市政府办公厅联合印发《成渝地区双城经济圈汽车产业高质量协同发展实施方案》《成渝地区双城经济圈电子信息产业高质量协同发展实施方案》。

8 月 2 日，人力资源和社会保障部与两省市政府签署《推动成渝地区双城经济圈建设深化人力资源社会保障战略合作协议》。

8 月 21 日，工业和信息化部批准由联合微电子中心牵头组建国家地方共建硅基混合集成创新中心。

8 月 23 日，四川省召开推动成渝地区双城经济圈建设暨推进区域协同发展领导小组第三次会议。

同日，川渝港澳台青少年科技创新联盟在重庆举办 2021 年中国国际智能产业博览会青少年专利孵化展，来自 13 个国家（含中国）的青少年以线上线下相结合形式参展。

9 月 13 日，川渝两省市互派第二批 100 名优秀年轻干部挂职（顶岗）工作。

9 月 17 日至 23 日，川渝科技馆联合两地 26 家优秀科普基地云联动，开展科普列车川渝行 2021 年全国科普日线上活动，受众达 214.5 万人次。

10 月 20 日，《成渝地区双城经济圈建设规划纲要》公开发布。

同日，川渝两省市政府批复设立泸永江融合发展示范区。

10 月 21 日，四川省委召开常委会会议，深入学习中共中央、国务院印发的《成渝地区双城经济圈建设规划纲要》，研究部署全省学习宣传贯彻有关工作。

10 月 22 日，川渝两省市政府批复设立明月山绿色发展示范带。

10 月 26 日，以“唱响‘双城记’ 融入‘双循环’”为主题的国家发展改革委与美在华跨国企业高层圆桌会——四川站在成都举行。

10月27日，重庆市委常委会召开会议，学习贯彻《成渝地区双城经济圈建设规划纲要》。

11月3日，粤港澳大湾区与成渝地区双城经济圈建设对接交流论坛在成都举行。

11月9日，川渝两省市政府联合批复川渝毗邻地区合作共建区域发展功能平台方案——《泸永江融合发展示范区总体方案》。

11月15日，“重庆市聚焦‘科创+产业’打造重要创新策源地”的典型经验做法获国务院办公厅通报表扬。

11月18日，国家发展改革委批复同意《成都都市圈发展规划》。

11月22日，推动成渝地区双城经济圈建设重庆四川常务副省市长协调会议第四次会议以视频方式召开。

11月23日，川渝两省市政府办公厅联合印发《成渝现代高效特色农业带建设规划》。

同日，四川省人民政府正式批复同意设立绵阳科技城新区。

11月25日，《重庆市科技创新促进条例》经重庆市五届人大常委会第二十九次会议审议通过。

11月29日，四川省政府印发《成都都市圈发展规划》。

同日，川渝两省市政府批复设立内江荣昌现代农业高新技术产业示范区。

11月30日，川渝两省市政府办公厅联合印发《成渝地区双城经济圈体制机制改革创新方案》。

12月9日，成渝地区双城经济圈国际科技合作基地联盟正式在渝签约成立。四川省科技交流中心和重庆高技术创业中心共同签署了《共建成渝地区双城经济圈国际科技合作基地联盟合作协议》。

同日，中国—瑞士科技创新精准合作“云对接”成渝专场活动在重庆启动，瑞士和成渝两地相关科研机构和科技企业200余家单位通过“面对面”“屏对屏”线上线下相结合的方式进行对接交流。

12月14日，推动成渝地区双城经济圈建设重庆四川党政联席会议第四次会议在宜宾召开。

同日，川渝两省市在宜宾三江口长江生态公园举行成渝地区双城经济圈碳达峰碳中和联合行动启动仪式。

12月17日至18日，成都市党政代表团赴渝考察交流，并签订《落实成渝地区双城经济圈建设重大决策部署唱好“双城记”建强都市圈战略合作协议》等“1+5”合作协议。

12月27日，川渝高竹新区管理机构揭牌。

12月30日，重庆四川两省市贯彻落实《成渝地区双城经济圈建设规划纲要》联合实施方案发布。

同日，川渝两省市政府办公厅联合印发《关于支持川渝高竹新区改革创新发展若干政策措施的通知》。

2022 年

1 月 8 日，科技部批复支持重庆建设国家科技成果转移转化示范区。

1 月 11 日，重大科技基础设施平台西部（重庆）科学城种质创制大科学中心正式运行。

1 月 12 日，四川省跨高校院所新型中试研发平台在西南交通大学揭牌。

同日，成渝地区双城经济圈发展基金在中国证券投资基金业协会备案成功。

1 月 13 日，重庆获批建设国家科技成果转移转化示范区。

1 月 24 日，四川省人民政府办公厅印发《增强协同创新发展能力行动方案》。

1 月 30 日，川渝两省市政府办公厅联合印发《共建成渝地区工业互联网一体化发展示范区实施方案》。

同日，推动成渝地区双城经济圈建设联合办公室印发《关于做好共建成渝地区双城经济圈 2022 年重大项目实施有关工作的通知》。

2 月 1 日，重庆市政府发布《关于支持西部（重庆）科学城高质量发展的意见》。

2 月 7 日，国家发展改革委、中央网信办、工业和信息化部、国家能源局联合批复同意成渝地区启动建设全国一体化算力网络国家枢纽节点。

2 月 15 日，川渝两省市政府办公厅联合印发《成渝地区双城经济圈碳达峰碳中和联合行动方案》。

2 月 18 日，推动成渝地区双城经济圈建设联合办公室组织召开万达开等 5 个川渝毗邻地区合作共建区域发展功能平台建设推进会。

2 月 21 日，《成德眉资同城化发展暨成都都市圈建设 2022 年重大项目清单》正式印发。

2 月 22 日，推动成渝地区双城经济圈建设联合办公室 2022 年第一次主任调度会议以视频方式召开。（后分别于 4 月、7 月、9 月、11 月召开第二、第三、第四、第五次主任调度会）。

3 月 7 日至 8 日，川渝两省市全国政协委员联名提交《关于支持成渝共建西部金融中心的提案》《关于支持巴蜀文化旅游走廊建设的提案》。

3 月 10 日，国家发展改革委印发《2022 年成渝地区双城经济圈建设工作要点》。

3 月 22 日，四川省科学技术厅在成都举行政策解读会，解读近期印发的《川渝地区外国高端人才工作许可互认实施方案》。

3 月 23 日，四川省推动成渝地区双城经济圈建设暨推进区域协同发展领导小组第四次会议召开。

同日，中央网信办等 12 部门联合印发通知，确定 22 个 IPv6 技术创新和融合应用综合试点城市名单，重庆市永川区成功入选。

4月14日，推动成渝地区双城经济圈联合办公室召开川南渝西等5个川渝毗邻地区合作共建区域发展功能平台建设工作推进会。

4月18日，川渝两省市政府办公厅印发《成渝地区建设具有全国影响力的科技创新中心总体方案》。

4月23日，成渝国家网络安全产业园区获工业和信息化部批复，成为国内首个跨省域的国家级网络安全产业园区。

5月10日，国家发展改革委出台我国首部生物经济五年规划——《“十四五”生物经济发展规划》，提出在京津冀、长三角、粤港澳大湾区、成渝地区双城经济圈等区域，布局建设生物经济先导区。

5月27日至30日，中国共产党四川省第十二次代表大会在成都召开。会议指出，推动成渝地区双城经济圈建设是以习近平同志为核心的党中央统筹“两个大局”作出的重大战略决策，是全面建设社会主义现代化四川的总牵引。

5月27日至31日，中国共产党重庆市第六次代表大会召开。会议指出，建设成渝地区双城经济圈，饱含着习近平总书记和党中央对川渝两地的殷切期望，蕴含着发挥“三个作用”的内在要求，是重庆全面建设社会主义现代化的重大使命和强大引擎。

5月31日，四川省委常委班子调研成渝地区双城经济圈建设并召开省委专题会。

6月17日，推动成渝地区双城经济圈建设重庆四川常务副省市长协调会议第五次会议召开。

6月22日，四川省科学技术厅和重庆市科学技术局在绵阳召开推动成渝地区双城经济圈建设科技协同创新专项工作组第四次会议。

6月24日，重庆市召开推动成渝地区双城经济圈建设领导小组会议。

6月26日，川渝两地携手成立成渝地区双城经济圈大学科技园协同创新战略联盟和科研院所联盟。

6月29日，推动成渝地区双城经济圈建设重庆四川党政联席会议第五次会议在重庆召开。

7月1日，科技部国合司召集重庆市科学技术局与四川省科学技术厅召开视频座谈会，科技部国合司司长戴钢主持。

7月6日，西部（重庆）科学城、西部（成都）科学城第一次联席会议在四川天府新区召开。

7月25日，川渝两省市政府办公厅联合印发《支持成渝地区双城经济圈市场主体健康发展的若干政策措施》。

7月26日，川渝两省市政府办公厅联合印发《成渝地区联手打造内陆开放高地方案》。

同日，川渝两省市政府办公厅联合印发《成渝共建西部金融中心工作领导小组工作机制》。

8月9日，川渝两省市政府办公厅联合印发《推动川渝能源绿色低碳高质量发展协同行动方案》。

8月10日，川渝两省市政府办公厅联合印发《成渝地区双城经济圈特色消费品产业高质量发展协同实施方案》。

8月11日，川渝两省市政府联合印发《重庆都市圈发展规划》。

9月1日，教育部办公厅、国家发展改革委办公厅、国家能源局综合司联合发布《关于实施储能技术国家急需高层次人才培养专项的通知》，重庆大学和在蓉央企中国东方电气集团有限公司入选。

9月20日，教育部办公厅下发《关于公布国家级创新创业学院、国家级创新创业教育实践基地建设名单的通知》，包括四川大学、重庆大学在内的12所在蓉在渝高校入选。

9月21日，成渝成功入围首批国家综合货运枢纽补链强链城市（群）。

9月29日，重庆成都双核联动联建会议以视频方式召开，审议了《强化重庆成都双核联动联建合作项目事项清单》。

10月10日，推动成渝地区双城经济圈建设联合办公室印发《成渝地区双城经济圈建设重大项目管理工作指引（试行）》。

同日，重庆天府两江协同创新私募股权投资基金完成首次对外投资交割。

10月12日，四川省科学技术厅与重庆市科学技术局、人社局联合印发《川渝高竹新区外国人才来华工作许可互认试点实施方案》。

10月16日，推动成渝地区双城经济圈建设作为国家区域重大战略写入党的二十大报告。

10月19日，成渝电子信息创新创业园竣工。

10月27日，工业和信息化部公示《第三轮先进制造业集群决赛优胜者名单》，成渝地区电子信息先进制造集群入选，成为继成都软件与信息服务业集群后第二个“国家级”先进制造业集群。

10月29日，川渝两省市互派第三批100名优秀年轻干部挂职（顶岗）工作。

10月31日，成渝地区双城经济圈产业数字化赋能基地建成投用。

11月1日，水利部、国家发展改革委印发《成渝地区双城经济圈水安全保障规划》。

11月23日，第三届川渝科技学术大会暨四川科技学术大会在成都举行。中国科协党组书记、常务副主席怀进鹏，四川省委副书记、代省长黄强出席开幕式并讲话。

11月24日，川渝两省市人民政府举办“2022年川渝地区—湄公河国家地方合作论坛”。

11月29日，证监会批复同意四川百利天恒药业股份有限公司、重庆山外山血液净化技术股份有限公司在科创板上市。

12月1日，成渝地区双城经济圈首个数据领域地方标准——《公共信息资源标识规范》正式发布实施。

12月7日，推动成渝地区双城经济圈建设重庆四川常务副省市长协调会议第六次会议以视频方式召开。

12月14日，川渝两省市政府办公厅联合印发《成渝共建西部金融中心规划联合实施细则》。

12月22日，重庆市召开推动成渝地区双城经济圈建设领导小组会议。

12月23日，西南大学家蚕基因组生物学国家重点实验室科学家绘制完成世界首张“千蚕高精度基因遗传变异图谱”，入选2022年度国内十大科技新闻。

12月30日，推动成渝地区双城经济圈建设重庆四川党政联席会议第六次会议在成都召开。

附　录

政策规划

成渝地区双城经济圈建设规划纲要

中共中央　国务院印发

2021 年 10 月 20 日

（2021 年第 31 号国务院公报）

前　言

党中央、国务院高度重视成渝地区发展。2020 年 1 月 3 日，习近平总书记主持召开中央财经委员会第六次会议，作出推动成渝地区双城经济圈建设、打造高质量发展重要增长极的重大决策部署，为未来一段时期成渝地区发展提供了根本遵循和重要指引。

成渝地区双城经济圈位于“一带一路”和长江经济带交汇处，是西部陆海新通道的起点，具有连接西南西北，沟通东亚与东南亚、南亚的独特优势。区域内生态禀赋优良、能源矿产丰富、城镇密布、风物多样，是我国西部人口最密集、产业基础最雄厚、创新能力最强、市场空间最广阔、开放程度最高的区域，在国家发展大局中具有独特而重要的战略地位。为加强顶层设计和统筹协调，加快推动成渝地区形成有实力、有特色的双城经济圈，编制本规划纲要。

规划范围包括重庆市的中心城区及万州、涪陵、綦江、大足、黔江、长寿、江津、合川、永川、南川、璧山、铜梁、潼南、荣昌、梁平、丰都、垫江、忠县等 27 个区（县）以及开州、云阳的部分地区，四川省的成都、自贡、泸州、德阳、绵阳（除平武县、北川县）、遂宁、内江、乐山、南充、眉山、宜宾、广安、达州（除万源市）、雅安（除天全县、宝兴县）、资阳等 15 个市，总面积 18.5 万平方公里，2019 年常住人口 9600 万人，地区生产总值近 6.3 万亿元，分别占全国的 1.9%、6.9%、6.3%。

本规划纲要是指导当前和今后一个时期成渝地区双城经济圈建设的纲领性文件，是制定相关规划和政策的依据。规划期至 2025 年，展望到 2035 年。

第一章 规划背景

“十三五”以来，成渝地区发展驶入快车道。中心城市辐射带动作用持续提升，中小城市加快发展，基础设施更加完备，产业体系日渐完善，科技实力显著增强，内需空间不断拓展，对外交往功能进一步强化。到2019年，地区生产总值年均增长8%以上，社会消费品零售总额年均增长10%以上，常住人口城镇化率超过60%，铁路密度达3.5公里/百平方公里，机场群旅客吞吐量超过1亿人次，常住人口规模、地区经济总量占全国比重持续上升，呈现出重庆和成都双核相向发展、联动引领区域高质量发展的良好态势，已经成为西部地区经济社会发展、生态文明建设、改革创新和对外开放的重要引擎。与此同时，成渝地区综合实力和竞争力仍与东部发达地区存在较大差距，特别是基础设施瓶颈依然明显，城镇规模结构不尽合理，产业链分工协同程度不高，科技创新支撑能力偏弱，城乡发展差距仍然较大，生态环境保护任务艰巨，民生保障还存在不少短板。

当今世界正经历百年未有之大变局，新一轮科技革命和产业变革深入发展，国际分工体系面临系统性调整。我国已转向高质量发展阶段，共建“一带一路”、长江经济带发展、西部大开发等重大战略深入实施，供给侧结构性改革稳步推进，扩大内需战略深入实施，为成渝地区新一轮发展赋予了全新优势、创造了重大机遇。在这样的背景下，推动成渝地区双城经济圈建设，符合我国经济高质量发展的客观要求，是新形势下促进区域协调发展，形成优势互补、高质量发展区域经济布局的重大战略支撑，也是构建以国内大循环为主体、国内国际双循环相互促进新发展格局的一项重大举措，有利于在西部形成高质量发展的重要增长极，增强人口和经济承载力；有助于打造内陆开放战略高地和参与国际竞争的新基地，助推形成陆海内外联动、东西双向互济的对外开放新格局；有利于吸收生态功能区人口向城市群集中，使西部形成优势区域重点发展、生态功能区重点保护的新格局，保护长江上游和西部地区生态环境，增强空间治理和保护能力。

第二章 总体要求

加强顶层设计和统筹协调，牢固树立一体化发展理念，唱好“双城记”，共建经济圈，合力打造区域协作的高水平样板，在推进新时代西部大开发中发挥支撑作用，在共建“一带一路”中发挥带动作用，在推进长江经济带绿色发展中发挥示范作用。

第一节 指导思想

以习近平新时代中国特色社会主义思想为指导，全面贯彻党的十九大和十九届二中、三中、四中、五中全会精神，坚持党中央集中统一领导，坚定不移贯彻新发展理念，坚持稳中求进工作总基调，以推动高质量发展为主题，以深化供给侧结构性改革为主线，立足构建以国内大循环为主体、国内国际双循环相互促进的新发展格局，围绕推动形成优势互补、高质量发展的区域经济布局，强化重庆和成都中心城市带动作用，引领带动成渝地区统筹协同发展，促进产业、人口及各类生产要素合理流动和高效集聚，加快形成改革开放新动力，加快塑造创新发展新优势，加快构建与沿海地区协作互动新局面，加快拓展参与国际合作新空间，推动成渝地区形成有实力、有特色的双城经济圈，打造带动全国高质量发展的重要增长极和新的动力源。

第二节 主要原则

——双核引领，区域联动。提升重庆、成都中心城市综合能级和国际竞争力，处理好中心和区域的关系，强化协同辐射带动作用，以大带小、加快培育中小城市，以点带面、推动区域均衡发展，以城带乡、有效促进乡村振兴，形成特色鲜明、布局合理、集约高效的城市群发展格局。

——改革开放，创新驱动。充分发挥市场在资源配置中的决定性作用，更好发挥政府作用，强化改革的先导和突破作用，积极推动更高层次开放。强化体制创新，面向国内外集聚创新资源，推动科技创新应用与产业转型升级深度融合，构建协同创新体系。

——生态优先，绿色发展。全面践行生态文明理念，强化长江上游生态大保护，严守生态保护红线、永久基本农田、城镇开发边界三条控制线，优化国土空间开发格局，提高用地、用水、用能效率，构建绿色低碳的生产生活方式和建设运营模式，实现可持续发展。

——共享包容，改善民生。坚持以人民为中心的发展思想，增加优质公共产品和服务供给，持续改善民生福祉，构建多元包容的社会治理格局，让改革发展成果更多更公平惠及人民，提高人民群众获得感、幸福感、安全感。

——统筹协同，合作共建。坚持“川渝一盘棋”思维，发挥优势、错位发展，优化整合区域资源，加强交通、产业、科技、环保、民生政策协同对接，做到统一谋划、一体部署、相互协作、共同实施，辐射带动周边地区发展，显著提升区域整体竞争力。

第三节 战略定位

尊重客观规律，发挥比较优势，把成渝地区双城经济圈建设成为具有全国影响力的重要经济中心、科技创新中心、改革开放新高地、高品质生活宜居地。

具有全国影响力的重要经济中心。依托综合交通枢纽和立体开放通道，提高参与全球资源配置能力和整体经济效率，培育竞争优势突出的现代产业体系，发展富有巴蜀特色的多元消费业态，打造西部金融中心、国际消费目的地，共建全国重要的先进制造业基地和现代服务业高地。

具有全国影响力的科技创新中心。紧抓新一轮科技革命机遇，发挥科教人才和特色产业优势，推动创新环境优化，加强创新开放合作，促进创新资源集成，激发各类创新主体活力，大力推进科技和经济发展深度融合，打造全国重要的科技创新和协同创新示范区。

改革开放新高地。积极推进要素市场化配置、科研体制、跨行政区经济社会管理等重点领域改革。依托南向、西向、东向大通道，扩大全方位高水平开放，形成“一带一路”、长江经济带、西部陆海新通道联动发展的战略性枢纽，成为区域合作和对外开放典范。

高品质生活宜居地。大力推进生态文明建设，筑牢长江上游生态屏障，在西部地区生态保护中发挥示范作用，促进社会事业共建共享，大幅改善城乡人居环境，打造世界级休闲旅游胜地和城乡融合发展样板区，建设包容和谐、美丽宜居、充满魅力的高品质城市群。

第四节 发展目标

到 2025 年，成渝地区双城经济圈经济实力、发展活力、国际影响力大幅提升，一体化发展水平明显提高，区域特色进一步彰显，支撑全国高质量发展的作用显著增强。

——双城引领的空间格局初步形成。重庆、成都作为国家中心城市的发展能级显著提升，区域带动力和国际竞争力明显增强。都市圈同城化取得显著突破，中小城市和县城发展提速，大中小城市和小城镇优势互补、分工合理、良性互动、协调发展的城镇格局初步形成，常住人口城镇化率达到 66% 左右。

——基础设施联通水平大幅提升。现代化多层次轨道交通网络初步建成，出渝出川四向通道基本形成，重庆、成都间 1 小时可达，铁路网总规模达到 9000 公里以上、覆盖全部 20 万以上人口城市，航空枢纽地位更加凸显，长江上游航运中心和物流中心基本建成，5G 网络实现城镇和重点场景全覆盖，新型基础设施水平明显提高，能源保障能力进一步增强。

——现代经济体系初步形成。区域协同创新体系基本建成，研发投入强度达到 2.5% 左右，科技进步贡献率达到 63%，科技创新中心核心功能基本形成。优势产业区域内分工更加合理、协作效率大幅提升，初步形成相对完整的区域产业链供应链体系，呈现世界级先进制造业集群雏形，数字经济蓬勃发展，西部金融中心初步建成，现代服务业优势明显增强。

——改革开放成果更加丰硕。制度性交易成本明显降低，跨行政区利益共享和成本共担机制不断创新完善，阻碍生产要素自由流动的行政壁垒和体制机制障碍基本消除，营商环境达到国内一流水平，统一开放的市场体系基本建立。重庆、四川自由贸易试验区等重大开放平台建设取得突破，协同开放水平显著提高，内陆开放战略高地基本建成，对共建“一带一路”支撑作用显著提升。

——生态宜居水平大幅提高。生态安全格局基本形成，环境突出问题得到有效治理，生态环境协同监管和区域生态保护补偿机制更加完善，地级及以上城市空气质量优良天数比率达到 88%，跨界河流断面水质达标率达到 95%，河流主要断面生态流量满足程度达到 90% 以上，城市开发模式更加集约高效，公共服务便利共享水平明显提高，精细化治理能力显著增强。

到 2035 年，建成实力雄厚、特色鲜明的双城经济圈，重庆、成都进入现代化国际都市行列，大中小城市协同发展的城镇体系更加完善，基础设施互联互通基本实现，具有全国影响力的科技创新中心基本建成，世界级先进制造业集群优势全面形成，现代产业体系趋于成熟，融入全球的开放型经济体系基本建成，人民生活品质大幅提升，对全国高质量发展的支撑带动能力显著增强，成为具有国际影响力的活跃增长极和强劲动力源。

第三章　构建双城经济圈发展新格局

以发挥优势、彰显特色、协同发展为导向，突出双城引领，强化双圈互动，促进两翼协同，统筹大中小城市和小城镇发展，促进形成疏密有致、集约高效的空间格局。

第一节　提升双城发展能级

面向新发展阶段、着眼现代化，优化重庆主城和成都功能布局，全面提升发展能级和综合竞争力，引领带动双城经济圈发展。

重庆。以建成高质量发展高品质生活新范例为统领，在全面深化改革和扩大开放中先行先试，建设国际化、绿色化、智能化、人文化现代城市，打造国家重要先进制造业中心、西部金融中心、西部国际综合交通枢纽和国际门户枢纽，增强国家中心城市国际影响力和区域带动力。以长江、嘉陵江为主轴，沿三大平行槽谷组团式发展，高标准建设两江新区、西部（重庆）科学城等，重塑“两江四岸”国际化山水都市风貌。

成都。以建成践行新发展理念的公园城市示范区为统领，厚植高品质宜居优势，提升国际国内高端要素运筹能力，构建支撑高质量发展的现代产业体系、创新体系、城市治理体系，打造区域经济中心、科技中心、世界文化名城和国际门户枢纽，提升国家中心城市国际竞争力和区域辐射力。高水平建设天府新区、西部（成都）科学城等，形成“一山连两翼”城市发展新格局。

第二节　培育发展现代化都市圈

把握要素流动和产业分工规律，围绕重庆主城和成都培育现代化都市圈，带动中心城市周边市地和区县加快发展。

重庆都市圈。梯次推动重庆中心城区与渝西地区融合发展。畅通璧山、江津、长寿、南川联系中心城区通道，率先实现同城化。强化涪陵对渝东北、渝东南带动功能，支持永川建设现代制造业基地和西部职教基地，支持合川加快发展网络安全产业、推动建成区域性公共服务中心，推进綦江、万盛一体建设西部陆海新通道渝黔综合服务区和渝黔合作先行示范区，打造重庆中心城区辐射带动周边的战略支点。推进重庆向西发展，提升荣昌、铜梁、大足、潼南特色化功能，建设与成都相向发展的桥头堡。推动广安全面融入重庆都市圈，打造川渝合作示范区。

成都都市圈。充分发挥成都带动作用和德阳、眉山、资阳比较优势，加快生产力一体化布局，促进基础设施同网、公共服务资源共享、政务事项通办、开放门户共建，创建成德眉资同城化综合试验区，建设经济发达、生态优良、生活幸福的现代化都市圈。推动成都、德阳共建重大装备制造基地，打造成德临港经济产业带。加快天府新区成都片区和眉山片区融合发展，打造成眉高新技术产业带。促进成都空港新城与资阳临空经济区协同发展，打造成资临空经济产业带。推动成都东进，以促进制造业高质量发展为重点将成都东部建成与重庆联动的重要支点。

第三节　促进双圈互动两翼协同

依托资源禀赋、人员往来、产业联系等方面优势，强化区域中心城市互动和毗邻地区协同，优化成渝地区双城经济圈协同发展格局。

推动重庆、成都都市圈相向发展。依托成渝北线、中线和南线综合运输通道，夯实成渝主轴发展基础，强化重庆都市圈和成都都市圈互动。支持遂宁与潼南、资阳与大足等探索一体规划、成本共担、利益共享的建设模式。强化都市圈辐射作用，带动成都平原一体化发展，把绵阳、乐山打造为成都平原区域中心城市，支持雅安建设绿色发展示范市，支持黔江建设渝东南区域中心城市。

推动渝东北、川东北地区一体化发展。支持万州建设渝东北区域中心城市，支持南充、达州建设川东北区域中心城市，发挥垫江、梁平、丰都、忠县、云阳节点作用，带动双城经济圈北翼发展。支持万州、达州、开州共建川渝统筹发展示范区，加强规划、政策、项目统筹，在产业发展、公共服务、生态环保等领域探索建立符合高质量发展要求的利益共享机制。

推动川南、渝西地区融合发展。支持宜宾、泸州建设川南区域中心城市，推动内江、自贡同城化，带动双城经济圈南翼跨越发展。支持自贡、泸州、内江、宜宾、江津、永川、荣昌等共建川南渝西融合发展试验区，探索建立重大政策协同、重点领域协作、市场主体联动机制，协同建设承接产业转移创新发展示范区，打造西部陆海新通道和长江经济带物流枢纽。

辐射带动川渝两省市全域发展。强化双城经济圈对重庆市、四川省其他地区特色产业发展、基础设施建设的引领带动，促进基本公共服务均等化，引导秦巴山区、武陵山区、乌蒙山区、涉藏州县、大小凉山等周边欠发达地区人口向双城经济圈集中，强化生态环境保护，切实巩固提升脱贫成果，促进城乡区域协调发展。

第四节　分类推进大中小城市和县城发展

分类指导、科学施策，推动公共资源在双城经济圈各级各类城市间合理配置，优化城市规模结构和功能布局。

推动超大特大城市中心城区瘦身健体。统筹兼顾经济、生态、安全、健康等多元需求，推动重庆和成都中心城区功能升级，合理控制规模，优化开发格局，推动城市发展由外延扩张式向内涵提升式转变，防止城市“摊大饼”，积极破解“大城市病”，合理控制开发强度和人口密度。集聚创新要素，增强高端服务功能，率先形成以现代服务业为主体、先进制造业为支撑的产业结构。建设产城融合、职住平衡、生态宜居、交通便利的郊区新城，实现多中心、串联式、组团化发展。

加快提升大中城市产业水平和功能品质。主动承接超大特大城市产业转移和功能疏解，夯实实体经济发展基础。立足特色资源和产业基础，推动制造业差异化、规模化、集群化发展，因地制宜打造先进制造业基地、商贸物流中心和区域专业服务中心。优化大中城市管辖范围和市辖区规模结构。支持三级医院和新建高校、高校新建校区在大中城市布局，增加医疗、文化、体育资源供给。优化市政设施功能，改善人居环境，营造现代时尚的消费场景，提升城市生活品质。

推进县城城镇化补短板强弱项。加快县城城镇化建设，推动农业转移人口就地就近城镇化。推动重庆市郊区和四川省县城及县级市城区公共服务设施、环境卫生基础设施、市政公用设施、县域经济培育设施提级扩能，推动公共资源适当向县城（郊区、县级市城区）倾斜，补齐短板、补强弱项，提升县域经济发展能力。引导产业项目向资源环境承载力强、发展潜力大的县城（郊区、县级市城区）布局，培育壮大特色优势产业。推动具备条件的县有序改市。

分类引导小城镇发展。切实放权赋能，支持位于都市圈范围内的重点镇加强与周边城市的规划统筹、功能配套，分担城市功能。通过规划引导、市场运作，将具有特色资源、区位优势的小城镇培育成为专业特色镇。引导一般小城镇完善基础设施和公共服务，增强服务农村、带动周边功能。

第四章　合力建设现代基础设施网络

以提升内联外通水平为导向，强化门户枢纽功能，加快完善传统和新型基础设施，构建互联互通、管理协同、安全高效的基础设施网络。

第一节　构建一体化综合交通运输体系

打造国际航空门户枢纽。高质量建成成都天府国际机场，打造国际航空枢纽，实施双流国际机场扩能改造，实现天府国际机场与双流国际机场“两场一体”运营。推进重庆江北国际机场改扩建，规划研究重庆新机场建设，提升重庆国际枢纽功能。布局建设乐山、阆中、遂宁、雅安等一批支线机场，研究广安机场建设。织密国际航线网络，提高与全球主要城市之间的通达性。推动两省市机场集团交叉持股，强化城市群机场协同运营，合力打造世界级机场群。优化空域结构，提升空域资源配置使用效率。深化低空空域管理改革，加快通用航空发展。

共建轨道上的双城经济圈。科学规划干线铁路、城际铁路、都市圈市域（郊）铁路和城市轨道交通，完善多层次轨道交通网络体系。规划建设川藏铁路，适时推动引入成都枢纽的天府—朝阳湖铁路项目实施。加快建设成都至西宁、重庆至昆明、成都至自贡至宜宾、重庆至黔江、郑州至万州铁路襄阳至万州段等铁路项目，规划建设重庆至万州、成都至达州至万州、重庆至西安、重庆至宜昌、成渝中线等铁路项目，规划研究重庆至贵阳铁路，研究论证重庆至自贡至雅安铁路，拓展出渝出川客运大通道。推进叙永至毕节等铁路及铁路专用线等货运设施建设，逐步恢复沪汉蓉铁路货运功能，完善货运通道布局。研究规划重庆都市圈环线、成都外环、绵遂内等连接重庆中心城区、成都与周边城市的城际铁路和都市圈市域（郊）铁路，优先利用铁路资源开行城际、市域（郊）列车，基本建成中心城市间、中心城市与周边城市（镇）间 1 小时交通圈和通勤圈。有序推进重庆、成都城市轨道交通规划建设。

完善双城经济圈公路体系。畅通对外高速公路通道，强化主要城市间快速联通，加快推进省际待贯通路段建设。提高既有路网通行能力，全面推动 G318 川藏公路升级改造，加快成渝、渝遂、渝泸、渝邻和成自泸赤等国家高速公路繁忙路段扩能改造，加强干线公路与城市道路有效衔接。优化城际快速路网，疏通主要节点城市进出通道，增强公路对客货运枢纽的集疏运服务能力，提升路网通达效率和安全水平。推动毗邻地区互联互通，建设重庆至合江至叙永、泸州至永川、大足至内江、铜梁至安岳、南充至潼南、大竹至垫江、开江至梁平等高速公路。

推动长江上游航运枢纽建设。健全以长江干线为主通道、重要支流为骨架的航道网络，优化干支流水库群联合调度，研究优化长江上游分段通航标准，加快长江上游航道整治和梯级渠化，全面畅通岷江、嘉陵江、乌江、渠江等。推进利泽、白马、犍为、龙溪口、风洞子等航电枢纽建设。加强港口分工协作，构建结构合理、功能完善的港口群，打造要素集聚、功能完善的港航服务体系。组建长江上游港口联盟，加强与上海国际航运中心合作，推进港口企业加强合资合作，促进区域港口码头管理运营一体化。

提升客货运输服务水平。推动多层次轨道交通网络运营管理衔接融合，研究建立一体化建设运营机制，推广交通“一卡通”服务和二维码“一码畅行”，加快实现运营公交化。加强机场与轨道交通衔接，完善机场集疏运体系，探索空铁联程联运新技术新模式。推进一体化综合客运枢纽和衔接高效的综合货运枢纽建设，提升枢纽运营智能化水平。推进铁路专用线进重要枢纽型港区、大型工矿企业和物流园区，加快发展铁水、公铁联运和“一单制”联运服务。支持高铁快运、电商快递班列、多式联运班列发展。

第二节　强化能源保障

优化区域电力供给。稳步推进金沙江、雅砻江、大渡河水电基地开发，优先建设具有调节能力的水库电站。统筹推进风光水多能互补能源基地建设，积极推广分布式能源发展，研究开展氢能运营试点示范，建设优质清洁能源基地。优化川渝电力资源配置，完善川渝电网主网架结构，优化重庆都市圈 500 千伏目标网架。研究论证疆电入渝工程。推进白鹤滩水电站留存部分电量在川渝电网消纳。培育发展电力现货市场和川渝一体化电力辅助服务市场。

统筹油气资源开发。发挥长宁—威远、涪陵国家级页岩气示范区引领作用，推动页岩气滚动开发，建设天然气千亿立方米产能基地，打造中国“气大庆”。完善天然气管网布局。优化完善成品油储运设施，有序开展中航油西南战略储运基地、陕西入川渝成品油管道、沿江成品油管道等前期工作。发挥重庆石油天然气交易中心作用，形成具有影响力的价格基准。完善页岩气开发利益共享机制，有序放开油气勘探开发市场，加大安岳等地天然气勘探开发力度。

第三节　加强水利基础设施建设

研究推进跨区域重大蓄水、提水、调水工程建设，增强跨区域水资源调配能力，推动形成多源互补、引排得当的水网体系。推动大型水库及引水供水重点工程建设。有序推进引大济岷、涪江右岸、向家坝灌区二期、长征渠、渝南及重庆中部水资源配置、沱江团结等引水供水重大工程的研究论证。加强大中型灌区续建配套和现代化改造。加强饮用水水源地和备用水源建设，推进人口分散区域重点小型标准化供水设施建设，保障区域供水安全。推进防洪减灾设施建设，加强主要江河和中小河流防洪治理，实施防洪控制性水库联合调度。系统推进城市堤防、排水管渠、排涝除险、蓄水空间等设施建设，有效治理城市内涝问题。构建智慧水利平台，健全水资源监控体系，推进水利资源共享、调配、监管一体化。

第五章　协同建设现代产业体系

以全球新一轮科技革命和产业链重塑为契机，坚持市场主导、政府引导，强化机制创新，优化、稳定、提升产业链供应链，加快构建高效分工、错位发展、有序竞争、相互融合的现代产业体系。

第一节　推动制造业高质量发展

优化重大生产力布局。整合提升优势产业，加快补齐关键短板，增强全产业链优势，形成特色鲜明、相对完整、安全可靠的区域产业链供应链体系。提升重庆、成都产业创新发展能力，打造制造业高质量发展双引擎，推动都市圈外围地区加快发展电子信息、汽车等产业，形成研发在中心、制造在周边、链式配套、梯度布局的都市圈产业分工体系。强化双城经济圈北翼地区先进材料、汽摩配件等产业协作，南翼地区联动集聚食品饮料、装备制造、能源化工、节能环保等产业。

培育具有国际竞争力的先进制造业集群。以智能网联和新能源为主攻方向，共建高水平汽车产业研发生产制造基地。聚焦航空航天、轨道交通、能源装备、工业机器人、仪器仪表、数控机床、摩托车等领域，培育世界级装备制造产业集群。整合白酒主产区优质资源，壮大健康食品、精品服饰、特色轻工等产业，培育特色消费品产业集群。深入推进国家战略性新兴产业集群发展工程，前瞻布局一批先导产业，壮大先进材料产业，协同发展生物医药、医疗器械、现代中药产业，共建西部大健康产业基地。

大力承接产业转移。发挥要素成本、市场和通道优势，以更大力度、更高标准承接东部地区和境外产业链整体转移、关联产业协同转移，补齐建强产业链。积极发挥产业转移项目库作用，建立跨区域承接产业转移协调机制，完善信息对接、权益分享、税收分成等政策体系。布局产业转移集中承接地，继续安排中央预算内投资支持国家级新区、承接产业转移示范区重点园区的基础设施和公共服务平台建设，不断提升承接产业能力。研究以市场化方式设立区域产业协同发展投资基金，支持先导型、牵引性重大产业项目落地。

整合优化重大产业平台。发挥重庆两江新区、四川天府新区旗舰作用，加快重庆经济技术开发区、海峡两岸产业合作区、成都国际铁路港经济开发区及其他国家级、省级开发区建设，推动成都天府临空经济区建设。鼓励涪陵、綦江、合川、资阳、遂宁、宜宾等创建国家高新技术产业开发区，打造一批国家新型工业化产业示范基地，推动建设广安—渝北等一批跨省市毗邻地区产业合作园区。支持自贡等老工业城市转型升级，建设新时代深化改革扩大开放示范城市。创新“一区多园”“飞地经济”等建园方式，推动各类开发区和产业集聚区政策叠加、服务体系共建。

第二节　大力发展数字经济

布局完善新一代信息基础设施。加快5G网络建设，推进千兆光纤接入网络广泛覆盖，加快推进基于IPv6的下一代互联网部署，推动国家级互联网骨干直联点宽带扩容。统筹布局大型云计算和边缘计算数据中心。完善工业互联网标识解析国家顶级节点功能，加快建设二级节点。积极发展物联网，建设全面覆盖、泛在互联的城市智能感知网络。开展新一代移动通信网络试验验证，实施车联网试点示范建设工程。加快提升传统基础设施智能化水平。

合力打造数字产业新高地。聚焦集成电路、新型显示、智能终端等领域，打造“云联数算用”要素集群和“芯屏器核网”全产业链，培育超高清视频、人工智能、区块链、数字文创等创新应用，联手打造具有国际竞争力的电子信息产业集群。大力发展数字经济，推动数字产业化、产业数字化，促进软件、互联网、大数据等信息技术与实体经济深度融合，加快重点领域数字化发展，引领产业转型升级。围绕产业发展需要，推动共建成渝工业互联网一体化发展示范区、区域协同公共服务平台和服务体系，构建全国领先的“5G + 工业互联网”生态。支持联合建设国家数字经济创新发展试验区和国家数字服务出口基地，建设“智造重镇”和“智慧名城”。

积极拓展数字化应用。探索建立统一标准、开放互通的公共应用平台，推动双城经济圈政务数据资源共享共用，推动地级以上城市全面建立数字化管理平台。推进城市基础设施、建筑楼宇等的数字化管理，稳步推进“数字 +”与城市运营管理各领域深度融合。完善大数据辅助科学决策机制，加快提高治理数字化水平。适应数字技术全面融入社会交往和日常生活新趋势，促进公共服务、社会运行和治理方式创新，构筑全民畅享的数字生活。

全面提升数字安全水平。加强通信网络、重要信息系统和数据资源保护，增强关键信息基础设施安全防护能力。深化网络安全等级保护制度和关键信息基础设施安全保护制度。完善重庆和成都重要数据灾备中心功能，建设联合异地灾备数据基地。建设网络安全产业基地，支持开展法定数字货币研究及移动支付创新应用。

第三节　培育发展现代服务业

推动先进制造业和服务业融合发展。引导制造企业延伸服务链条、发展服务环节，推动生产服务型企业创新服务供给，提升制造业服务化水平和全产业链价值。在研发设计、科技服务、商务咨询、人力资源服务等领域，联合打造一批服务品牌。依托优势企业培育发展工业设计中心，支持食品药品检测基地、重庆工业设计产业城等建设。支持在成渝地区建设国家检验检测高技术服务业集聚区。支持川渝毗邻地区建立人力资源服务产业园。鼓励重庆、成都等开展先进制造业和现代服务业融合发展试点。

提升商贸物流发展水平。强化重庆、成都国家物流枢纽功能，合力建设国际货运中心。支持万州、涪陵、长寿、遂宁、达州、泸州、自贡等打造区域性物流中心。支持全货运航空公司在成渝地区设立基地，加快完善多式联运国际物流服务网络，打造多元化、国际化、高水平物流产业体系，培育发展龙头企业。围绕优势产业和主导产品，差异化建设一批内外贸相结合的专业市场。扎实推进跨境电子商务综合试验区建设。大力发展数字商务，探索建立反向定制（C2M）产业基地。强化会展经济对商贸物流的带动作用，联合打造一批专业会展品牌。

共建西部金融中心。支持重庆开展区域性股权市场制度和业务创新。支持开展共建"一带一路"金融服务。开展本外币合一账户试点。支持跨境人民币业务创新，探索开展跨国企业集团本外币合一跨境资金池等试点业务，支持在自由贸易试验区设立人民币海外投贷基金。支持开展合格境内投资企业（QDIE）和合格境内有限合伙人（QDLP）试点。积极支持区域金融改革创新，开展绿色金融、金融科技等创新试点，在成都建设基于区块链技术的知识产权融资服务平台。推进金融市场和监管区域一体化，推动在担保、不良资产处置、创业投资和私募股权投资等领域跨区域合作。支持设立市场化征信机构，研发适合西部地区的征信产品，支持中外信用评级机构在成渝地区设立实体机构，推动信用融资产品和服务创新。设立破产法庭，健全金融审判体系。

第四节　建设现代高效特色农业带

推动农业高质量发展。支持川渝平坝和浅丘地区建设国家优质粮油保障基地，打造国家重要的生猪生产基地、渝遂绵优质蔬菜生产带、优质道地中药材产业带、长江上游柑橘产业带和安岳、潼南柠檬产区。推进特色农产品精深加工打造全球泡（榨）菜出口基地、川菜产业和竹产业基地。发展都市农业，高质量打造成渝都市现代高效特色农业示范区。

强化农业科技支撑。共建国家农业高新技术产业示范区。支持建设西南特色作物种质资源库、西部农业人工智能技术创新中心、国家现代农业产业科技创新中心等。推动畜禽遗传资源保护利用，建设区域性畜禽基因库、畜牧科技城、国家级重庆（荣昌）生猪大数据中心。

大力拓展农产品市场。积极开展有机产品认证，健全农产品质量安全追溯体系。做强地理标志农产品，推广巴味渝珍、天府龙芽等特色品牌，打造川菜渝味等区域公用品牌。强化农产品分拣、加工、包装、预冷等一体化集配设施建设，大力建设自贡等国家骨干冷链物流基地。大力发展农村电商，建设一批重点网货生产基地和产地直播基地。建设国际农产品加工产业园。

第六章　共建具有全国影响力的科技创新中心

坚定实施创新驱动发展战略，瞄准突破共性关键技术尤其是"卡脖子"技术，强化战略科技力量，深化新一轮全面创新改革试验，增强协同创新发展能力，增进与"一带一路"沿线国家等创新合作，合力打造科技创新高地，为构建现代产业体系提供科技支撑。

第一节　建设成渝综合性科学中心

聚焦核能、航空航天、智能制造和电子信息等领域的战略性产品开发，在四川天府新区、重庆高新区集中布局建设若干重大科技基础设施和一批科教基础设施，引导地方、科研机构和企业建设系列交叉研究平台和科技创新基地，打造学科内涵关联、空间分布集聚的原始创新集群。发挥基础研究和原始创新的引领作用，吸引高水平大学、科研机构和创新型企业入驻，强化开放共享，促进科技成果转化，有效支撑成渝全域高水平创新活动。

第二节　优化创新空间布局

统筹天府国际生物城、未来科技城和成都高新区等资源，建设西部（成都）科学城。瞄准新兴产业设立开放式、国际化高端研发机构，建设重庆两江协同创新区。依托重庆大学城、重庆高新区等，夯实智能产业、生物医学发展基础，建设西部（重庆）科学城。高水平建设中国（绵阳）科技城，鼓励大院大所发展孵化器、产业园。以“一城多园”模式合作共建西部科学城。推动中国科学院等在双城经济圈布局科研平台。

第三节　提升协同创新能力

强化创新链产业链协同。坚持企业主体、市场导向，健全产学研用深度融合的科技创新体系，建设产业创新高地。鼓励有条件的企业组建面向行业共性基础技术、前沿引领技术开发的研究院，支持创新型领军企业联合行业上下游组建创新联合体。支持高校、科研机构和企业共建联合实验室或新型研究机构，共同承担科技项目、共享科技成果。建设一批产业创新中心、技术创新中心、制造业创新中心、工程研究中心等创新平台和综合性检验检测平台。

推动区域协同创新。实施成渝科技创新合作计划，联合开展技术攻关，参与实施高分卫星、载人航天、大型飞机、长江上游生态环境修复等国家重大科技任务，积极申报航空发动机、网络空间安全等科技创新重大项目。鼓励共用科技创新平台和大型科研仪器设备，共建创业孵化、科技金融、成果转化平台，打造成渝地区一体化技术交易市场。完善区域知识产权快速协同保护机制，支持设立知识产权法庭。鼓励区域内高校、科研院所、企业共同参与国际大科学计划和大科学工程。

第四节　营造鼓励创新的政策环境

大力吸引创新人才。实施有吸引力的人才政策，引进和培养高水平创新人才队伍，鼓励科技人才在区域内自主流动、择业创业。支持在人才评价、外籍人才引进等政策创新方面先行先试。鼓励成渝地区大学面向全球招生，引进优秀博士后和青年学者。支持引进国内外顶尖高校和科研机构在成渝地区合作建设研究院和研发中心，设立长期、灵活、有吸引力的科研岗位。

深化科技创新体制改革。深入推进职务科技成果所有权或长期使用权改革试点，探索高校和科研院所职务科技成果国有资产管理新模式。深化政府部门和科研单位项目资金管理制度改革，允许科研资金跨省市使用。探索建立两省市改革举措和支持政策异地同享机制。

健全创新激励政策体系。加大对引进高水平研发机构和先进科技成果的支持力度。综合运用财政、金融等政策手段激励企业加大研发投入力度，引导创业投资机构投资早中期、初创期科技型企业，依法运用技术、能耗、环保等方面的标准促进企业技术改造和新技术应用。支持通过股权与债权相结合等方式，为企业创新活动提供融资服务。支持符合条件的创新型企业上市融资。

第七章　打造富有巴蜀特色的国际消费目的地

以高质量供给引领和创造市场新需求，坚持高端化与大众化并重、快节奏与慢生活兼具，激发市场消费活力，不断增强巴蜀消费知名度、美誉度、影响力。

第一节　营造高品质消费空间

打造城市消费品牌。支持重庆、成都塑造城市特色消费品牌，打造国际消费中心城市。推动涪陵、合川、乐山、雅安、南充等发展人文休闲、度假康养，打造成渝“后花园”。发挥宜宾、泸州白酒品牌优势。推动万州、江津、铜梁、自贡、内江等围绕特色美食、传统工艺产品、民俗节庆、自然遗迹等，建设特色消费聚集区。改造提升商业街区，集聚高端消费资源，打造世界知名商圈。建设一批人文气息浓厚的特色商业名镇。

共建巴蜀文化旅游走廊。充分挖掘文化旅游资源，以文促旅、以旅彰文，讲好巴蜀故事，打造国际范、中国味、巴蜀韵的世界级休闲旅游胜地。打造贯通四川、重庆的文化遗产探秘、自然生态体验、红色文化体验等一批精品旅游线路，扩大长江三峡、九寨沟、武隆喀斯特、都江堰–青城山、峨眉山–乐山大佛、三星堆–金沙、三国文化、大足石刻、自贡彩灯等国际旅游品牌影响力。规划建设长征国家文化公园（重庆段、四川段）。打造绵竹熊猫谷和玫瑰谷，探索川西林盘、巴渝村寨保护性开发，依托特色自然风光、民俗风情、农事活动等，发展巴蜀乡村旅游。推动黔江与周边区县文旅融合发展，建设文化产业和旅游产业融合发展示范区。

第二节　构建多元融合的消费业态

推动消费供给升级。促进经典川菜、重庆火锅、盖碗茶等餐饮产品品牌化，创建美食地标。推动传统文化和全新科技元素融入创意设计产业，提升传媒影视、动漫游戏、音乐演艺等产业发展水平，支持举办有国际影响力的时装周、电影节、艺术节等文化展演活动。发展水上运动、山地户外运动、汽车摩托车运动、航空运动等，布局建设自驾游营地和野外露营地，发展乡村民宿，推出温泉、游轮、徒步、自驾等一批特色化、品质化旅游产品，大力发展“旅游+”产品。提升健康、养老、托育、家政服务等市场化供给质量，壮大社会服务消费。

发展消费新场景。引导网络直播、短视频等新消费形态健康发展，促进直播电商、社交电商等线上新模式新业态发展，推动教育、医疗等服务线上线下交互融合。鼓励发展智慧门店、自助终端、智能机器人等“无接触”零售。发展更多参与式、体验式消费模式和业态。发展假日经济，丰富夜市、夜展、夜秀、夜游等夜间经济产品，建设一批夜间文旅消费集聚区，擦亮“两江游”“街巷游”等夜间经济名片，展现国际时尚范、巴蜀慢生活。

第三节　塑造安全友好的消费环境

完善消费促进政策。规范发展消费金融，在风险可控、商业可持续前提下稳妥开发适应新消费趋势的金融产品和服务。拓展移动支付使用范围，提升境外人员在境内使用移动支付便利化水平。研究将闲置厂房、办公用房等改为商业用途的支持政策。支持符合条件的地区建设市内免税店、口岸免税店、离境提货点。优化离境退税服务，促进国际消费便利化。

健全消费者权益保障制度。推动服务标准化建设，发布行业优质企业名录，鼓励企业开展消费体验评价并公开评价结果。对涉及安全、健康、环保等方面的产品依法实施强制性产品认证（CCC认证），建设针对食品、药品等重点产品的溯源公共服务平台，推动溯源信息资源稳妥有序向社会开放。加强重点领域广告监管。鼓励线下实体店自主承诺无理由退货，探索建立特色旅游商品无理由退货制度。健全消费领域信用监管体系，加强信用信息采集，开展消费投诉信息公示，强化社会监督。完善消费环节经营者首问责任制和赔偿先付制度。

第八章　共筑长江上游生态屏障

坚持共抓大保护、不搞大开发，把修复长江生态环境摆在压倒性位置，深入践行绿水青山就是金山银山理念，坚持山水林田湖草是一个生命共同体，深入实施主体功能区战略，全面加快生态文明建设，建立健全国土空间规划体系，形成人与自然和谐共生的格局。

第一节　推动生态共建共保

共建生态网络。构建以长江、嘉陵江、乌江、岷江、沱江、涪江为主体，其他支流、湖泊、水库、渠系为支撑的绿色生态廊道。依托龙门山、华蓥山、大巴山、明月山等，实施森林生态系统休养生息和矿区恢复治理，共筑绿色生态屏障。加大对重点流域、三峡库区“共抓大保护”项目支持力度，实施“两岸青山・千里林带”等生态治理工程。推动大熊猫国家公园建设，加强珍稀濒危动植物保护。加快各类自然保护地整合优化，强化重要生态空间保护。打造龙泉山城市森林公园。强化周边地区生态系统保护和治理，加强三峡库区小流域和坡耕地水土流失综合治理，实施三峡库区消落带治理和岩溶地区石漠化综合治理。

共抓生态管控。统筹建立并实施双城经济圈及其周边地区“三线一单”生态环境分区管控制度。加强流域水资源统一管理和联合调度。建立跨流域跨区域横向生态保护补偿机制。加大国家和省级生态保护补偿资金对长江上游生态屏障建设支持力度。严格执行生态损害赔偿制度。试点推进生态敏感区生态搬迁。落实好长江十年禁渔，实施长江上游流域重点水域全面禁捕，严厉打击非法捕捞，建立禁捕长效机制。依法联合查处交界区域破坏生态环境的违法行为。

第二节　加强污染跨界协同治理

统一环保标准。制定统一的环保标准编制技术规范，联合开展现行环保标准差异分析评估，有序制定修订统一的大气、水、土壤以及危险废物、噪声等领域环保标准。坚持一张负面清单管川渝两地，严格执行长江经济带发展负面清单管理制度体系，建立健全生态环境硬约束机制。开展跨区域联合环境执法，统一管控对象的界定标准和管控尺度，共同预防和处置突发环境事件。完善重大基础设施建设项目环境影响评价制度。

推进跨界水体环境治理。完善跨省市水体监测网络，建立上下游水质信息共享和异常响应机制。开展联合巡河，加强工业污染、畜禽养殖、入河排污口、环境风险隐患点等协同管理。加强三峡库区入库水污染联合防治，加快长江入河排污口整改提升，统筹规划建设港口船舶污染物接收、转运及处置设施，推进水域"清漂"联动。推动毗邻地区污水处理设施共建共享。支持在长江、嘉陵江一级支流开展水环境治理试点示范，深化沱江、龙溪河、岷江流域水环境综合治理与可持续发展试点。完善饮用水水源地风险联合防控体系。

深化大气污染联防联控。建设跨省市空气质量信息交换平台，发挥西南区域空气质量预测预报中心作用，实施联合预报预警。建立重污染天气共同应对机制，推进应急响应一体联动。探索实施细颗粒物（$PM_{2.5}$）和臭氧（O_3）污染连片整治。实施"散乱污"企业清理整治，依法淘汰落后产能，加快淘汰老旧车辆，加强油品质量联合监督。创建清洁能源高质量发展示范区，提高清洁能源消费比例。

加强土壤污染及固废危废协同治理。以沿江工业园区、矿山、受污染耕地、污染地块为重点开展修复与治理。推动固体废物区域转移合作，建立健全固体废物信息化监管体系。统筹规划建设工业固体废物资源回收基地和危险废物资源处置中心，加强尾矿库污染治理，推进毗邻地区处置设施共建共享。依法严厉打击危险废物非法跨界转移、倾倒等违法行为。推动地级以上城市医疗废物集中处置设施全覆盖，县级以上城市及县城医疗废物全收集、全处理，并逐步覆盖到建制镇。协同开展"无废城市"建设。

第三节　探索绿色转型发展新路径

构建绿色产业体系。培育壮大节能环保、清洁生产、清洁能源产业，打造国家绿色产业示范基地。联合打造绿色技术创新中心和绿色工程研究中心，实施重大绿色技术研发与示范工程。实施政府绿色采购，推行绿色产品优先。鼓励国家绿色发展基金加大向双城经济圈投资力度。推行企业循环式生产、产业循环式组合、园区循环化改造，开展工业园区清洁生产试点。落实最严格的水资源管理制度，实施节水行动，加大节能技术、节能产品推广应用力度。深化跨省市排污权、水权、用能权、碳排放权等交易合作。

倡导绿色生活方式。共建绿色城市标准化技术支撑平台，完善统一的绿色建筑标准及认证体系，推广装配式建筑、钢结构建筑和新型建材。推动可再生能源利用，支持能源互联网创新，统筹布局电动汽车充换电配套设施。加快推进垃圾分类，共建区域一体化垃圾分类回收网络体系。完善对汽车等的强制报废配套政策，统筹布局再生资源分拣中心，建设城市废弃资源循环利用基地。鼓励创建国家生态文明建设示范市县，深入开展爱国卫生运动。

开展绿色发展试验示范。支持万州及渝东北地区探索三峡绿色发展新模式，在生态产品价值实现、生态保护和补偿、绿色金融等领域先行先试、尽快突破，引导人口和产业向城镇化地区集聚，走出整体保护与局部开发平衡互促新路径，保护好三峡库区和长江母亲河。支持四川天府新区在公园城市建设中先行先试，开展可持续发展创新示范，实施城市生态用地改革创新，探索建立公园城市规划导则、指标评价、价值转化等体系。支持重庆广阳岛开展长江经济带绿色发展示范。建设沱江绿色发展经济带。

第九章　联手打造内陆改革开放高地

以共建“一带一路”为引领，打造陆海互济、四向拓展、综合立体的国际大通道，加快建设内陆开放枢纽，深入推进制度型开放，聚焦要素市场化配置等关键领域，深化综合配套改革试验，全面提升市场活力，在西部改革开放中发挥示范带动作用。

第一节　加快构建对外开放大通道

合力建设西部陆海新通道。深化西部省区市协作，支持发挥重庆通道物流和运营组织中心、成都国家重要商贸物流中心作用，共同建设跨区域平台，统筹设置境内外枢纽和集货分拨节点。支持建立铁路运输市场化与政府购买服务相结合的定价机制，降低综合运价水平。对接 21 世纪海上丝绸之路，推动国际陆海贸易新通道合作，与新加坡合作推动东盟及相关国家共同参与通道建设，探讨衔接中国–中南半岛、孟中印缅等经济走廊和中欧班列建设合作。

统筹完善亚欧通道。加强协调联动，推动中欧班列高质量发展，打造西向开放前沿高地，紧密对接丝绸之路经济带。统筹优化中欧班列（成渝）去回程线路和运力，推动集结点、代理、运输、仓储、信息等资源共建共享，强化多式联运衔接，探索国际贸易新规则，提高通关便利化水平，增强国际竞争力。完善跨境邮递体系，建设铁路口岸国际邮件互换中心。打造重庆兴隆场、成都北中欧班列枢纽节点。开拓中欧班列中、东通道，积极衔接中蒙俄经济走廊。

优化畅通东向开放通道。依托长江黄金水道和沿江铁路，构建通江达海、首尾联动的东向国际开放通道，扩大与日韩、欧美等国家和地区经贸合作。加强陆水、港航联动，开通往返主要港口的“水上穿梭巴士”和铁水联运班列，建设统一运营品牌，提高进出口货物运输效率、降低运输成本。推进沿江省市港口、口岸合作，优化“沪渝直达快线”运行机制，提高通关效率。

第二节　高水平推进开放平台建设

建设川渝自由贸易试验区协同开放示范区。加大力度推进首创性、差异化改革，支持重庆、四川自由贸易试验区协同开放，试行有利于促进跨境贸易便利化的外汇管理政策。探索更加便利的贸易监管制度。在双城经济圈复制推广自由贸易试验区改革创新成果。扩大金融、科技、医疗、贸易和数字经济等领域开放。

打造内陆开放门户。以重庆两江新区、四川天府新区为重点，优先布局国家重大战略项目、试点示范项目，创建内陆开放型经济试验区。扩大包括第五航权在内的国际航权开放，按规定积极扩大铁路、港口、机场以适当方式对外开放，合理规划发展综合保税区、保税物流中心（B型）。加快建设中德、中法、中瑞（士）、中意等双边合作园区。培育进口贸易促进创新示范区，建设“一带一路”进出口商品集散中心。

高标准实施高层级开放合作项目。推进中新（重庆）战略性互联互通示范项目，合规有序发展供应链金融和特色跨境金融服务平台，依托贸易金融区块链平台，探索形成贸易金融区块链标准体系。推动建设中新金融科技、航空产业、跨境交易、多式联运等领域合作示范区，建设第三方飞机维修中心，共同打造国际数据港。开展中日（成都）城市建设和现代服务业开放合作示范项目，建设药物供应链服务中心、先进医疗服务中心，推动科技、金融等领域合作。

共建“一带一路”对外交往中心。支持举办重要国际会议和赛事。支持共建“一带一路”科技创新合作区和国际技术转移中心，共同举办“一带一路”科技交流大会。高标准举办中国国际智能产业博览会、中国西部国际投资贸易洽谈会、中国西部国际博览会、中国（绵阳）科技城国际科技博览会等国际大型会展。深化文化、教育、医疗、体育等领域国际交流，高质量建设国家文化出口基地，支持川剧、彩灯等中国文化走出去。加强国际友好城市往来。支持建立境外专业人才执业制度，放宽境外人员参加各类职业资格（不包括医疗卫生人员资格）考试限制，支持为外籍高层次人才来华投资就业提供入出境和停居留便利。

第三节　加强国内区域合作

加强与西部地区协调联动。加强与关中平原、兰州-西宁城市群联动，深化能源、物流、产业等领域合作，辐射带动西北地区发展。加强与北部湾、滇中城市群协作，把出境出海通道优势转化为贸易和产业优势，促进西南地区全方位开放。深化与黔中城市群合作，带动黔北地区发展。

有力支撑长江经济带发展。加强与长江中游和下游协作，共同推动长江经济带绿色发展。促进生态环境联防联治，加快建立长江流域常态化横向生态保护补偿机制。共同推进长江黄金水道、沿江铁路、成品油输送管道等建设。优化沿江经济布局，有序承接产业转移和人口迁移。

深化与东部沿海地区交流互动。对接京津冀协同发展、粤港澳大湾区建设、长三角一体化发展等重大战略，加强科技创新合作与科技联合攻关。鼓励与东部沿海城市建立产业合作结对关系，共建跨区域产业园区，促进项目、技术、人才等高效配置。支持沿海港口在双城经济圈设立无水港。深化三峡库区对口支援工作。

第四节　营造一流营商环境

建设高标准市场体系。共建统一的市场规则、互联互通的市场基础设施，加快清理废除妨碍统一市场和公平竞争的各种规定和做法。打破行政区划对要素流动的不合理限制，推动要素市场一体化，探索以电子营业执照为基础，加快建立公共资源交易平台市场主体信息共享与互认机制。探索建立“市场准入异地同标”机制，推进双城经济圈内同一事项无差别受理、同标准办理。全面实施外商投资准入前国民待遇加负面清单管理制度。推动信用一体化建设，逐步形成统一的区域信用政策法规制度和标准体系，支持共同开发适应经济社会发展需求的信用产品。

持续转变政府职能。深化“放管服”改革，对标国际一流水平，加快服务型政府建设，最大限度精简行政审批事项和环节，推行政务服务“最多跑一次”改革，发布“零跑腿”事项清单，加快实现区域内“一网通办”。推行企业简易注销登记，开展企业投资项目承诺制改革，深化工程建设项目审批制度改革。优化综合监管体系，建立健全行政执法联动响应和协作机制。

第五节　增强市场主体活力

深化国有企业改革。有力有序推进国有企业混合所有制改革，推动国有企业建立健全有效制衡的现代企业治理体制、高度市场化和灵活高效的现代企业经营机制、激励和约束并重的现代企业激励机制，推进国有企业经理层成员任期制和契约化管理，完善中国特色现代企业制度，切实激发国有企业发展活力和内生动力。支持开展区域性国资国企综合改革试验。支持以市场化方式设立成渝混合所有制改革产业基金，吸引更多资本参与国有企业改革。加快完善国资监管体制，充分发挥国有资本投资运营公司作用，推动国资监管从管企业向管资本转变，真正实现政企分开、政资分开，使国有企业真正成为独立市场主体。深化效率导向的国资经营评价制度改革。

大力发展民营经济。建立规范化、常态化政商沟通机制，畅通民营企业反映问题和诉求的渠道。积极缓解民营企业和中小微企业发展难题，创建民营经济示范城市。搭建川商渝商综合服务平台，引导川渝两省市商（协）会和重点民营企业共同开展项目推介、银企对接，鼓励川商渝商回乡创业。支持举办川渝民营经济发展合作峰会。

第六节　探索经济区与行政区适度分离改革

支持在重庆都市圈、成都都市圈以及川渝统筹发展示范区、川南渝西融合发展试验区等地，率先探索建立统一编制、联合报批、共同实施的规划管理体制，试行建设用地指标、收储和出让统一管理机制，探索招商引资、项目审批、市场监管等经济管理权限与行政区范围适度分离。支持在合作园区共同组建平台公司，协作开发建设运营，建立跨行政区财政协同投入机制，允许合作园区内企业自由选择注册地。以市场化为原则、资本为纽带、平台为载体，推动两省市机场、港口、中欧班列、西部陆海新通道等领域企业采取共同出资、互相持股等模式促进资源整合和高效运营。允许能源、电信、医疗等行业有序提供跨行政区服务。探索经济统计分算方式，支持建立互利共赢的地方留存部分税收分享机制，推进税收征管一体化。

第十章 共同推动城乡融合发展

以缩小城乡区域发展差距为目标，推动要素市场化配置，破除体制机制弊端，加快建设国家城乡融合发展试验区，形成工农互促、城乡互补、协调发展、共同繁荣的新型工农城乡关系。

第一节 推动城乡要素高效配置

促进城乡人口有序流动。在重庆主城和成都加快取消对稳定就业居住 3 年以上农业转移人口等重点群体的落户限制，推动都市圈内实现户籍准入年限同城化累计互认、居住证互通互认，完善居民户籍迁移便利化政策措施。尽快实现公共资源按常住人口规模配置。完善集体经济组织人力资源培育和开发利用机制，探索农业职业经理人培育模式和多种人才引进方式。维护进城落户农民在农村的土地承包权、宅基地使用权、集体收益分配权，研究通过合资、合作、投资入股等方式保障新村民依法享有农村相关权益。健全统一的人力资源市场体系，加快建立衔接协调的劳动力流动政策体系和交流合作机制。

深化城乡土地制度改革。探索工业项目标准地出让，探索建立国有土地使用权到期续期制度。深化土地用途转用模式探索，推进城镇低效用地再开发，探索混合产业用地供给和点状供地模式，允许不同产业用地类型依法合理转换。完善建设用地使用权分层管理、统筹开发利用制度，促进地下空间开发。

增强城乡建设资金保障。鼓励发展基础设施领域不动产投资信托基金，在防范债务风险前提下，推动城市建设投资稳定增长。发挥中央预算内投资作用，支持引导工商资本在农村投资。依法积极拓宽农业农村抵质押物范围，鼓励创新开发适应农业农村发展、农民需求的金融产品。通过发行地方政府专项债券等支持乡村振兴、农村产业融合发展等领域建设项目。运用大数据、区块链等技术，提高涉农信贷风险管理水平，优化普惠金融发展环境。

第二节 推动城乡公共资源均衡配置

推动城乡一体规划。加快推进“多规合一”，统筹生产、生活、生态、安全需要，建立国土空间规划留白机制和动态调整机制，提高规划适应性。开展城市体检，查找城市规划建设管理存在的风险和问题，探索可持续的城市更新模式，有序推进老旧小区、老旧厂区、老旧街区及城中村改造。强化城市风貌管理，促进建筑物设计更加适用、经济、绿色、美观，推动天际线、街道立面、建筑色彩更加协调，严格控制超高层建筑建设。加强历史文化街区、古镇古村、全国重点文物保护单位等遗产遗迹的整体保护和合理利用，延续城市和乡村文脉，保护传统的山水城格局。严禁违背农民意愿和超越发展阶段撤村并居。

推动城乡基础设施一体化。完善级配合理的城乡路网和衔接便利的公交网络。推进城市电力、通信、供水、燃气、污水收集等市政管网升级改造和向乡村延伸，合理建设城市地下综合管廊。开展国家数字乡村试点。大力推进生活垃圾分类处理及再生利用设施建设，全面改善城乡居民卫生环境。加强城乡无障碍设施建设和设施适老化改造。推进城市公共基础设施管护资源、模式和手段逐步向乡村延伸，明确乡村基础设施产权归属，合理确定管护标准和模式，以政府购买服务等方式引入专业化机构管理运行。优化应急避难场所布局，完善抗震、防洪、排涝、消防等安全设施。

推动城乡基本公共服务均等化。建立城乡教育联合体和县域医共体。深化义务教育阶段教师“县管校聘”管理改革，鼓励招募优秀退休教师到乡村和基层学校支教讲学，动态调整乡村教师岗位生活补助标准，在职称评审和分配特级教师名额时适当向农村薄弱学校倾斜。加快基层医疗卫生机构标准化建设，提高医护人员专业技术水平，对在农村基层工作的卫生技术人员在职称晋升等方面给予政策倾斜，推动对符合条件的全科医生实行“乡管村用”。把防止返贫摆在重要位置。

健全城乡基层治理体系。健全党组织领导的自治、法治、德治相结合的城乡基层治理体系，加强农村新型经济组织和社会组织的党建工作。培育专业化社会组织和社会工作者队伍，调动企业履行社会责任积极性，畅通公众参与城乡治理渠道，推动政府、社会、企业、居民多方共治。推动基层治理重心下沉，完善社区网格化管理体系和便民服务体系，显著提升社区在流动人口服务管理、公共服务提供、社情民意收集等方面的作用。积极运用现代化手段，推动实现智慧化治理。妥善解决村改社区遗留问题。加强交界地带管理联动，建立重大工程项目选址协商制度，充分征求毗邻地区意见。

第三节　推动城乡产业协同发展

依托相应公共资源交易平台，推动农村集体经营性建设用地、承包地经营权、宅基地使用权、集体林权等依法流转和高效配置，盘活农村闲置资源资产。培育高品质特色小镇，着力发展优势主导特色产业。优化提升美丽乡村和各类农业园区，创建一批城乡融合发展典型项目，打造城乡产业协同发展先行区。

第十一章　强化公共服务共建共享

以更好满足人民群众美好生活需要为目标，扩大民生保障覆盖面，提升公共服务质量和水平，不断增强人民群众获得感、幸福感、安全感。

第一节　推进基本公共服务标准化便利化

建立基本公共服务标准体系。实施基本公共服务标准化管理，以标准化促进均等化、普惠化、便利化。联合制定基本公共服务标准，建立标准动态调整机制，合理增加保障项目，稳妥提高保障标准。创新政府公共服务投入机制，鼓励社会力量参与公共服务供给。加大双城经济圈对周边地区支持力度，保障基本公共服务全覆盖。

提升基本公共服务便利化水平。共建公共就业综合服务平台，打造“智汇巴蜀”“才兴川渝”人力资源品牌。重庆市和四川省互设劳务办事机构，推动农民工劳务企业规范化发展。支持探索发展灵活共享就业方式，强化对灵活就业人员的就业服务和权益保障。加快实现双城经济圈社会保险关系无障碍转移接续，推动养老金领取资格核查互认，加快推进全国统一医保信息平台跨省异地就医管理子系统建设，推进跨省市异地就医门急诊医疗直接结算，推进工伤认定和保险待遇政策统一。建设统一的社会保险公共服务平台，推广以社会保障卡为载体的“一卡通”服务管理模式。将常住人口纳入城镇公共租赁住房保障范围，逐步实现住房公积金转移接续和异地贷款信息共享、政策协同。

第二节 共享教育文化体育资源

推动教育合作发展。扩大普惠性幼儿园供给，加大对社会力量开展托育服务的支持力度。鼓励有条件的中小学集团化办学、开展对口帮扶，完善进城务工人员随迁子女就学和在流入地升学考试的政策措施。统筹职业教育布局和专业设置，扩大招生规模，打造一批职业教育基地。建设一批实训基地和国家级创业孵化基地，联手打造“巴蜀工匠”职业技能大赛品牌，打造有区域特色的产教融合行业、企业和院校。组建双城经济圈高校联盟，联手开展世界一流大学和一流学科建设，支持高校向区域性中心城市布局。建设城乡义务教育一体化发展试验区。支持引进境外高水平大学开展中外合作办学，允许外国教育机构、其他组织和个人在自由贸易试验区内单独设立非学制类职业培训机构、学制类职业教育机构，支持建设国际合作教育园区。

构建现代公共文化服务体系。构建“书香成渝”全民阅读服务体系，鼓励博物馆、美术馆、文化馆等建立合作联盟，实现公共文化资源共享。建设三星堆国家文物保护利用示范区。推动出版、影视、舞台艺术发展，共同打造“成渝地·巴蜀情”等文化品牌。放宽文化演艺准入，研究建设文化艺术品和文物拍卖中心。建立非物质文化遗产保护协调机制，支持川剧、蜀锦、羌绣、夏布等非物质文化遗产的保护传承发展，研究建设巴蜀非遗文化产业园。

共同推进体育事业发展。促进全民健身，推动公共体育场馆、全民健身活动中心、体育公园、社区体育场地等资源设施建设和开放共享，支持公办中小学校和高校的体育场馆、附属设施向社会分时段开放。建立成渝体育产业联盟，支持建设国家级足球竞训基地等专业场地，推动体育项目合作和竞技人才交流培养，协同申办国际国内高水准大型体育赛事。

第三节 推动公共卫生和医疗养老合作

构建强大公共卫生服务体系。增强公共卫生早期监测预警能力。健全重大突发公共卫生事件医疗救治体系，建设省级和市地级重大疫情救治基地、公共卫生综合临床中心。分级推动城市传染病救治体系建设，实现地级市传染病医院全覆盖，加强县级医院感染疾病科和相对独立的传染病区建设。提高公共卫生应急能力，完善联防联控常态机制。加强公共卫生应急物资储备，提升应急物资生产动员能力。

优化医疗资源配置。依托四川大学华西医院、重庆医科大学附属医院等优质医疗资源，加快建设国家医学中心。支持共建区域医疗中心和国家临床重点专科群。推进国家老年疾病临床医学研究中心创新基地建设，支持重庆整合有关资源建设国家儿童区域医疗中心，推进四川省儿童医学中心建设。深化中医药创新协作。推动优质医疗资源下沉，支持医联体建设和跨区办医，推动中心城市三甲医院异地设置医疗机构。加强基层医疗卫生服务体系和全科医生队伍建设，构建更加成熟定型的分级诊疗制度。发展在线医疗，建立区域专科联盟和远程医疗协作体系，实现会诊、联网挂号等远程医疗服务。完善二级以上医疗机构医学检验结果互认和双向转诊合作机制。

推进养老服务体系共建共享。开展普惠养老城企联动专项行动，发展居家养老、社区养老、机构养老，构建综合连续、覆盖城乡的老年健康服务体系。支持以市场化方式稳妥设立养老产业发展引导基金，制定产业资本和品牌机构进入养老市场指引，支持民营养老机构品牌化、连锁化发展。推动老年人照护需求评估、老年人入住评估等互通互认。鼓励养老设施跨区域共建。统筹医疗卫生和养老服务资源，促进医养融合。推动人口信息互通共享，率先建立人口发展监测分析系统，开展积极应对人口老龄化综合创新试点。

第四节　健全应急联动机制

健全公共安全风险防控标准和规划体系。强化防灾备灾体系和能力建设，完善重大灾害事件预防处理和紧急救援联动机制，加快建设国家西南区域应急救援中心以及物资储备中心，打造 2 小时应急救援圈，推进防灾减灾救灾一体化。建立健全安全生产责任体系和联动长效机制，有效防范和坚决遏制重特大安全生产事故发生。推广实施公共设施平急两用改造，提升平急转换能力。在跨界毗邻地区，按可达性统筹 120、110 等服务范围。

第十二章　推进规划实施

加强党对成渝地区双城经济圈建设的领导，明确各级党委和政府职责，细化各项政策措施，建立健全协同实施机制，确保规划纲要主要目标和任务顺利实现。

第一节　加强党的集中统一领导

坚定不移加强党的全面领导，增强“四个意识”，坚定“四个自信”，做到“两个维护”。充分发挥党总揽全局、协调各方的领导核心作用，把党的领导始终贯穿成渝地区双城经济圈建设重大事项决策、重大规划制定调整等各方面全过程。充分发挥党的各级组织在推进成渝地区双城经济圈建设中的领导作用和战斗堡垒作用，激励干部锐意进取、担当作为，组织动员全社会力量落实规划纲要，形成强大合力。

第二节 强化组织实施

重庆市、四川省作为成渝地区双城经济圈建设的责任主体，要明确工作分工，完善工作机制，共同研究制定年度工作计划，落实工作责任，把规划纲要确定的各项任务落到实处。中央有关部门要按照职责分工，加强对规划纲要实施的指导，在规划编制、体制创新、政策制定、项目安排等方面给予积极支持。国家发展改革委要依托城镇化工作暨城乡融合发展工作部际联席会议制度，加强对规划纲要实施的统筹指导，协调解决规划纲要实施中面临的突出问题，督促落实重大事项，适时组织开展评估，及时总结经验做法。重大规划、重大政策、重大项目按程序报批，重大问题及时向党中央、国务院请示报告。

第三节 完善配套政策体系

中央有关部门要加强与重庆市、四川省沟通衔接，负责编制印发实施成渝地区双城经济圈国土空间规划以及多层次轨道交通体系、综合交通发展、西部金融中心建设、科技创新中心建设、生态环境保护、巴蜀文化旅游走廊等规划或实施方案，指导编制践行新发展理念的公园城市示范区、川渝统筹发展示范区、川南渝西融合发展试验区等建设方案，研究出台产业、人才、土地、投资、财政、金融等领域配套政策和综合改革措施。重庆市、四川省编制出台重庆都市圈、成都都市圈发展规划，共同推动形成规划和政策体系，不改变不减弱对三峡库区等周边地区的支持政策。

第四节 健全合作机制

健全推动成渝地区双城经济圈建设重庆四川党政联席会议机制，研究落实重点任务、重大改革、重大项目等，压茬推进各项任务。建立交通、产业、创新、市场、资源环境、公共服务等专项合作机制，分领域策划和推进具体合作事项及项目。培育合作文化，鼓励两省市地方建立合作协同机制。推动与东部地区开展干部人才双向交流、挂职任职。广泛听取社会各界意见和建议，营造全社会共同推动成渝地区双城经济圈建设的良好氛围。

重庆四川两省市印发贯彻落实《成渝地区双城经济圈建设规划纲要》联合实施方案

2021 年 12 月 30 日

中共重庆市委、中共四川省委、重庆市人民政府、四川省人民政府日前印发了《重庆四川两省市贯彻落实〈成渝地区双城经济圈建设规划纲要〉联合实施方案》，并发出通知，要求两省市各级各部门结合工作实际，认真抓好贯彻落实。

《重庆四川两省市贯彻落实〈成渝地区双城经济圈建设规划纲要〉联合实施方案》主要内容如下。

为全面贯彻党的十九大和十九届二中、三中、四中、五中全会精神，深入贯彻落实习近平总书记关于推动成渝地区双城经济圈建设重要讲话精神，把成渝地区双城经济圈建成具有全国影响力的重要经济中心、科技创新中心、改革开放新高地、高品质生活宜居地，合力打造区域协作的高水平样板，打造带动全国高质量发展的重要增长极和新的动力源，根据《成渝地区双城经济圈建设规划纲要》，经两省市共同商定，制定本联合实施方案。

一、加快构建双城经济圈发展新格局

（一）推动重庆成都双核引领相向发展。提升重庆和成都国家中心城市发展能级和综合竞争力。推动重庆打造国家重要先进制造业中心、西部金融中心、西部国际综合交通枢纽和国际门户枢纽，建成高质量发展高品质生活新范例。推动成都打造区域经济中心、科技中心、世界文化名城和国际门户枢纽，建成践行新发展理念的公园城市示范区。高水平建设重庆两江新区、四川天府新区。推动重庆西扩、成都东进相向发展，高质量建设重庆高新区、成都东部新区，带动成渝地区空间布局整体优化、功能体系整体完善、发展能级整体提升。

（二）培育发展现代化都市圈。着力打造重庆都市圈，推进中心城区加快集聚高端现代功能，推进璧山、江津、长寿、南川率先实现与重庆中心城区同城化发展，推进涪陵、永川、合川、綦江—万盛等支点城市加快发展，推进荣昌、铜梁、大足、潼南等桥头堡城市特色发展，推动广安全面融入重庆都市圈。着力打造成都都市圈，建设成德眉资同城化综合试验区，推进成德临港经济产业带、成眉高新技术产业带、成资临空经济产业带建设和交界地带融合发展。加强成都都市圈与绵阳、乐山、遂宁、雅安等城市协同，推动成都平原经济区一体化发展。强化重庆都市圈和成都都市圈互动。

（三）做强成渝发展主轴。沿成渝北线、中线和南线综合运输通道，推动资阳、遂宁、内江、永川、铜梁、大足、荣昌、潼南、璧山等成渝主轴节点城市融合发展，拓展发展空间，强化功能协作，承接重庆中心城区、成都和东部沿海发达地区产业转移，有效提升服务配套重庆中心城区、成都的能力，夯实成渝主轴发展基础，打造支撑成渝地区双城经济圈建设的“脊梁”。

（四）推动渝东北川东北地区一体化发展。提升万州、南充、达州等城市发展能级，带动广安、开州、垫江、梁平、丰都、忠县、云阳等一体化发展。加快建设万达开川渝统筹发展示范区，加快建设南充临江新区。强化规划、政策、项目统筹，引导人口、产业向城市化地区集聚，打造北向东向出渝出川综合交通枢纽，促进成渝地区双城经济圈北翼发展。

（五）推动川南渝西地区融合发展。支持宜宾、泸州建设川南区域中心城市，推动内江、自贡同城化，高质量建设宜宾三江新区。支持自贡、泸州、内江、宜宾、江津、永川、荣昌等共同建设川南渝西融合发展试验区，探索建立重大政策协同、重点领域协作、市场主体联动机制，协同建设承接产业转移创新发展示范区，打造西部陆海新通道和长江经济带物流枢纽，构筑产业和人口优势承载地、南向开放新高地，支撑成渝地区双城经济圈南翼跨越发展。

（六）推进大中小城市和县城协调发展。推动重庆、成都中心城区由外延扩展式向内涵提升式转变。推动绵阳、德阳、乐山、宜宾、泸州、南充、达州、万州、黔江等区域中心城市建设，加大空间资源供给，提高承接重庆中心城区、成都产业转移和功能疏解能力。强化重要节点城市功能协作，提升专业化配套服务水平。推进县城城镇化补短板强弱项，推动中心镇做大做强，增强服务农村、带动周边功能，推动农业转移人口就地就近城镇化。

（七）推进川渝毗邻地区联动发展。支持梁平、垫江、邻水、达川、大竹、开江共建明月山绿色发展示范带，支持城口、宣汉、万源建设革命老区振兴发展示范区，支持广安、渝北共建川渝高竹新区，支持合川、广安、长寿打造协同发展示范区，支持遂宁、潼南建设川渝毗邻地区一体化发展先行区，支持资阳、大足共建文旅融合发展示范区，支持内江、荣昌共建现代农业高新技术产业示范区，支持泸州、永川、江津建设融合发展示范区。支持毗邻地区建设具有区域影响力的产业合作示范园区，积极探索其他开放合作新路径。支持其他地区以“一区多园”“飞地建园”等方式探索创建开发开放合作新平台。

（八）辐射带动两省市其他区域发展。强化成渝地区双城经济圈对川渝其他地区辐射带动，推进规划对接、设施联通、产业协作、改革联动，促进通道、平台、政策共享，推动渝东南武陵山区建设文化产业和旅游产业融合发展示范区、秦巴山区建设绿色产品供给地和产业协作配套基地、攀西地区打造国家级战略资源创新开发试验区、川西北地区打造国家生态文明建设示范区。

二、合力建设现代基础设施网络

（九）共同打造国际航空门户枢纽。高质量建成成都天府国际机场，提升成都双流国际机场服务保障能力，实现“两场一体”运营，打造国际航空枢纽。推进重庆江北国际机场扩能改造，规划研究重庆新机场建设，提升重庆国际枢纽功能。加快阆中、达州（迁建）机场建设。规划建设乐山、遂宁、广安等支线机场，扩建万州五桥机场、黔江武陵山机场、南充高坪机场、广元盘龙机场，研究建设雅安、内江（自贡）、万源、万盛、城口支线机场，规划研究迁建绵阳机场，进一步扩大航空服务覆盖面，加快构建“枢纽机场为核心、支线机场为支撑”的世界级机场群。织密国际航线网络，提高与全球主要城市通达性。强化城市群机场协同运营，深化低空空域管理改革，加快发展通用航空。

（十）共建轨道上的双城经济圈。打通多向出渝出川通道，加快建设川藏铁路雅安至林芝段和成都至兰州、成都至西宁、成都至自贡至宜宾、重庆至昆明、重庆至长沙、郑州至万州铁路及川南城际铁路内自泸段、汉中至巴中至南充铁路南巴段、叙永至毕节铁路；开工建设成渝中线、成都至达州至万州、重庆至西安、川藏铁路朝阳湖至天府段、黔江至吉首联络线、重庆至宜昌、重庆至万州等铁路；加快实施成昆铁路峨米段、隆黄铁路隆叙段、成渝铁路成隆段和广元至巴中、达州至万州、万州至利川等铁路扩能改造；加快推进重庆都市圈环线铁路、成都外环铁路、绵遂内等连接重庆中心城区铁路前期工作；规划研究宜宾至西昌至攀枝花、重庆至贵阳、泸州至遵义、重庆至自贡至雅安、成都至巴中、黔江至万州、珙县至叙永、广安至涪陵至柳州、广安至忠县至黔江、长寿至垫江至梁平、沿江货运铁路等铁路；研究论证南充至广安、遂宁至广安等铁路。构建安全高效便捷城际网，完善市域（郊）铁路和城市轨道交通网，加快建设轨道交通资阳线，规划建设成都至德阳、成都至眉山等市域（郊）铁路，加快建设重庆中心城区连接主城新区、中心城区至广安等市域（郊）铁路，加速中心城区城市轨道成网，基本建成中心城市间、中心城市与周边城市间 1 小时交通圈和通勤圈。

（十一）完善内联外畅的公路体系。畅通高速公路主通道，加快成都经成都天府国际机场至重庆、广安绕城及渝广支线、镇巴至广安等高速公路建设，扩容改造成渝、渝遂、渝泸、渝邻、南广渝、渝湘、渝武、成南、成乐、成自泸赤等高速公路拥堵繁忙路段。加密毗邻地区高速路网，加快建设宜宾至泸州至永川、古蔺至金沙等高速公路，开工建设万开达直线高速、大足至内江、南充至潼南、开江至梁平、铜梁至安岳、大竹至垫江、万州至宜昌（江南高速）、垫江至丰都至武隆、叙永至筠连、古蔺至仁怀等高速公路，规划研究自贡至永川、乐山经资中至铜梁、重庆至合江至叙永、合川至广安至长寿等高速公路。加快推进城宣大邻等高速公路前期工作，开展万云奉巫等出渝出川高速公路研究论证。全面推动 G318 川藏公路升级改造。消除省际普通国道干线公路瓶颈，提升高速公路、干线公路与城市道路衔接转换效率，畅通运输服务微循环网络。

（十二）推动长江上游航运枢纽建设。提升长江干线航道通航能力，推动三峡水运新通道工程建设，实施长江宜宾至重庆段、朝天门至涪陵段航道整治工程。推进嘉陵江、岷江、乌江、渠江等高等级航道建设，实施利泽、白马、龙溪口、风洞子、银蛇溪等航电枢纽工程，形成干支直达的航道网络。依托果园港港口型国家物流枢纽，推动组建长江上游港口联盟，加强港口分工协作，构建结构合理、功能完善的港口集群，打造要素集聚、功能完善的港航服务体系。

（十三）构建安全高效能源保障体系。重点推进四川“三江”水电资源开发，有序推进风能、太阳能、生物质能等新能源开发利用，建设国家优质清洁能源基地。研究论证疆电入渝工程。加快推进川渝电网一体化，推动建设川渝电网特高压交流主网架，加快成德眉资同城化电网发展，优化重庆都市圈500千伏目标网架。推动四川水电在川渝两地就近消纳，完善四川水电外送方式。推进成渝地区氢走廊建设，加快氢能产业发展。推广完善页岩气开发利益共享机制，大力提升天然气、页岩气勘探开发力度，加快建设国家级页岩气示范区，建设天然气千亿立方米产能基地。大力勘探开发巫溪宣汉区块页岩气和遂宁、安岳、开州、潼南等地天然气资源，建设中航油西南战略储运基地等能源保障设施。

（十四）加强现代化水利基础设施建设。推动双城经济圈水网融入国家水网，加快建设大型水库工程，加强都江堰、濑溪、升钟、武引等大中型灌区续建配套和现代化改造，加快推进引大济岷、长征渠引水、向家坝灌区二期、大滩口等项目前期工作。研究论证高景关水库、涪江右岸引水、渝南及重庆中部、沱江团结水资源配置等引水供水重大工程，加快城市应急备用水源建设。加快病险水库除险加固、主要江河和中小河流防洪治理、城市防洪排涝设施建设和山洪灾害防治，实施防洪控制性水库联合调度。

（十五）协同建设新一代信息基础设施。加快建设物联网、区块链、工业互联网、卫星互联网等新型基础设施。加快建设5G和光纤超宽带“双千兆”网络，开展6G网络试验验证。实现大中城市基于IPv6的下一代互联网全面部署，增强国家级互联网骨干直联点功能。共建区域性国际数据中心、全国一体化大数据中心国家枢纽节点、中新（重庆）国际互联网数据专用通道和国际信息通信枢纽、国家量子通信网络“成渝干线”。发挥重庆工业互联网标识解析国家顶级节点作用，支持成都升级建设国家顶级节点，加快建设一批行业级节点，共建成渝工业互联网一体化发展示范区。建设区块链“星火·链网”超级节点和骨干节点，拓展“蜀信链”服务基础设施城市节点和行业节点，打造国家级区块链发展先行示范区。积极建设全面覆盖、泛在互联的城市智能感知网络，加快交通、物流等基础设施智能化升级，实施车联网试点示范建设工程。

三、协同建设现代产业体系

（十六）加快提升先进制造业国际竞争力。着力提升优势传统产业，加快发展战略性新兴产业，补齐关键短板，增强全产业链优势，形成特色鲜明、相对完整、安全可靠的区域产业链、供应链体系。以智能网联和新能源为主攻方向，共建高水平汽车产业研发生产制造基地。整合提升汽摩整车、航空航天、轨道交通、能源装备、环保制造、工业机器人、仪器仪表、数控机床等优势产业，打造世界级装备制造产业集群。整合提升优质白酒、健康食品、精品服饰、特色轻工等优势产业，培育特色消费品产业集群。整合提升钒钛钢铁、锂电材料、铝镁钛轻合金、晶硅光伏、基板玻璃、特种陶瓷、氟硅新材料等先进材料产业，深入推进国家战略性新兴产业集群发展工程。整合提升生物医药、医疗器械、现代中药等产业，加快建设国家原料药生产基地、西部大健康产业基地、“中国牙谷”国际口腔装备材料基地，发展生物医药和大健康产业集群。推动先进制造业和现代服务业深度融合，建设国家检验检测高技术服务业集聚区，开展先进制造业和现代服务业融合发展试点，培育融合发展新业态新模式，提升全产业链价值。建立跨区域承接产业转移协调机制，争取国家以市场化方式设立区域产业协同发展投资基金。

（十七）合力打造数字产业新高地。发挥集成电路、新型显示、智能终端、软件与信息服务等产业优势，培育“芯屏器核网”全产业链，构建“云联数算用”全要素群，打造“住业游乐购”全场景集，培育发展大数据、人工智能、区块链、数字内容、超高清视频等数字产业，打造具有国际竞争力的电子信息产业集群。加快释放数据资源价值，建设西部数据资源和数字资产交易平台，培育数据要素市场。推动新一代信息技术与实体经济深度融合，发展平台经济和数字商务，创新开展跨境数据流动和数字贸易，探索建立反向定制（C2M）产业基地，建设国家数字经济创新发展试验区、国家新一代人工智能创新发展试验区和国家数字服务出口基地。加快推动重庆软件园与成都天府软件园深度合作，共创成渝软件名城。在地级以上城市建立数字化管理平台。推动政务数据与公共事业数据、社会数据融合共享。加强通信网络、重要信息系统和数据资源保护，提升重庆和成都重要数据灾备中心功能，打造“双城多园”国家级网络安全产业园。

（十八）共建西部金融中心。提升重庆、成都集聚金融要素、服务实体经济发展能力，发展壮大本地金融机构。推动区域金融改革创新，在科创金融、绿色金融、普惠金融等方面开展先行先试，加快发展消费金融、商贸金融、智慧金融、供应链金融，开展跨境人民币、本外币合一账户等试点业务创新，共建“一带一路”金融服务中心。探索在自由贸易试验区设立人民币海外投贷基金。深化中新（重庆）战略性互联互通示范项目下的“点对点”金融合作，带动西部地区与东盟国家“面对面”互联互通。在重庆开展区域性股权市场制度和业务创新。在成都建设基于区块链技术的知识产权融资服务平台。推动金融基础设施互联互通，防范化解金融风险。推进金融市场和监管区域一体化，推动在担保、不良资产处置等领域跨区域合作。

（十九）共建内陆国际物流枢纽。整合成渝地区航空、航运、铁路等资源，加快构建“通道＋枢纽＋网络”的现代物流运行体系。提升完善重庆、成都国家物流枢纽功能，共建国际货运中心，推动全货运航空公司在成渝地区设立基地。打造万州、涪陵、长寿、江津、遂宁、达州、泸州、自贡等区域性物流中心。协调国际航空物流和长江航运、中欧班列、西部陆海新通道铁海联运班列和跨境公路运输，提升公铁水空联运组织效率和运输服务一体化水平。

（二十）共建现代高效特色农业带。发挥特色农业资源优势，打造国家优质粮油保障基地、国家优质商品猪战略保障基地、渝遂绵优质蔬菜生产带、全国优质道地中药材产业带、长江上游柑橘产业带、安岳潼南大足柠檬产区、渝南绵蚕桑产业带，打造全球泡（榨）菜出口基地及川菜产业、茶产业、竹产业基地。加快建设国家农业高新技术产业示范区，高水平建设重庆主城都市区和成德眉资都市现代高效特色农业示范区。强化农业科技支撑，建设西部种质资源中心库、国家西部农业人工智能技术创新中心、国家现代农业产业科技创新中心、畜牧科技城、国家级重庆（荣昌）生猪大数据中心，大力发展智慧农业。共建西部农产品、中药材、农业资源资产等交易中心，建设自贡等国家骨干冷链物流基地，推动国际农产品加工产业园建设。联合举办西部国际农业博览会，培塑巴味渝珍、天府龙芽、天府菜油、永川秀芽等知名品牌。

（二十一）优化提升重大产业平台体系。发挥重庆两江新区、四川天府新区旗舰作用，加快重庆高新区、重庆经济技术开发区、成都高新区、海峡两岸产业合作区、成都国际铁路港经济开发区等开发区建设。推动涪陵、綦江—万盛、合川、资阳、遂宁、宜宾等创建国家级经济技术开发区和国家高新技术产业开发区，创建一批国家新型工业化产业示范基地、川渝产业合作示范园区。推动自贡等老工业城市转型升级，建设新时代深化改革扩大开放示范城市。建设产业转移集中承接地，高质量承接东部地区和境外产业转移，支持有条件的园区大力发展“飞地经济”。

四、共建具有全国影响力的科技创新中心

（二十二）建设成渝综合性科学中心。集聚优势创新资源，在四川天府新区布局建设电磁驱动聚变大科学装置等重大科技基础设施以及川藏铁路技术创新中心、西南天然药物与临床转化综合研究平台、成都超算中心、先进微处理器技术国家工程实验室等高能级创新平台。在重庆加快建设超瞬态实验装置等重大科技基础设施以及分布式天体雷达、卫星互联网等国家重点实验室。引进国际国内高水平大学、科研机构和创新型企业，推动重大设施共建共管共用，建成全球创新网络的重要节点、国家创新体系的基础平台。

（二十三）共建西部科学城。以“一城多园”模式高标准建设西部科学城，打造全国重要的科技创新和协同创新示范区。统筹成都高新区、天府国际生物城、未来科技城等资源，聚焦电子信息、航空航天、生命科学、智能制造等领域，建设西部（成都）科学城。瞄准新兴产业设立开放式、国际化高端研发机构，建设重庆两江协同创新区。依托重庆高新区，联动高校和科研院所，夯实新一代信息技术、先进制造、大健康、高技术服务业发展基础，建设西部（重庆）科学城。高水平建设中国（绵阳）科技城，规划建设绵阳科技城新区。推动国家自主创新示范区以及各类开发区、高新区、新区等协同参与西部科学城建设。

（二十四）提升协同创新能力。实施成渝科技创新合作计划，围绕新一代信息技术、人工智能、航空航天、资源环境、量子科技、生物医药、轨道交通、现代农业等领域，联合开展关键核心技术攻关。鼓励两地高校、科研院所、企业共同参与国际大科学计划和大科学工程，建设新型研究基地。推动重大科研基础设施和大型科研仪器设备共建共享。强化创新链产业链协同，加快建设产业创新中心、技术创新中心、制造业创新中心、工程研究中心等创新平台和综合性检验检测平台。积极融入国际国内科技创新网络，共建“一带一路”科技创新合作区和国际技术转移中心，举办“一带一路”科技交流大会，全方位加强对外科技创新合作，加强知识产权保护国际合作交流。培育发展一批新型研发机构，推动更多科技成果在成渝地区转化。加强知识产权保护，强化跨部门跨区域办案协作，加快设立知识产权法庭。

（二十五）构建充满活力的创新生态。深入推进全面创新改革试验，深化职务科技成果所有权或长期使用权改革试点。推进高校、科研院所人员编制管理创新，赋予更多引进和使用科技人才自主权。健全创新激励政策体系，完善支持科技创新的财政金融服务体系，探索科研资金跨省市使用和重大科研项目揭榜制。深入实施“天府英才”工程、“重庆英才计划”。推动落实以增加知识价

值为导向的收入分配政策。高水平建设国家和省级“双创”示范基地，推进建设一批“双创”支撑平台项目。

五、共同打造富有巴蜀特色的国际消费目的地

（二十六）营造高品质消费空间。集聚优质高端消费资源，树立“不夜重庆、时尚重庆、山水重庆、味道重庆、康养重庆”和“成都休闲、成都消费、成都创造、成都服务”城市消费品牌，打造春熙路—太古里、交子公园、解放碑—朝天门、寸滩国际新城、观音桥等世界知名商圈，打造高端会展、精品零售、餐饮娱乐、文化休闲、流行时尚等功能复合的国际消费中心城市。顺应消费品质化、智能化、多元化、服务化新趋势，推动消费供给升级，培育特色消费载体，打造特色商业名街名镇。大力发展网络经济、夜间经济、首店经济等消费新业态，培育直播电商、社交电商、社区电商等消费新模式，构建特色街区雅集、体育健康脉动、透明生产体验等新场景。完善消费促进政策，加快推进符合条件的地区建设市内免税店、口岸免税店、离境提货点。健全消费者权益保障制度，打造安全友好的消费环境。

（二十七）共建巴蜀文化旅游走廊。整合巴蜀文化、三国文化、红色文化、统战文化、移民文化、长江生态文化等特色文化旅游资源，联合打造以历史人文、自然风光、户外探秘、生产体验、康养纳凉等为主题的精品旅游线路。打造长江三峡、大足石刻、武隆喀斯特、南川金佛山、合川钓鱼城、万盛黑山谷、长寿湖—五华山、江津四面山、大九寨、大峨眉、大熊猫、大香格里拉、大贡嘎、大竹海、大灌区、大蜀道、大遗址、大草原、小平故里、将帅故里、自贡彩灯等文旅品牌。加快建设长征国家文化公园（重庆段、四川段）、红军长征纪念馆、红岩文化公园、川陕片区红色文化公园、中国博物馆小镇（安仁）、龙骨坡古人类遗址公园、重庆开埠文化遗址公园等。保护发展传统村落，保护传承非物质文化遗产和历史文化遗存。完善交通等旅游基础设施，加强“智游天府”“惠游重庆”平台共建共享，整合提升文化旅游博览节会平台，打造具有国际范、中国味、巴蜀韵的世界级休闲旅游胜地。

六、共筑长江上游生态屏障

（二十八）推动生态共建共保。统筹山水林田湖草治理，共建长江、嘉陵江、乌江、涪江、岷江、沱江等生态廊道。推动建设大熊猫国家公园，推进重庆中心城区“两江四岸”治理提升、“四山”保护提升，夯实成都公园城市绿色本底，打造龙泉山城市森林公园，共建川渝森林城市群，共筑绿色生态屏障。实施重点流域、三峡库区“共抓大保护”项目，建设长江沿岸“两岸青山 · 千里林带”工程，推进三峡库区消落带治理和岩溶地区石漠化综合治理，加强三峡库区小流域和坡耕地水土流失综合治理。协调开展“三线一单”生态环境分区管控，建立跨流域跨区域横向生态保护补偿机制，加强流域水资源统一管理和联合调度。

（二十九）推动环境共治。严格落实长江经济带发展负面清单，共同制定负面清单实施细则，有序制定修订协调统一的环保标准和环境准入政策。开展联合巡河，加强跨界水体污染联防联治，推动长江、嘉陵江一级支流水环境治理试点示范，深化沱江、龙溪河、岷江流域水环境综合治理与可持续发展试点。加强协同立法和联合执法，推动毗邻地区工业固废、危废处理设施共建共享。开展土壤污染治理与修复试点示范，完善危险废物跨省市转移机制，协同开展“无废城市”建设。强化大气污染联防联控，建立重污染天气共同应对机制，开展细颗粒物（$PM_{2.5}$）和臭氧（O_3）污染连片整治。建立突发环境事件应急联动机制，深化生态环境保护督察协调联动合作，搭建生态环境大数据共享综合平台。

（三十）推行绿色生产生活方式。构建绿色低碳产业体系，实施重大绿色技术研发与示范工程，推行企业循环式生产、产业循环式组合、园区循环化改造，推动近零碳排放示范区建设和工业园区清洁生产试点，打造国家绿色产业示范基地。共同打造长江经济带绿色金融改革创新试验区，开展跨省市碳排放权、排污权、水权、用能权等交易合作，协同探索生态产品价值实现路径和转化模式。倡导绿色生活方式，推进能源消费革命，大力发展绿色建筑、绿色交通，推动可再生能源利用，加快推进垃圾分类，创建生态文明建设示范市（区、县）。开展广阳岛片区长江经济带绿色发展示范，探索三峡绿色发展新模式，高水平打造“三峡库心·长江盆景”。推进四川天府新区建设公园城市示范区先行区，开展可持续发展创新示范。建设沱江绿色发展经济带。推进涪江等流域绿色发展，推动万州、宜宾、泸州创建长江上游绿色发展示范区。

七、联手打造内陆改革开放新高地

（三十一）共建对外开放大通道。推进西部陆海新通道建设，发挥重庆通道物流和运营组织中心、成都国家重要商贸物流中心作用，全面提升与东盟地区互联互通水平，加密开行四川、重庆至北部湾出海口铁海联运班列，加快融入中国—中南半岛、孟中印缅等南向国际经济走廊。协同提升中欧班列（成渝）运营效能，打造重庆兴隆场、成都北中欧班列枢纽节点，建设铁路口岸国际邮件互换中心，探索陆上国际贸易新规则。开拓中欧班列（成渝）中、东通道，建成对接中蒙俄经济走廊的综合交通走廊。畅通川渝长江黄金水道，开通往返主要港口的“水上穿梭巴士”和铁水联运班列，建成通江达海、首尾联动的东向国际开放通道。

（三十二）共建高层级对外开放平台。建设川渝自由贸易试验区协同开放示范区，按照有关规定试行更高水平的投资、贸易开放政策。高质量建设自由贸易试验区协同改革先行区，复制推广自由贸易试验区改革创新成果。以重庆两江新区、四川天府新区为重点，优先布局国家重大战略项目、试点示范项目，创建内陆开放型经济试验区，打造内陆开放门户。按规定积极扩大铁路、港口、机场以适当方式对外开放，合理规划建设综合保税区、保税物流中心（B型），用好包括第五航权在内的国际航权，建设内陆口岸高地。推进重庆、成都、德阳、绵阳、泸州建设中国跨境电子商务综合试验区，扎实推动市场采购贸易方式试点。办好智博会、西洽会、西博会、科博会、旅博会等国际展会，共同建设“一带一路”对外交往中心和“一带一路”进出口商品集散中心，高质量建设国家文化出口基地，支持川剧、彩灯等中国文化走出去。推进中新（重庆）战略性互联互通示范项目、中日（成都）城市建设和现代服务业开放合作示范项目，加快建设中法、中德、中韩、中瑞（士）、中意等双边合作园区。

（三十三）深化国内区域合作。深化与京津冀、粤港澳大湾区、长三角等东部地区交流协作，共同开展创新合作，共建跨区域产业园区，共设无水港，有序承接东部地区产业转移。加强与长江经济带沿线城市群协作，共同推进长江黄金水道、沿江铁路、成品油输送管道等建设，推动长江经济带绿色发展。加强与北部湾、滇中和黔中城市群协作，畅通出境出海通道，共建南向内陆开放经济腹地。加强与关中平原、兰州—西宁城市群联动，在能源、物流、产业等领域深化合作。

（三十四）共同营造国际一流营商环境。建设高标准市场体系，共建统一的市场规则、互联互通的市场基础设施，清理废除妨碍统一市场和公平竞争的各种规定和做法，创新土地、社保等市场监管模式，促进土地、劳动力、资本、技术、数据等要素自由流动、高效配置。全面落实外商投资准入前国民待遇加负面清单管理制度。加快建设统一的区域信用政策法规制度和标准体系，加强信用信息共享开放，推动守信联合激励和失信联合惩戒。实行“市场准入异地同标”受理办理，推动政务服务一体化平台互联互通互认，推行“天府通办”“渝快办”，实现“一网通办”。对标世界银行中国营商环境评价指标体系，推动政策滚动优化。协同开展优化营商环境立法。深化国有企业改革，完善民营经济促进政策，深入推进民营经济综合改革示范试点，创建民营经济示范城市，充分激发市场主体活力。

（三十五）推动经济区与行政区适度分离改革。在重庆都市圈、成都都市圈及万达开川渝统筹发展示范区、川南渝西融合发展试验区等跨区域合作平台开展试点。探索一体建设的组织管理机制，试行建设用地指标、收储和出让统一管理，推动跨区域的重点规划和重大项目统一编制、联合报批、共同实施。探索共建共享的公共资源配置机制，推动能源、电信、医疗、卫生等行业跨行政区布局建设和高效服务。探索市场主导的产业协作机制，推动区域产业统筹布局，促进优势产业整合提升、成链发展。探索互利共赢的利益联结机制，推动跨行政区财政协同投入，建立跨区域合作项目地方留存部分财税利益分享机制。

八、共同推动城乡融合发展

（三十六）推动城乡基础设施一体化。统筹推进跨行政区城乡基础设施规划建设，促进城镇公共基础设施向乡村延伸，实现共建共管共享。完善级配合理的城乡路网，提高乡村公路通达深度，扩宽“瓶颈路”、打通“断头路”，跨区域开行乡村客运公交。推动城市电力、通信、供水、燃气、污水收集等市政管网和生活垃圾分类处理及再生利用设施等向乡村覆盖。有序推进城镇老旧小区、老旧厂区、老旧街区、棚户区、城中村和城乡结合部改造。

（三十七）推动城乡基本公共服务均等化。统筹布局建设城乡公共服务设施，促进城乡基本公共服务资源合理配置。推动城乡义务教育一体化发展，鼓励优质教育教学服务资源共建共享，联合开展名师名校长培养工作，共同推进义务教育阶段教师“县管校聘”管理改革等重大改革。优化整合医疗资源，推进城市医联体和紧密型县域医共体建设。补齐农村养老服务设施短板，构建多层次多元化农村养老服务体系。推动社会治理重心下移，完善城乡社区网格化服务管理体系和便民化服务体系。整合两地社会工作资源，开展社会工作人才培养和机构培育。

（三十八）推动城乡产业融合发展。坚持以工促农、以城带乡，高质量推进农村产业发展，增强农村内生动力。打造城乡产业协同发展先行区，重点优化提升特色小镇、特色小城镇、美丽乡村和各类农业园区，推动“农业＋文化”“农业＋旅游”“农业＋电商”“农业＋康养”“农业＋科普”等产业融合，创建国家农村产业融合发展示范园，建设巴蜀美丽乡村示范带。推动龙头企业、农民合作社、家庭农场、专业大户组建农业产业化联合体。开展国家数字乡村试点。

（三十九）建设国家城乡融合发展试验区。推动国家城乡融合发展试验区重庆西部片区建设，探索建立城乡有序流动的人口迁徙、进城落户农民依法自愿有偿转让退出农村权益等制度，搭建城中村改造合作平台和城乡产业协同发展平台。推动国家城乡融合发展试验区成都西部片区建设，探索建立城乡有序流动的人口迁徙等制度，完善农村产权抵押担保权能，搭建城乡产业协同发展平台，建立生态产品价值实现机制，打造独具特色的生产生活聚落系统，推动城市新经济培育与乡村经济多元化发展。

九、推动公共服务共建共享

（四十）提升公共服务便利化水平。健全统一的人力资源市场体系，推动人力资源市场开放和服务机构及其从业人员资格互认。推动公共就业创业服务协同发展，加大重点群体就业创业帮扶力度。保障义务教育阶段外来务工人员子女在入学、编班、资助等方面享受同城化待遇。加快实现社会保险协同互认，推进养老、失业保险关系无障碍转移接续，实现社会保障卡共享应用和异地办理。推进跨省市异地就医门急诊医疗直接结算、医疗机构医学检查结果互认和双向转诊合作。完善户籍便捷迁移政策措施，推动居住证登记信息互通共享。推进住房公积金互认互贷，推动公租房保障范围城镇常住人口全覆盖。推进跨省城际客运公交化和重庆成都公交地铁“一卡通”，推进高铁公交化和月票制。推动两地通信一体化。建立川渝司法协作机制，实现诉讼服务异地通办。建立退役军人事务协同机制。

（四十一）推动教育资源共享。完善集团化办学体制机制，扩大普惠性幼儿园供给，深化中小学学区制管理改革，共享优质教育资源。加快重庆职业教育创新发展高地、中国西部（重庆）职教城、成都国际职教城、达州西南职教园等建设，推动宜宾开展国家产教融合型城市试点、永川建设西部职教基地、璧山打造产教融合生态区（大学城西区），共建一批职业教育集团，培养两地产业发展急需人才，塑造“巴蜀工匠”品牌。组建高校联盟，联手开展“双一流”建设，互相对等增投招生来源计划，共同争取区域外优质招生计划，推动高校向区域性中心城市、重要支点城市布局。

提高中外合作办学水平，共建国际合作教育园区，加快推进中外人文交流试验区建设。

（四十二）共同繁荣文体事业。规划建设水文博物馆、重庆博物馆、长江音乐厅、重庆美术馆、天府文化旅游中心、四川省博物院新馆（总馆）、巴文化遗址博物馆、江口沉银遗址博物馆、乐山大佛石窟研究院等，加快建设三星堆国家文物保护利用示范区。实施文物考古、文物保护、非物质文化遗产传承保护、川剧和文艺振兴工程，建立公共文化服务合作联盟，推动公共图书馆数字资源共建共享。推动出版、影视、舞台艺术发展，共同打造“成渝地·巴蜀情”等文化品牌。建设适用国际通用规则的文化艺术品和文物拍卖中心。完善全民健身公共体育设施，建设国家级足球竞训基地、国际小球赛事中心等专业比赛场地，共同开展群众体育赛事活动，协商共办大型体育赛事。

（四十三）共建高水平医疗养老服务体系。提升医疗服务水平，依托四川大学华西医院、重庆医科大学附属医院等优质医疗资源，共同建设国家医学中心、区域医疗中心、国家临床重点专科群。建设重庆国家儿童区域医疗中心、四川省儿童医学中心。深化中医药创新协作，建设重庆中医药大学。推动优质医疗资源下沉，支持医联体建设和跨区办医，推动中心城市三甲医院在区域性中心城市、重要支点城市设置医疗机构。构建区域公共卫生服务体系，建设省级和市地级重大疫情救治基地、公共卫生综合临床中心，完善重大疫情和突发公共卫生事件联防联控机制。推进养老服务体系共建共享，建立监管联动机制，制定互认互通的养老机构等级评定划分实施标准，实施普惠养老城企联动专项行动，推动医养产业集群发展，开展积极应对人口老龄化综合创新试点。

（四十四）强化公共安全保障。共建食品药品安全治理体系，加强安全综合监管，建设国家食品药品检测基地。完善重大灾害事件预防处理和紧急救援联动机制，建设川渝长江流域水上应急救援基地、川藏铁路隧道救援基地、航空应急救援及保障基地、矿山救援基地、紧急医学救援中心、川渝应急科普主题馆等，提升森林草原防灭火综合能力，加强应急救援保障能力建设，打造 2 小时应急救援圈。建立健全安全生产责任体系和联动长效机制，共同防范和坚决遏制重特大生产安全事故发生。加强社会治安执法司法联动，建立平安联创机制和网络综合治理体系。

十、加强规划实施保障

（四十五）压实各级主体责任。两省市各级各部门要坚决贯彻落实党中央、国务院战略部署，切实增强实施国家战略的思想自觉、政治自觉、行动自觉。落实推动成渝地区双城经济圈建设重庆四川党政联席会议和重庆四川常务副省市长协调会议机制，研究解决重大问题，统筹推进重点工作。推动成渝地区双城经济圈建设联合办公室要认真履行综合协调、计划制定、督促检查等职责，项目化、清单化推动任务落地落实。推动成渝地区双城经济圈建设联合办公室下设的专项工作组成员单位及两省市有关部门要按职责分工，加强力量配备，高效完成各项任务。两省市督查考核部门要将贯彻落实本联合实施方案情况纳入党委、政府年度目标绩效考核。两省市有关市（区、县）要建立健全工作推进机制，结合实际制定具体落实举措，主动对接落实重点任务。

（四十六）强化政策项目支撑。加强与中央有关部门的汇报衔接，配合编制成渝地区双城经济圈国土空间、多层次轨道交通体系等规划或实施方案。两省市研究制定万达开川渝统筹发展示范区、川南渝西融合发展试验区等规划或建设方案，加强财政、金融、土地、产业、人才、投资等领域配套政策协同，建立两省市领导联系重点项目和两省市共同编制重点规划工作机制，抓好标志性、引领性重大项目实施。

（四十七）营造良好社会氛围。推动川渝两地宣传工作同频共振，加强舆论引导，突出宣传党中央、国务院推动成渝地区双城经济圈建设的重大意义和战略机遇，积极宣传成渝地区双城经济圈建设的重大进展和成效，共同举办成渝地区双城经济圈高质量发展论坛，开展多形式多层次推介活动，扩大国内国际影响力，凝聚最广泛最深厚的力量，形成全社会关心、支持和主动参与成渝地区双城经济圈建设的良好氛围。

《重庆都市圈发展规划》摘要

摘要：重庆市人民政府、四川省人民政府共同印发《重庆都市圈发展规划》（以下简称《规划》），重庆成为继南京、福州、成都、长株潭、西安之后，第六个获得批复的国家级都市圈，也是全国第二个、中西部第一个跨省域的都市圈规划。《规划》分为12章，规划目标至2025年。包括规划背景、总体要求、优化重庆都市圈发展布局等章节，2.8万余字。

《规划》明确，重庆都市圈规划范围包括重庆市21个区和四川省广安市。这21个区为渝中区、大渡口区、江北区、沙坪坝区、九龙坡区、南岸区、北碚区、渝北区、巴南区、涪陵区、长寿区、江津区、合川区、永川区、南川区、綦江区—万盛经开区、大足区、璧山区、铜梁区、潼南区、荣昌区。广安成为目前全国唯一全域纳入跨省域都市圈的地级市。2020年重庆都市圈总面积3.5万平方公里，常住人口约2440万人，2021年GDP总量达到2.23万亿。

一、强化重庆中心城区辐射带动作用

优化中心城区功能。瞄准创新链产业链价值链高端，支持渝中区、大渡口区、江北区、沙坪坝区、九龙坡区、南岸区、北碚区、渝北区、巴南区全面提升城市的经济品质、人文品质、生态品质、生活品质、营商品质，打造重庆都市圈高质量发展的核心引擎。强化金融、商务、研发等高端服务功能，加快集聚国际人才、全球资本等高端要素，全面提升全球资源配置能力。优化创新创业生态，加快培育战略科技力量，构建富有活力的创新体系，全面提升科技创新策源能力。聚焦高端产业和产业链高端环节，加快产业升级步伐，加快构建以现代服务业为主体、战略性新兴产业为支撑的产业结构，全面提升高端产业引领功能。打造长嘉汇、广阳岛、科学城、枢纽港、智慧园、艺术湾等城市名片，引领带动中部历史母城、东部生态之城、西部科学之城、南部人文之城、北部智慧之城协同发展。此外，在推动城市瘦身健体和重塑国际化山水都市风貌方面也有强化。

二、推动周边城市与中心城区同城化发展

《规划》提出从提升周边城市综合承载能力和功能品质、补齐区县城区短板弱项、建设跨区域合作发展功能平台三个路径来实现推动发展。用好渝西高铁、襄渝铁路，研究论证重庆渝北至四川广安的铁路项目，支持广安市加快与重庆中心城区同城化发展，着力打造重庆都市圈北部副中心。支持四川省华蓥市、邻水县、武胜县、岳池县开展国家县城新型城镇化建设创建，立足资源禀赋和产业基础，因地制宜强化制造业配套、物流服务等功能，引导人口合理流动，打造特色鲜明、功能完善、协作高效的新型卫星城。布局合（川）广（安）长（寿）协同发展区。

三、辐射联动重庆都市圈周边区域发展

《规划》提出，充分对接川黔区域经济布局和“一区两群”协调发展布局，依托干线铁路、城际铁路等交通廊道推动重庆都市圈向六个方向对外辐射、协同联动。

西北向：依托成渝中线高铁、成渝高铁、渝遂铁路等交通廊道，联动遂宁、内江、资阳等地一体化发展，推动重庆都市圈与成都都市圈高效衔接。

北向：依托兰渝铁路、渝西高铁等交通廊道，联动南充、达州、巴中等地一体化发展。

西南向：依托长江黄金水道、渝昆高铁、成渝铁路等交通廊道，联动泸州、自贡、宜宾等地一体化发展。

东北向：依托长江黄金水道、沿江高铁和渝万铁路等交通廊道，联动垫江、梁平、丰都、忠县等地一体化发展。

南向：依托渝贵高铁和渝贵铁路等交通廊道，联动遵义等黔北地区一体化发展。

东南向：依托重庆至黔江高铁、渝怀铁路、乌江航道等交通廊道，联动武隆等周边区（市、县）一体化发展。

《成都都市圈发展规划》摘要

摘要：四川省人民政府印发《成都都市圈发展规划》（以下简称《规划》）。这是继南京都市圈、福州都市圈以后，国家层面批复的第三个都市圈规划。《规划》分为11章，规划期至2025年，远期展望到2035年。涉及“发展目标”“发展布局”“基础设施推进”“创新驱动”“现代高端产业”“开放合作”“公共服务”“生态环境”等方面。

《规划》明确，成都都市圈以成都市为中心，与联系紧密的德阳市、眉山市、资阳市共同组成。主要包括：成都市，德阳市旌阳区、什邡市、广汉市、中江县，眉山市东坡区、彭山区、仁寿县、青神县，资阳市雁江区、乐至县，面积2.64万平方公里，2020年末常住人口约2761万人；规划范围拓展到成都、德阳、眉山、资阳全域，总面积3.31万平方公里，2020年末常住人口约2966万人。

一、发展目标

到2025年，成都都市圈经济总量突破3.3万亿元，城乡居民人均可支配收入接近东部发达地区水平，常住人口城镇化率达75%，基本建成空间结构清晰、城市功能互补、要素流动有序、产业分工协作、交通往来顺畅、公共服务均衡、环境和谐宜居的现代化都市圈。

二、“两轴”“三带”

“两轴”：完善都市圈东西城市轴线，建设成资大道和市域（郊）铁路，推动成都东进和重庆西扩相向发展，强化成都东部新区与重庆联动的重要支点作用，夯实成渝发展主轴。加快建设天府大道北延线，畅通天府大道眉山段，推动南北向市域（郊）铁路有序发展，强化四川天府新区、成都国际铁路港经济技术开发区的辐射带动作用，打造成德眉发展轴。

“三带”：统筹推进重大平台联动建设，共建都市圈高能级发展空间载体。共建成德临港经济产业带，协同提升物流枢纽和开放口岸功能，建设高端能源装备产业集群和“5G+工业互联网”融合应用先导区。共建成眉高新技术产业带，协同提升现代科技服务发展能级、强化创新资源集聚转化功能，打造高新技术产业集聚地和现代服务业发展示范区。共建成资临空经济产业带，加快形成临空经济产业专业化分工协作体系，协同提升汇聚运筹高端资源要素功能，合力打造国家级临空经济示范区。

三、交界地带融合发展试点

支持彭州—什邡、青白江—广汉、金堂—中江、四川天府新区成都直管区和眉山片区、蒲江—

丹棱、新津—彭山、简阳—雁江—乐至等区域开展交界地带融合发展试点，推动其他交界地带融合发展。

四、“3 绕 17 射”

“3 绕”为成都绕城高速、成都第二绕城高速、成都经济区环线高速；“17 射”为蓉昌高速（成灌高速—都汶高速）、成万高速（成彭高速一成什绵高速）、成绵高速、成绵高速扩容、成巴高速、成南高速、成安渝高速、成渝高速、成都天府国际机场高速—成资渝高速、成宜高速、成自泸高速、天眉乐高速、成雅高速、成乐高速、成名高速，天邛雅高速、成汶高速。

五、一核四区

“一核”即成都科学城；“四区”即新经济活力区、生命科学创新区、东部新区未来科技城、新一代信息技术创新基地。

六、一心一屏三网三环多片

“一心”，即龙泉山城市森林公园城市绿心；“一屏”，即龙门山—邛崃山生态屏障；“三网”，即岷江、沱江干流及其支流、涪江支流形成的生态水系网；“三环”，即以环城生态区、成都第二绕城高速、成都第三绕城高速为骨架，串联城市生态公园、郊野公园、环都市圈森林湿地公园，形成多层次的生态环；“多片”主要依托城市通风廊道、生态绿楔等，划定联系各类生态斑块、防止城市连片发展的生态绿隔区，发挥生态维育、城市隔离、农田保护功能。

七、县（县级市）发展重点

支持镇区常住人口 10 万以上的特大镇按同等城市标准配置教育医疗资源，支持有条件的镇建成县域副中心。

其他文件目录

1.《重庆市人民政府办公厅　四川省人民政府办公厅关于印发川渝毗邻地区合作共建区域发展功能平台推进方案的通知》（渝府办发〔2020〕97 号，2020 年 7 月 27 日）

2.《重庆市人民政府关于印发重庆市金融支持西部（重庆）科学城建设若干措施的通知》（渝府发〔2020〕28 号，2020 年 11 月 12 日）

3.《关于川渝职称互认工作有关事项的通知》（川人社职称〔2021〕13 号，2021 年 3 月 8 日）

4.《重庆市人民政府办公厅关于印发支持科技创新若干财政金融政策的通知》（渝府办发〔2021〕47 号，2021 年 5 月 14 日）

5.《四川省人民政府办公厅　重庆市人民政府办公厅关于印发〈成渝地区双城经济圈优化营商环境方案〉的通知》（川办发〔2022〕7 号，2022 年 1 月 18 日）

6.《四川省人民政府办公厅关于印发〈增强协同创新发展能力行动方案〉的通知》（川办发〔2022〕13 号，2022 年 1 月 24 日）

7.《重庆市人民政府关于支持西部（重庆）科学城高质量发展的意见》（渝府发〔2022〕12 号，2022 年 2 月 1 日）

8.《重庆市人民政府办公厅　四川省人民政府办公厅关于印发成渝地区双城经济圈碳达峰碳中和联合行动方案的通知》（渝府办发〔2022〕22 号，2022 年 2 月 15 日）

9.《四川省发展和改革委员会关于印发〈成德眉资同城化综合试验区总体方案〉的通知》（川发改城镇〔2022〕134 号，2022 年 3 月 22 日）

10.《重庆市渝北区人民政府办公室关于印发重庆市渝北区元宇宙产业创新发展行动计划（2022—2024）的通知》（渝北府办〔2022〕25 号，2022 年 4 月 24 日）

11.《四川省人民政府办公厅　重庆市人民政府办公厅关于印发支持成渝地区双城经济圈市场主体健康发展若干政策措施的通知》（川办发〔2022〕62 号，2022 年 7 月 25 日）

12.《重庆市人民政府办公厅　四川省人民政府办公厅关于印发成渝地区联手打造内陆开放高地方案的通知》（渝府办发〔2022〕86 号，2022 年 7 月 26 日）

13.《重庆市人民政府办公厅　四川省人民政府办公厅关于印发推动川渝能源绿色低碳高质量发展协同行动方案的通知》（渝府办发〔2022〕91 号，2022 年 8 月 9 日）

14.《重庆市人民政府办公厅　四川省人民政府办公厅关于印发成渝共建西部金融中心规划联合实施细则的通知》（渝府办发〔2022〕126 号，2022 年 12 月 14 日）

科技创新平台和载体

科创板上市企业名录

序号	企业名称	股票代码	所在板块	所在地
重庆市				
1	山外山	688410	医疗器械	重庆两江新区
四川省				
1	成都先导	688222	医药生物	成都高新区
2	秦川物联	688528	机械设备	成都龙泉驿区
3	盟升电子	688311	国防军工	成都天府新区
4	苑东生物	688513	医药生物	成都高新区
5	纵横股份	688070	国防军工	成都高新区
6	极米科技	688696	家用电器	成都高新区
7	智明达	688636	国防军工	成都青羊区
8	欧林生物	688319	医药生物	成都高新区
9	天微电子	688511	国防军工	成都双流区
10	圣诺生物	688117	医药生物	成都大邑县
11	国光电气	688776	国防军工	成都龙泉驿区
12	中自科技	688737	汽车	成都高新区
13	海创药业	688302	医药生物	成都高新区
14	坤恒顺维	688283	通信	成都郫都区
15	中无人机	688297	国防军工	成都高新区
16	思科瑞	688053	国防军工	成都高新区
17	汇宇制药	688553	医药生物	内江经开区

国家高新技术产业开发区名录

序号	名称	所在地
1	重庆高新技术产业开发区	重庆高新区
2	璧山高新技术产业开发区	重庆璧山区
3	永川高新技术产业开发区	重庆永川区
4	荣昌高新技术产业开发区	重庆荣昌区
5	成都高新技术产业开发区	四川成都
6	自贡高新技术产业开发区	四川自贡
7	攀枝花钒钛高新技术产业开发区	四川攀枝花
8	泸州高新技术产业开发区	四川泸州
9	德阳高新技术产业开发区	四川德阳
10	绵阳高新技术产业开发区	四川绵阳
11	内江高新技术产业开发区	四川内江
12	乐山高新技术产业开发区	四川乐山

国家大学科技园名录

序号	名称	所在地
1	重庆理工大学国家大学科技园	重庆巴南区
2	重庆市北碚国家大学科技园	重庆北碚区
3	重庆大学国家大学科技园	重庆沙坪坝区
4	四川大学国家大学科技园	四川成都
5	电子科技大学国家大学科技园	四川成都
6	西南交通大学国家大学科技园	四川成都
7	西南石油大学国家大学科技园	四川成都
8	四川轻化工大学国家大学科技园	四川自贡
9	西南医科大学国家大学科技园	四川泸州
10	西南科技大学国家大学科技园	四川绵阳

国家级科技企业孵化器名录

序号	名称	所在地
1	重庆赛伯乐智慧产业科技企业孵化器	重庆两江新区
2	猪八戒文化创意孵化器	重庆两江新区
3	重科智谷	重庆两江新区
4	重庆高新技术产业开发区创新服务中心	重庆高新区
5	育成加速器	重庆高新区
6	第一创客创新孵化器	重庆高新区
7	重庆市黔江区科技企业孵化器	重庆黔江区
8	涪陵金渠科技孵化园	重庆涪陵区
9	重庆环球互联网产业孵化园	重庆渝中区
10	重庆渝中两江大学生科技创业中心	重庆渝中区
11	五里店工业设计产业科技园	重庆江北区
12	重庆 COSMO 成长工场	重庆江北区
13	重庆大学国家大学科技园创业服务中心	重庆沙坪坝区
14	重庆沙坪坝区工业设计科技企业孵化器	重庆沙坪坝区
15	重庆高技术创业中心	重庆九龙坡区
16	重庆清研理工智能制造孵化器	重庆九龙坡区
17	重庆启迪科技园科技企业孵化器	重庆九龙坡区
18	北碚国家大学科技园创业服务中心	重庆北碚区
19	重庆立洋绿色制造孵化园	重庆渝北区
20	重庆感知科技企业孵化器	重庆渝北区
21	荣昌科技企业孵化器	重庆荣昌区
22	重牧硅谷科技企业孵化器	重庆荣昌区
23	重庆西部食谷科技企业孵化器	重庆江津区
24	重庆力合清创科技孵化园	重庆璧山区
25	重庆都梁科技企业孵化器	重庆梁平区
26	万信科创企业孵化器	重庆万盛经开区
27	成都西南交大科技园管理有限责任公司	四川成都
28	四川川大科技园发展有限公司	四川成都
29	成都新创创业孵化器服务有限公司	四川成都

续表

序号	名称	所在地
30	成都电子科大创业孵化服务有限公司	四川成都
31	成都经开科技产业孵化有限公司	四川成都
32	成都西南石油大学科技园发展有限公司	四川成都
33	成都东创科技园投资有限公司	四川成都
34	成都海峡教育科技产业开发有限公司	四川成都
35	成都市天府新区科技创新服务中心	四川成都
36	成都高新技术创业服务中心	四川成都
37	成都高新技术产业开发区技术创新服务中心	四川成都
38	成都新谷孵化器有限公司	四川成都
39	成都天河中西医科技保育有限公司	四川成都
40	成都天府软件园有限公司	四川成都
41	成都成电大学科技园孵化器有限公司	四川成都
42	成都空港科技服务集团有限公司	四川成都
43	成都高投生物医药园区管理有限公司	四川成都
44	成都科杏投资发展有限公司	四川成都
45	成都顺康新科孵化有限公司	四川成都
46	成都连康投资有限公司	四川成都
47	成都阳侠企业管理有限公司	四川成都
48	成都天象智慧产城科技服务有限公司	四川成都
49	自贡市高新技术创业服务中心	四川自贡
50	攀枝花钒钛高新国有资本投资运营有限公司	四川攀枝花
51	泸州高新区创新创业服务中心	四川泸州
52	泸州高新区医药产业园企业孵化管理有限公司	四川泸州
53	四川美圆多企业管理服务有限公司	四川泸州
54	四川德阳广汉高新区创新创业服务中心	四川德阳
55	绵阳科技城科教创业园区创业服务中心	四川绵阳
56	绵阳西南科技大学国家大学科技园有限公司	四川绵阳
57	绵阳市金家林总部经济试验区投资服务中心	四川绵阳
58	绵阳高新区创业服务中心	四川绵阳

续表

序号	名称	所在地
59	绵阳高新区生物医药孵化器有限公司	四川绵阳
60	绵阳市游仙区创梦中小企业孵化管理有限公司	四川绵阳
61	隆昌市高新技术创业服务中心	四川内江
62	内江市高新技术创业服务中心	四川内江
63	内江高新区高新技术创业服务中心	四川内江
64	内江人和国有资产经营有限责任公司	四川内江
65	乐山高新技术产业开发区创新创业服务中心	四川乐山
66	遂宁高新区创新创业与现代物流服务中心	四川遂宁
67	南充市嘉陵区创新创业服务中心	四川南充
68	四川进德工业投资有限公司	四川眉山
69	宜宾西南互联网产业基地有限公司	四川宜宾
70	宜宾领策科技孵化有限公司	四川宜宾
71	达州经开投资有限公司	四川达州

国家众创空间名录

序号	名称	所在地
国家示范专业化众创空间		
1	数字交通国家备案专业化众创空间	重庆南岸区
2	无线通信国家专业化众创空间	四川成都
3	智慧家庭国家专业化众创空间	四川绵阳
国家备案众创空间		
1	腾讯众创空间（重庆）	重庆两江新区（渝北区）
2	赛伯乐（重庆）众创空间	重庆两江新区（渝北区）
3	地理文化众创空间	重庆两江新区（渝北区）
4	猪八戒网文化创意众创空间	重庆两江新区（渝北区）
5	众创汇・众创空间	重庆两江新区（渝北区）
6	重科智谷	重庆两江新区（渝北区）
7	云创空间	重庆两江新区（渝北区）
8	重庆创客部落	重庆两江新区（渝北区）

续表

序号	名称	所在地
9	智酷众创空间	重庆两江新区（渝北区）
10	中冶赛迪科创孵化园	重庆两江新区（渝北区）
11	软通两江城市创新中心	重庆两江新区（渝北区）
12	菁创海派众创空间	重庆高新区（沙坪坝区）
13	科技工作者众创之家	重庆高新区（沙坪坝区）
14	第一创客（重庆）创新中心	重庆高新区（沙坪坝区）
15	平湖众创空间	重庆万州区
16	汇杰创客工场	重庆万州区
17	E 万州众创空间	重庆万州区
18	三峡创客驿站	重庆万州区
19	黔江今媒体众创空间	重庆黔江区
20	繁星众创空间	重庆黔江区
21	安信众创空间	重庆黔江区
22	涪陵“新车间”	重庆涪陵区
23	多邦众创空间	重庆涪陵区
24	互爱科技众创空间	重庆涪陵区
25	U 创空间	重庆渝中区
26	重庆 3W 空间	重庆渝中区
27	e+ 众创空间	重庆渝中区
28	D5 五维众创空间	重庆渝中区
29	大渡口区天安 T+SPACE 众创空间	重庆大渡口区
30	成长工场	重庆江北区
31	Tal–Ent 升化工厂	重庆江北区
32	D+M 浪尖智造工场	重庆沙坪坝区
33	重庆大学科技园科慧众创空间	重庆沙坪坝区
34	重电众创 e 家	重庆沙坪坝区
35	重庆建筑科技职业学院众创梦工场	重庆沙坪坝区
36	清研理工创业谷	重庆九龙坡区
37	九龙星火联盟创客空间	重庆九龙坡区

续表

序号	名称	所在地
38	漫谷众创空间	重庆九龙坡区
39	微托帮创客空间	重庆南岸区
40	星耀多产融合众创空间	重庆南岸区
41	eYou Space	重庆南岸区
42	京东云（重庆）创新中心	重庆南岸区
43	力合重庆星空众创空间	重庆南岸区
44	北碚国家大学科技园“易空间”	重庆北碚区
45	重庆创意公园超级创客中心	重庆渝北区
46	漫调 e 空间	重庆渝北区
47	立洋绿色众创空间	重庆渝北区
48	感知科技众创空间	重庆渝北区
49	未言创客空间	重庆渝北区
50	威瑞空间	重庆渝北区
51	极速超越创客空间	重庆巴南区
52	重庆工程学院创新创业园（工创空间）	重庆巴南区
53	小青蛙众创空间	重庆南川区
54	青创 PARK	重庆綦江区
55	綦江服务业高质量发展育成中心	重庆綦江区
56	璧山创智工场	重庆璧山区
57	重庆凤凰湖机器人产业众创空间	重庆永川区
58	百川兴邦众创空间	重庆永川区
59	重庆科创职业学院创新创业科技园	重庆永川区
60	重庆市荣昌区古思特创客空间	重庆荣昌区
61	荣联科技众创空间	重庆荣昌区
62	筑梦众创空间	重庆梁平区
63	开街创谷众创空间	重庆开州区
64	聚足众创空间	重庆大足区
65	创嘉众创空间	重庆江津区
66	酉阳在线众创空间	重庆酉阳县

续表

序号	名称	所在地
67	盛慧健康众创空间	重庆万盛经开区
68	成都创客坊	四川成都
69	天府软件园创业场	四川成都
70	E 创空间	四川成都
71	成都游戏工场	四川成都
72	十分咖啡	四川成都
73	蓉创茶馆	四川成都
74	交大创客空间	四川成都
75	成创空间	四川成都
76	明堂青年文化创意中心	四川成都
77	NEXT 创业空间	四川成都
78	智汇青年	四川成都
79	侠客岛	四川成都
80	爱创业科技苗圃	四川成都
81	成都创业学院“创客 + 部落”	四川成都
82	电子科技大学蓝色工坊	四川成都
83	蓝色蜂巢创业咖啡	四川成都
84	西南交通大学国家大学科技园众创空间	四川成都
85	四川大学 C 创空间	四川成都
86	IPC 创享・家	四川成都
87	“优聚 +”众创空间	四川成都
88	成以众创空间	四川成都
89	众创金融谷	四川成都
90	优贝空间	四川成都
91	创梦空间	四川成都
92	“石大帮创”空间	四川成都
93	436 青年文创空间	四川成都
94	成都大学 CC 空间	四川成都
95	核桃创客空间	四川成都

续表

序号	名称	所在地
96	MFG 创客联邦	四川成都
97	四川师范大学狮山空间	四川成都
98	毕友创星谷	四川成都
99	成都创客街 – 西南交大站	四川成都
100	创客家众创空间	四川成都
101	三创谷云创空间	四川成都
102	WORK+ 众创空间	四川成都
103	融创 + 众创空间	四川成都
104	万春智汇创客空间	四川成都
105	同济大学・成都龙泉国际青年创业谷	四川成都
106	智汇大实验室	四川成都
107	电子科大科园创工坊	四川成都
108	成都东软学院 SOVO 众创空间	四川成都
109	成都银泰・优客工场	四川成都
110	“优晨泛娱乐国际加速器”众创空间	四川成都
111	成都工贸职业技术学院创业苗圃	四川成都
112	艾格拉斯泛娱乐国际众创空间	四川成都
113	航天科工通信技术研究院（华灿工场）双创平台	四川成都
114	成都银杏酒店管理学院科技园	四川成都
115	艺哈文广孵化器	四川成都
116	成都黑马全球路演中心	四川成都
117	WE 创空间	四川成都
118	华友空间	四川成都
119	苏河汇	四川成都
120	海创汇（自贡）教育创新产业园	四川自贡
121	攀枝花电子商务产业园	四川攀枝花
122	自强创客空间	四川泸州
123	太山生态园众创空间	四川泸州
124	泸县电子商务众创空间	四川泸州

续表

序号	名称	所在地
125	青泸汇壹间文创空间	四川泸州
126	岷药众创空间	四川泸州
127	泸州市多赢众创空间	四川泸州
128	六脉金融创新众创空间	四川德阳
129	青红中国众创空间	四川德阳
130	1716 苗圃空间	四川绵阳
131	富乐绵阳大学生众创空间	四川绵阳
132	智汇谷众创空间	四川绵阳
133	中国（绵阳）科技城军民融合创客空间	四川绵阳
134	创兴孵化器众创空间	四川绵阳
135	创享空间	四川绵阳
136	首战大学生创客空间	四川绵阳
137	同心众创空间	四川绵阳
138	1522 文化创意产业园	四川绵阳
139	慧致众创空间	四川遂宁
140	遂创汇·创客 360 新型众创空间	四川遂宁
141	远成众创	四川遂宁
142	顺意通众创空间	四川遂宁
143	内江信息安全产业科技众创空间	四川内江
144	三人行众创空间	四川眉山
145	电商自主众创空间	四川宜宾
146	Idea Bank 创客空间	四川宜宾
147	珙县创新创业孵化基地	四川宜宾
148	创丰汇 – 众创空间	四川达州

国家认定企业技术中心名录

序号	名称	所在地
1	重庆长安汽车股份有限公司技术中心	重庆江北区
2	中国四联仪器仪表集团有限公司	重庆北碚区
3	太极集团有限公司	重庆两江新区（渝北区）
4	重庆钢铁股份有限公司	重庆长寿区
5	力帆科技（集团）股份有限公司	重庆两江新区（渝北区）
6	宗申产业集团有限公司	重庆巴南区
7	隆鑫通用动力股份有限公司	重庆九龙坡区
8	重庆齿轮箱有限责任公司	重庆江津区
9	重庆机床（集团）有限责任公司	重庆南岸区
10	重庆渝化新材料有限责任公司	重庆长寿区
11	国家电投集团远达环保工程有限公司	重庆渝北区
12	重庆青山工业有限责任公司	重庆璧山区
13	重庆耐德工业股份有限公司	重庆渝北区
14	重庆山外山血液净化技术股份有限公司	重庆两江新区（渝北区）
15	重庆通用工业（集团）有限责任公司	重庆南岸区
16	重庆莱美药业股份有限公司	重庆南岸区
17	重庆建工集团股份有限公司	重庆两江新区（渝北区）
18	重庆材料研究院有限公司	重庆北碚区
19	重庆水泵厂有限责任公司	重庆沙坪坝区
20	重庆平伟实业股份有限公司	重庆梁平区
21	重庆金美通信有限责任公司	重庆沙坪坝区
22	重庆再升科技股份有限公司	重庆渝北区
23	重庆江增船舶重工有限公司	重庆江津区
24	重庆水轮机厂有限责任公司	重庆江津区
25	金龙精密铜管集团股份有限公司	重庆万州区
26	重庆华邦制药有限公司	重庆渝北区
27	中国船舶重工集团海装风电股份有限公司	重庆两江新区（渝北区）
28	重庆国际复合材料股份有限公司	重庆大渡口区
29	重庆华森制药股份有限公司	重庆渝北区

续表

序号	名称	所在地
30	重庆平伟汽车科技股份有限公司	重庆渝北区
31	西南计算机有限责任公司	重庆南岸区
32	重庆博腾制药科技股份有限公司	重庆北碚区
33	重庆希尔安药业有限公司	重庆合川区
34	重庆红江机械有限责任公司	重庆永川区
35	植恩生物技术股份有限公司	重庆高新区
36	中冶赛迪信息技术（重庆）有限公司	重庆九龙坡区
37	重庆惠科金渝光电科技有限公司	重庆巴南区
38	重庆建安仪器有限责任公司	重庆南岸区
39	中元汇吉生物技术股份有限公司	重庆大渡口区
40	重庆品胜科技有限公司	重庆两江新区（渝北区）
41	天圣制药集团股份有限公司	重庆垫江县
42	重庆赛迪热工环保工程技术有限公司	重庆两江新区（渝北区）
43	四川华神集团股份有限公司技术中心	四川成都
44	川化集团有限责任公司技术中心	四川成都
45	中国东方电气集团有限公司技术中心	四川成都
46	成都飞机工业（集团）有限责任公司技术中心	四川成都
47	成都光明光电股份有限公司技术中心	四川成都
48	成都康弘药业集团技术中心	四川成都
49	通威股份有限公司技术中心	四川成都
50	新希望集团有限公司技术中心	四川成都
51	四川科伦药业股份有限公司技术中心	四川成都
52	中国航发成都发动机有限公司技术中心	四川成都
53	成都地奥制药集团有限公司技术中心	四川成都
54	成都国腾实业集团有限公司技术中心	四川成都
55	中铁八局集团有限公司技术中心	四川成都
56	成都华川电装有限责任公司技术中心	四川成都
57	中国成达工程有限公司技术中心	四川成都
58	中铁二局股份有限公司技术中心	四川成都

续表

序号	名称	所在地
59	成都天奥电子股份有限公司技术中心	四川成都
60	成都索贝数码科技股份有限公司技术中心	四川成都
61	明珠家具股份有限公司技术中心	四川成都
62	中铁二院工程集团有限责任公司技术中心	四川成都
63	四川好医生药业集团有限公司技术中心	四川成都
64	成都前锋电子电器集团股份有限公司技术中心	四川成都
65	四川金星清洁能源装备股份有限公司技术中心	四川成都
66	海天水务集团股份公司技术中心	四川成都
67	中铁二十三局集团有限公司技术中心	四川成都
68	中国五冶集团有限公司技术中心	四川成都
69	四川海特高新技术股份有限公司技术中心	四川成都
70	成都硅宝科技股份有限公司技术中心	四川成都
71	四川省丹丹郫县豆瓣集团股份有限公司技术中心	四川成都
72	西南化工研究设计院有限公司技术中心	四川成都
73	成都凯天电子股份有限公司技术中心	四川成都
74	成都宏明电子股份有限公司技术中心	四川成都
75	四川川锅锅炉有限责任公司技术中心	四川成都
76	四川省旺达饲料有限公司技术中心	四川成都
77	四川新绿色药业科技发展有限公司技术中心	四川成都
78	四川电器集团股份有限公司技术中心	四川成都
79	迈普通信技术股份有限公司技术中心	四川成都
80	华派生物工程集团有限公司技术中心	四川成都
81	依米康科技集团股份有限公司技术中心	四川成都
82	中铁隆工程集团有限公司技术中心	四川成都
83	中国化学工程第七建设有限公司技术中心	四川成都
84	迈克生物股份有限公司技术中心	四川成都
85	成都云图控股股份有限公司技术中心	四川成都
86	成都苑东生物制药股份有限公司技术中心	四川成都
87	中国电建集团成都勘测设计研究院有限公司技术中心（分中心）	四川成都

续表

序号	名称	所在地
88	成都百裕制药股份有限公司技术中心	四川成都
89	成都天台山制药有限公司技术中心	四川成都
90	成都先导药物开发股份有限公司技术中心	四川成都
91	四川航天烽火伺服控制技术有限公司技术中心	四川成都
92	四川天邑康和通信股份有限公司技术中心	四川成都
93	中自环保科技股份有限公司技术中心	四川成都
94	成都青山利康药业有限公司技术中心（分中心）	四川成都
95	通威太阳能（成都）有限公司技术中心（分中心）	四川成都
96	成都倍特药业股份有限公司技术中心	四川成都
97	成都千嘉科技有限公司技术中心	四川成都
98	四川百利药业有限责任公司技术中心	四川成都
99	中密控股股份有限公司技术中心	四川成都
100	成都极米科技股份有限公司技术中心	四川成都
101	康泰塑胶科技集团有限公司技术中心	四川成都
102	四川航天长征装备制造有限公司技术中心	四川成都
103	厚普清洁能源（集团）股份有限公司技术中心	四川成都
104	成都利君实业股份有限公司技术中心	四川成都
105	中昊晨光化工研究院有限公司技术中心	四川自贡
106	四川大西洋焊接材料股份有限公司技术中心	四川自贡
107	华西能源工业股份有限公司技术中心	四川自贡
108	攀钢集团有限公司技术中心	四川攀枝花
109	泸天化（集团）有限责任公司技术中心	四川泸州
110	四川龙蟒集团有限责任公司技术中心	四川德阳
111	中国第二重型机械集团公司技术中心	四川德阳
112	四川宏华石油设备有限公司技术中心	四川德阳
113	四川东方电气自动控制工程有限公司技术中心（分中心）	四川德阳
114	四川长虹电子集团有限公司技术中心	四川绵阳
115	四川九洲电器集团有限责任公司技术中心	四川绵阳
116	四川东材科技集团股份有限公司技术中心	四川绵阳

续表

序号	名称	所在地
117	绵阳新晨动力机械有限公司技术中心	四川绵阳
118	利尔化学股份有限公司技术中心	四川绵阳
119	四川铁骑力士实业有限公司技术中心	四川绵阳
120	四川省银河化学股份有限公司技术中心	四川绵阳
121	绵阳富临精工机械股份有限公司技术中心	四川绵阳
122	四川高金食品股份有限公司技术中心	四川遂宁
123	天齐锂业股份有限公司技术中心	四川遂宁
124	嘉华特种水泥股份有限公司技术中心	四川乐山
125	四川永祥股份有限公司技术中心（分中心）	四川乐山
126	四川天府江东科技有限公司技术中心	四川眉山
127	中核建中核燃料元件有限公司技术中心	四川宜宾
128	宜宾天原集团股份有限公司技术中心	四川宜宾
129	宜宾丝丽雅集团有限公司技术中心	四川宜宾
130	宜宾五粮液股份有限公司技术中心	四川宜宾
131	四川惊雷科技股份有限公司技术中心	四川宜宾
132	四川省达州钢铁集团有限责任公司技术中心	四川达州
133	四川雅化实业集团股份有限公司技术中心	四川雅安
134	中车资阳机车有限公司技术中心	四川资阳

主要统计指标解释

空气质量优良天数率 空气质量优良以上的监测天数占全年监测总天数的比例。

研究与试验发展（R&D） 为增加知识存量（也包括有关人类、文化和社会的知识）及设计已有知识的新应用而进行的创造性、系统性工作，包括基础研究、应用研究和试验发展三种类型。国际上通常采用 R&D 活动的规模和强度指标反映一国的科技实力和核心竞争力。

基础研究 一种不预设任何特定应用或使用目的的实验性或理论性工作，其主要目的是获得（已发生）现象和可观察事实的基本原理、规律和新知识。基础研究的成果通常表现为提出一般原理、理论或规律，并以论文、著作、研究报告等形式为主。基础研究可以分为两类——纯基础研究和定向基础研究。

应用研究 为获取新知识，达到某一特定的实际目的或目标而开展的初始性研究。应用研究是为了确定基础研究成果的可能用途，或者确定实现特定和预定目标的新方法。其研究成果以论文、著作、研究报告、原理性模型或发明专利等形式为主。

试验发展 利用从科学研究、实际经验中获取的知识和研究过程中产生的其他知识，开发新的产品、工艺或改进现有产品、工艺而进行的系统性研究。其研究成果以专利、专有技术，以及具有新颖性的产品原型、原始样机及装置等形式为主。

R&D 人员 报告期 R&D 活动单位中从事基础研究、应用研究和试验发展活动的人员。包括直接参加上述三类 R&D 活动的人员，以及与上述三类 R&D 活动相关的管理人员和直接服务人员，即直接为 R&D 活动提供资料文献、材料供应、设备维护等服务的人员。不包括为 R&D 活动提供间接服务的人员，如餐饮服务、安保人员等；也不包括全年从事 R&D 活动工作量不到 0.1 年的人员。

研究人员 从事新知识、新产品、新工艺、新方法、新系统的构想或创造的专业人员及 R&D 项目（课题）主要负责人员和 R&D 机构的高级管理人员。研究人员一般应具备中级及以上职称或博士学历。从事 R&D 活动的博士研究生应被视作研究人员。

技术人员 在研究人员指导下从事 R&D 活动的技术工作人员。他们的活动包括：进行文献检索、从档案馆和图书馆中筛选相关资料；编制计算机程序；进行实验、测试和分析；为实验、测试和分析准备材料和设备；记录测量数据、计算和编制图表；进行统计调查和访谈，及 R&D 课题的一般管理人员。

R&D 人员中全时人员 报告期从事 R&D 活动的实际工作时间占制度工作时间 90% 及以上的人员，其全时当量计为 1 人年。

R&D 人员折合全时当量 报告期 R&D 人员按实际从事 R&D 活动时间计算的工作量，以“人年”为计量单位。为国际上比较科技人力投入而制定的可比指标。是全时人员折合全时当量与所有非全时人员工作量之和，结果取整数。一个全时人员的折合全时当量计为 1，非全时人员按实际投入工作量进行累加。例如，有两个全时人员（他们的工作量分别为 0.9 年和 1.0 年）和三个非全时人员（他们的工作量分别为 0.2 年、0.3 年和 0.7 年），则折合为：折合全时当量＝1+1+0.2+0.3+0.7=3（人年）（四舍五入）。

R&D 经费内部支出 报告期调查单位内部为实施 R&D 活动而实际发生的全部经费，按支出性质分为日常性支出和资产性支出。不包括调查单位委托其他单位或与其他单位合作开展 R&D 活动而转拨给其他单位的全部经费。

日常性支出 为开展 R&D 活动而发生的人员劳务费、各项管理费用，以及购买非资产性的材料、物资费用等其他日常支出。

人员劳务费 报告期调查单位为实施 R&D 活动以货币或实物形式直接或间接支付给 R&D 人员的劳动报酬及各种费用，包括工资、奖金，以及所有相关费用和福利。非全时人员劳务费应按其从事 R&D 活动实际工作时间进行折算。

资产性支出 报告期调查单位为实施 R&D 活动而进行固定资产建造、购置、改扩建及大修理等的支出，包括土地与建筑物支出、仪器与设备支出、资本化的计算机软件支出、专利和专有技术支出等。对于 R&D 活动与非 R&D 活动（生产活动、教学活动等）共用的建筑物、仪器与设备等，应按使用面积、时间等进行合理分摊。

仪器和设备支出 报告期调查单位为实施 R&D 活动而购置的、达到固定资产标准的仪器和设备的支出，包括嵌入软件的支出。

政府资金 调查单位 R&D 经费内部支出中来自各级政府部门的各类资金，包括财政科学技术拨款、科学基金、教育等部门事业费，以及政府部门预算外资金的实际支出。

企业资金 调查单位 R&D 经费内部支出中来自本企业的自有资金和接受其他企业委托而获得的经费，以及科研院所、高校事业单位从企业获得的资金的实际支出。

R&D 经费外部支出 报告期调查单位委托其他单位或与其他单位合作开展 R&D 活动而转拨给其他单位的全部经费。不包括外协加工费。

对境内研究机构支出 报告期委托或与境内独立科研单位合作开展 R&D 活动而支付予其的经费。

对境内高等学校支出 报告期委托或与境内高等学校合作开展 R&D 活动而支付予其的经费。

对境内企业支出 报告期委托或与境内企业合作开展 R&D 活动而支付予其的经费。

对境外支出 报告期委托或与国外或港澳台机构合作开展 R&D 活动而支付予其的经费。

R&D 经费投入强度 国际通用的反映地区研发投入强度、衡量科技和经济结合及经济发展方式转变的综合性指标，被国际组织、世界各国及各大城市普遍采用。指全社会 R&D 经费内部支出与地区生产总值的比重。计算公式：

$$\text{R\&D 经费投入强度}=\frac{\text{R\&D 经费内部支出}}{\text{地区生产总值}}$$

R&D 项目（课题）在当年立项并开展研究工作、以前年份立项仍继续进行研究的研发项目（课题）数，包括当年完成和年内研究工作已告失败的研发项目（课题）。

专利 是专利权的简称，是对发明人的发明创造审查合格后，由国家知识产权局依据专利法授予发明人和设计人对该项发明创造享有的专有权。包括发明、实用新型和外观设计。反映拥有自主知识产权的科技和设计成果情况。

发明专利 对产品、方法或者其改进所提出的新的技术方案。是国际通行的反映拥有自主知识产权技术的核心指标。

专利申请量 调查单位在报告期向国内外知识产权行政部门提出专利申请并被受理的件数。

发明专利申请量 报告期调查单位向国内外知识产权行政部门提出发明专利申请并被受理的件数。

专利授权量 报告期由国内外知识产权行政部门向调查单位授予专利权的件数。

发明专利授权量 报告期由国内外知识产权行政部门向调查单位授予发明专利权的件数。

PCT 国际专利数申请量 报告期内调查单位作为第一申请人提出的 PCT 国际专利申请数量。PCT 是《专利合作条约》（*Patent Cooperation Treaty*）的英文缩写，是有关专利的国际条约。根据 PCT 的规定，专利申请人可以通过 PCT 途径递交国际专利申请，向多个国家申请专利。PCT 专利申请分为国际阶段和国家阶段，其中，国际阶段包括国际受理、国际检索、国际公布、初步审查等步骤，经过国际检索、国际公布及初步审查这一国际阶段之后，专利申请人办理进入国家阶段的手续。

中国知识产权局专利局是中国国民或居民的主管受理局，同时也是国际检索单位和国际初步审查单位。中国申请人提出国际专利申请，应当经中华人民共和国国务院有关主管部门同意，并且应当委托涉外专利代理机构办理。中国申请人可以向中国专利局，也可以向世界知识产权组织的国际局提交国际专利申请。

专利申请人只能通过 PCT 申请专利，不能直接通过 PCT 得到专利。要想获得某个国家的专利，专利申请人还必须履行进入该国家的手续，由该国的专利局对该专利申请进行审查，符合该国专利法规定的，授予专利权。

发明专利有效量 报告期调查单位作为专利权人在报告年度拥有的、经国内外知识产权行政部门授权且在有效期内的发明专利件数。

万人发明专利拥有量 每万人口居民拥有的有效发明专利数量。

每万人口高价值发明专利拥有量 每万人口居民拥有的经国家知识产权局授权且在有效期内的战略性新兴领域、在海外有同族专利权、维持年限超过 10 年、有许可他人实施收益或实现质押融资、获得国家科学技术奖或中国专利奖的发明专利件数。

发表科技论文 报告期在学术期刊上发表的最初的科学研究成果。应具备以下 3 个条件：①首次发表的研究成果；②作者的结论和试验被同行重复并验证；③发表后科技界能引用。统计范围为在全国性学报或学术刊物上、省部属大专院校对外正式发行的学报或学术刊物上发表的论文，以及向国外发表的论文。只统计第一作者编制在本单位或第一署名单位为本单位的论文。

出版科技著作　经过正式出版部门编印出版的论述科学技术问题的理论性文集或专著，以及大专院校教科书、科普著作，不包括翻译国外的著作。由多人合著的科技著作，由第一作者所在单位统计。

科学技术支出　地方用于科学技术方面的支出，同政府收支分类科目206相同。

技术合同成交额　报告期内企业等创新主体签订成立的技术合同成交项目的总金额。一般为国内输出技术合同成交额与国外输出技术合同在国内登记金额的合计。

技术交易额　登记合同成交总额中明确规定属于技术交易的金额，即从合同成交总额中扣除所提供的设备、仪器、零部件、原材料等非技术性费用后实际技术交易额，但合理数量的物品并已直接进入研究开发成本的除外。

工业总产值　工业企业在报告期内生产的以货币形式表现的工业最终产品和提供工业劳务活动的总价值量。包括生产的成品价值、对外加工费收入及自制半成品、在制品期末期初差额价值3个部分。工业总产值计算应遵循工业生产的原则（凡是企业在报告期内生产的最终产品和提供的劳务，均应包括在内）、最终产品的原则（企业生产的成品价值必须是本企业生产的，经检验合格不需再进行任何加工的最终产品）和“工厂法”原则（以法人工业企业作为一个整体计算工业总产值，是其报告期内生产的最终产品和提供劳务的总价值量）。

利润总额　企业在一定会计期间的经营成果，是生产经营过程中各种收入扣除各种耗费后的盈余，反映企业在报告期内实现的盈亏总额。来源于会计“利润表”中“利润总额”项目的本年累计数。

企业办研发机构　企业自办或与外单位合办，管理上同生产系统相对独立（或者单独核算）的专门研发活动机构，如企业开办的技术中心、研究院所、开发中心、开发部、实验室、中试车间、试验基地等。一般不包含企业研发管理职能处（科）室（如科研处、技术科等）；若科研处、技术科等同时挂有研发机构牌子，视其报告期内主要工作任务而定，主要任务是从事研究开发的可算作企业办研发机构；该指标不含企业在国外或港澳台设立的研究开发机构。

新产品销售收入　报告期内企业销售新产品实现的销售收入。

研究开发费用加计扣除减免税　报告期内企业按照有关政策和税法规定税前加计扣除的研究开发活动费用所得税。

拥有注册商标数　报告期末企业作为第一商标注册人拥有的，经境内外商标行政部门核准注册且在有效期内的商标件数。包括在境内和境外注册的商标件数，一件商标在境内外同时注册时只统计一件。

形成国家或行业标准数　报告期内企业在自主研究开发或自主知识产权基础上形成的经有关部门批准的国家或行业标准项数。国家标准是指由国家标准化主管机构批准发布，对全国经济、技术发展有重大意义，且在全国范围内统一的标准。对没有国家标准又需要在全国某个行业范围内统一的技术要求，可以制定行业标准，是专业性、技术性较强的标准，作为对国家标准的补充，当相应的国家标准实施后，该行业标准应自行废止。行业标准由行业标准归口部门编制计划、审批、编号、发布、管理。行业标准的归口部门及其所管理的行业标准范围，由国务院行政主管部门审定。

高新技术企业减免税 报告期内高新技术企业按照国家有关政策依法享受的企业所得税减免额。

技术改造经费支出 报告期内企业进行技术改造而发生的费用支出。技术改造指企业在坚持科技进步的前提下，将科技成果应用于生产的各个领域（产品、设备、工艺等），用先进工艺、设备代替落后工艺、设备，实现以内涵为主的扩大再生产，从而提高产品质量、促进产品更新换代、节约能源、降低消耗，全面提高综合经济效益。

购买境内技术经费支出 报告期内企业购买境内其他单位科技成果的经费支出。包括购买产品设计、工艺流程、图纸、配方、专利、技术诀窍及设备的费用支出。

引进境外技术经费支出 报告期内企业用于购买国外或港澳台技术的费用支出,包括产品设计、工艺流程、图纸、配方、专利等技术资料的费用支出，以及购买设备、仪器、样机和样件等的费用支出。

引进境外技术消化吸收经费支出 报告期内企业引进国外或港澳台技术的消化吸收经费支出。引进技术的消化吸收指对引进技术的掌握、应用、复制而开展的工作，以及在此基础上的创新。引进技术的消化吸收经费支出包括人员培训费、测绘费、参加消化吸收人员的工资、工装、工艺开发费、必备的配套设备费、翻版费等。

仪器和设备 报告期基本建设支出中购置的科研仪器设备总值。